炼油装置技术问答丛书

常减压蒸馏装置技术问答

（第三版）

王　宾　主　编

王寿璋　朱永平　副主编

中国石化出版社

内 容 提 要

本书以问答的方式详细介绍了常减压蒸馏装置操作人员应知应会的基本原理、操作技术和分析处理事故的基本方法。主要内容包括：原油的性质及评价、产品种类和性质、加工方案和工艺流程、原油电脱盐操作及防腐、常减压蒸馏原理、常减压蒸馏塔及其操作、减压蒸馏及其操作、轻烃回收、能量回收、加热炉及其操作、冷换设备及其操作、机泵及其操作、螺杆式压缩机及其操作、往复式压缩机及其操作、仪表与自动化、先进控制及电气相关知识、装置开停工、安全生产与事故处理、环保与清洁生产。

本书既可供常减压蒸馏装置操作人员阅读，也可供从事常减压蒸馏装置管理的技术人员及相关院校师生参考。

图书在版编目(CIP)数据

常减压蒸馏装置技术问答／王宾主编. —3 版
. —北京：中国石化出版社，2023.8
ISBN 978-7-5114-7131-4

Ⅰ.①常… Ⅱ.①王… Ⅲ.①常减压蒸馏–减压蒸馏
装置–问题解答 Ⅳ.①TE96-44

中国国家版本馆 CIP 数据核字(2023)第 139752 号

中国石化出版社出版发行
地址:北京市东城区安定门外大街 58 号
邮编:100011　电话:(010)57512500
发行部电话:(010)57512575
http://www.sinopec-press.com
E-mail:press@sinopec.com
北京富泰印刷有限责任公司印刷
全国各地新华书店经销
*
710 毫米×1000 毫米 16 开本 22 印张 518 千字
2023 年 8 月第 3 版　2023 年 8 月第 1 次印刷
定价:88.00 元

前　　言

常减压蒸馏作为炼油加工总流程中的第一道工序，占有重要地位，素有"龙头"之称。

为了满足我国炼油事业快速发展的需求，本书在《常减压蒸馏装置技术问答》(第二版)的基础上，结合最新的技术进行修订，对各章节进行了丰富和完善，主要增加了轻烃回收、压缩机、先进控制、绿色开停工方面的内容。

本书注重实际操作，附带理论知识的学习，以问答的方式详细地介绍了常减压蒸馏装置操作人员应知应会的基本原理、操作技术、分析处理事故以及环保与清洁生产的基本方法。

本书在编著过程中，得到了中国石化青岛炼化公司王继虎、潘玉涛、张常兴的大力支持和帮助，本书由中国石化镇海炼化公司苑方伟、中国石化齐鲁石化公司郭立春审校，在此一并表示感谢。本书可供岗位职工培训和一线技术人员学习使用，也可作为炼油企业常减压蒸馏装置的培训参考用书。

由于编者水平所限，书中难免存在错误，不妥之处敬请读者批评指正。

目　　录

18

第一章 原油的性质及评价

1 原油的一般性质是什么？

我们所说的原油是指地下开采出来的未经加工的石油。

原油通常是淡黄色到黑色的，流动或半流动的，带有浓烈气味的黏稠液体，密度一般都小于 1000kg/m³，原油的一般性质主要包括：密度、运动黏度、凝点、残炭、硫含量、重金属含量等。世界各地所产原油性质会有不同程度的差异，我国主要原油的凝点及蜡含量较高，密度较大，属偏重常规原油。

2 原油是由哪些元素组成的？

组成原油的主要元素是碳、氢、硫、氮、氧，其中碳的含量占 83.0% ~ 87.0%，氢含量占 11.0% ~ 14.0%，两者合计达 95% 以上。其余的硫含量为 0.05% ~ 2.00%，硫、氮、氧含量一般不超过 5%。除了碳、氢、硫、氮、氧外，原油中还含有微量的金属元素和非金属元素，在金属元素中主要有钒（V）、镍（Ni）、铁（Fe）、铜（Cu）、铅（Pb），在非金属元素中主要有氯（Cl）、硅（Si）、磷（P）、砷（As）等，它们的含量一般为百万分之几甚至几十亿分之几，这些元素虽然含量极微，但对原油的炼制工艺过程影响很大。

3 原油中的元素是以什么形式存在的？

组成原油的化合物主要是碳元素和氢元素，是以烃类化合物的形式存在的。硫、氮、氧统称为非烃类化合物，这些元素则以碳氢化合物的衍生物形态存在于石油中。

4 碳氢含量与氢碳比有何不同？

碳氢含量为碳氢元素的质量分数，氢碳比为氢碳原子数之比。

在石油加工过程中，氢碳原子比是一个重要指标，更能反映原油的属性，一般来说，轻质石油或石蜡基石油，氢碳原子比较高，如大庆原油约为 1.9，重质原油或环烷基原油，氢碳原子比较低，如欢喜岭原油为 1.5。氢碳比还反映了原

1

油的结构信息,它是一个与原油化学结构有关的参数。对于不同系列的烃类,在相对分子质量相近的情况下,其氢碳比大小顺序是烷烃>环烷烃>芳香烃。

5　原油的馏分组成是什么?

原油是一个多组分的复杂混合物,其沸点范围很宽,从常温一直到500℃以上。无论对原油进行研究或是进行加工,都必须对原油进行分馏。分馏就是按组分沸点的差别将原油切割成若干馏分,馏分常冠以石油产品的名称,如石脑油馏分。而馏分并不是石油产品,石油产品要满足油品规格的要求,还需要将馏分进行进一步加工才能成为石油产品。根据各组分沸点的范围,原油的馏分组成一般包括:石脑油馏分(也称轻油):初馏点约200℃(或180℃),煤柴油馏分(或称常压瓦斯油):200(或180)~350℃,减压馏分(也称润滑油馏分或称减压瓦斯油):350~500℃,减压渣油:>500℃,同时人们也将常压蒸馏后>350℃的油称为常压重油。

6　什么是中间馏分?

中间馏分指常压塔除塔顶石脑油和塔底重油以外的侧线馏分。一般指煤油和柴油馏分,又称中间馏分油。

7　原油的烃类组成是什么?

原油中的烃类主要由烷烃、环烷烃、芳香烃以及在分子中兼有这三类烃结构的混合烃构成,一般不含烯烃,只有在石油的二次加工产品中含烯烃,这些烃类通常是以气态、液态、固态的化合物存在。

8　原油烃类组成有几种表示方法?

原油烃类组成表示方法有三种:单体烃组成、族组成和结构族组成。

9　原油气体的烃类组成是什么?

原油气体主要由气态烃组成,根据气体来源,可分为天然气和炼厂气两类。天然气主要是由甲烷及其低分子同系物组成的,因组成不同可分为干气及湿气。干气主要成分为甲烷,其体积含量一般达到90%以上,此外还有少量的乙烷、丙烷等气体;湿气仍以甲烷为主,但乙烷、丙烷、丁烷的含量明显增加,还含有少量易挥发的液态烃如戊烷、己烷直至辛烷蒸气。

天然气中还经常含有非烃气体,其中最主要的是二氧化碳、氮气,在含硫原油产地的原油伴生气中,常有硫化氢的存在。

炼厂气的组成因加工条件和原料的不同,有很大差别,除含烷烃外普遍含有烯烃。

10 原油液体的烃类组成是什么？

原油的液体烃类按其沸点不同，可分为低沸点馏分、中间馏分以及高沸点馏分。低沸点馏分如在石脑油馏分中含有 $C_5 \sim C_{11}$ 的正构烷烃、异构烷烃、单环环烷烃、单环芳香烃。

中间馏分如在煤油、柴油馏分中含有 $C_{11} \sim C_{20}$ 的正构烷烃和异构烷烃、单侧链的单环环烷烃、双环及三环环烷烃、双环芳烃、环烷-芳香的混合烃。

高沸点馏分如润滑油馏分中含有 $C_{20} \sim C_{36}$ 的正构烷烃和异构烷烃、环烷烃和芳香烃。环烷烃包括从单环直到六环甚至高于六环的带有环戊烷环或环己烷环的环烷烃，其结构以稠环类为主。芳香烃除包含单环、双环、三环芳香环外，还包含有四环的甚至多于四个芳香环的芳烃。此外，除芳香环外还含有为数不等，多至5~6个的环烷环，多环芳香烃主要也是稠环合型的。

11 原油固态烃的化学组成是什么？

原油中还含有一些高熔点、在常温下为固态的烃类，它们通常在原油中处于溶解状态，但如果温度降低到一定程度，其溶解度降低，就会有一部分结晶析出，这种从石油中分离出来的固体烃在工业上称之为蜡。它们主要是由相对分子质量很大的正构烷烃、少量的异构烷烃、环烷烃及极少量芳香烃组成。

12 原油中非烃组成是什么？

原油中含有相当数量的非烃类化合物，尤其在原油重馏分中其含量更高。非烃类化合物的存在对原油的加工及产品的使用性能具有很大的影响。在原油加工过程中，绝大多数的精制过程都是为了解决非烃类化合物的问题。

原油中的非烃类化合物主要包括含硫化合物、含氧化合物、含氮化合物以及胶状、沥青状物质。

13 什么是不饱和烃？

不饱和烃是指分子结构中碳原子间有双键或三键的链烷烃和脂环烃。与相同碳原子数的饱和烃相比，不饱和烃分子中氢原子要少。烯烃（如乙烯、丙烯）、炔烃（如乙炔）、环烯烃（如环戊烯）都属于不饱和烃。不饱和烃几乎不存在于原油和天然气中，而存在于原油二次加工产品中。

14 什么是原油中的灰分？

灰分是溶于油品中的矿物盐，主要是环烷酸盐类。对于含有添加剂的润滑油脂来说，灰分还包括金属氧化物、填充物和机械杂质等。石油和石油产品在规定条件下燃烧后，所剩下的不燃物质用质量分数表示。

15　**硫在原油中存在形态是什么？**

硫在原油中存在的形态已确定的有：单质硫、硫化氢以及硫醇、硫醚、二硫化物、噻吩等类型的有机含硫化合物，此外尚有其他类型的含硫化合物。石油中的硫化物除了单质硫和硫化氢外，其余均以有机硫化物的形式存在于石油和产品中，原油中的有机硫化物一般以硫醚类和噻吩类为主。

16　**含硫有机化合物按性质可划分为几类？**

含硫有机化合物按照性质划分可分为活性硫化物和非活性硫化物。活性硫化物主要包括单质硫、硫化氢和硫醇等，它们的共同特点是对金属设备有较强的腐蚀作用；非活性硫化物主要包括硫醚、二硫化物和噻吩等对金属设备无腐蚀作用的硫化物，一些非活性硫化物受热分解可以转化为活性硫化物。

17　**硫在原油馏分中的分布规律是什么？**

硫在原油馏分中的分布一般是随着馏分沸程的升高而增加，大部分硫均集中在重馏分和渣油中。

直馏轻组分中的有机硫化物有硫醇、硫醚以及少量二硫化物和噻吩，硫醇硫含量占其轻馏分总硫含量的 40%~50%。直馏中间馏分中的硫化物主要是硫醚类和噻吩类。高沸馏分中含硫化合物大部分也是稠环化合物，硫原子也多在环结构上。

18　**原油中氧元素的存在形式是什么？如何进行分类？**

原油中的氧元素都是以有机化合物的形式存在，这些含氧化合物可分为酸性氧化物和中性氧化物两类。酸性氧化物包括环烷酸、芳香酸、脂肪酸以及酚类，总称为石油酸。中性氧化物有醛、酮等，它们在原油中含量极少。因此，石油中含氧化合物以酸性含氧化合物为主。

19　**酸性含氧化合物的含量如何表示？**

原油中酸性含氧化合物的含量一般借助酸度（或酸值）表示。

20　**什么是油品的酸度和酸值？**

酸度是指中和 100mL 试油所需的氢氧化钾毫克数[mg(KOH)/100mL]，该值一般适用于轻质油品；酸值是指中和 1g 试油所需的氢氧化钾毫克数[mg(KOH)/g]，该值一般适用于重质油品。测试方法是用沸腾的乙醇抽出试油中的酸性成分，然后再用氢氧化钾乙醇溶液进行滴定。根据氢氧化钾乙醇溶液的消耗量，算出油品的酸度或酸值。

21 环烷酸在原油中的分布规律是什么？

在原油的酸性氧化物中，以环烷酸为最重要，它约占原油酸性氧化物的90%，环烷酸的含量因原油产地不同而异，一般多在1%以下。

环烷酸在原油馏分中的分布规律很特殊，在中间馏分中（沸程为250~400℃）环烷酸含量最高，而在低沸馏分以及高沸重馏分中环烷酸含量都比较低。

22 原油中的氮含量一般为多少？

原油中氮含量一般在0.05%~0.5%范围内，仅有约4%原油的氮含量超过0.6%。

23 原油中氮的分布规律是什么？

原油中氮的分布随着馏分沸点的升高，其氮含量迅速升高，约有80%的氮集中在400℃以上的重油中。我国原油氮含量偏高，但一般不超过5%，且大多数原油的渣油中浓集了约90%的氮，氮主要存在于具有芳香性的复杂结构中，一般比硫更难脱出。

24 原油中含氮化合物分为几类？

原油中的含氮化合物按其酸碱性通常分为碱性含氮化合物和非碱性含氮化合物两类。碱性含氮化合物是指在冰醋酸和苯的样品溶液中能够被高氯酸-冰醋酸滴定的含氮化合物，非碱性含氮化合物则不能。

原油馏分中碱性含氮化合物主要有吡啶系、喹啉系、异喹啉系和吖啶系；弱碱性和非碱性含氮化合物主要有吡咯系、吲哚系和咔唑系。

25 原油中微量元素分为几类？

原油中微量元素按其化学属性可划分为三类：
（1）变价金属，如V、Ni、Fe、Mo等；
（2）碱金属和碱土金属，如Na、Ca、Mg等；
（3）卤素和其他元素，如Cl、Al、Si等。

26 原油中的微量元素的存在形态有哪些？

在原油中的一部分微量金属以无机水溶液盐类形式存在，如钾、钠的氯化物盐类，这些金属盐类主要存在于原油乳化的水相里，在脱盐过程中可以通过水洗脱除。另一些金属是以油溶性的有机化合物或络合物形式存在，如镍、钒等，这类金属经原油蒸馏后大部分浓集在渣油中。此外，一些金属还可能以极细的矿物质颗粒悬浮于原油中。

27 原油评价包括哪些内容？

原油评价就是通过各种实验、分析，确定原油的性质及特点，以便定制合理的加工方案。原油评价按其目的不同，大体上分为三个层次，根据不同的目的和需要，可以选择不同的评价内容和具体的测试项目。

（1）原油的一般性质分析，如密度、黏度、凝点、沥青质、胶质、残炭、水分、盐含量、元素分析、微量金属及馏程等。

（2）常规评价。除了原油的一般性质外，还包括原油的沸点蒸馏数据和窄馏分性质。

（3）综合评价。除了上述两项内容外，还包括直馏产品的产率和性质。将原油切割成石脑油、煤油、柴油、蜡油以及渣油等馏分并测定其主要性质，提出原油的不同切割方案；进行石脑油、柴油和重馏分油的烃组成分析；进行润滑油、石蜡和地蜡的潜含量测定。有时为了得到复杂混合物的气液间的平衡数据，还需进行平衡汽化，并作出平衡汽化时馏出物的产率与温度的关系曲线。

28 原油有哪几种分类法？

原油的组成极为复杂，对原油的确切分类是很困难的。原油性质的差别主要在于化学组分的不同，所以一般倾向于化学分类，但有时为了应用方便，也采用商品分类法。

原油的化学分类是以塔底化学组成为基础，但因为有关石油化学的分析比较复杂，所以通常都利用原油的几个与化学组成有直接关联的物理性质作为分类基础。在原油的化学分类中，最常用的有特性因数分类及关键馏分特性分类。

29 什么是特性因数？

原油特性因数 K 是根据相对密度和沸点组合成的复合常数，能反映原油的化学组成性质。

30 按特性因数原油如何分类？

按特性因数大小原油分为三类：

（1）石蜡基原油：$K > 12.1$，烷烃含量高（超过 50%），密度小，凝点高，含硫、含胶质低；

（2）中间基原油：$K = 11.5 \sim 12.1$，性质介于石蜡基和环烷基之间；

（3）环烷基原油：$K = 10.5 \sim 11.5$，密度大、凝点低。

根据特性因数和密度将原油按轻油、重油两个关键组分进行更为详细的分类，可分为七类，即：石蜡基、石蜡–中间基、中间–石蜡基、中间基、中间–环烷基、环烷–中间基、环烷基。

31 原油按关键馏分的特性如何分类？

原油在实沸点蒸馏装置馏出约 250~275℃作为第一关键馏分，残油用没有填料柱的蒸馏瓶在 40mmHg(1mmHg = 133.322Pa)残压下蒸馏，切取 275~300℃馏分(相当于常压 395~425℃)作为第二关键馏分。测定以上两个关键馏分的相对密度，对照表 1-1 中的分类标准，决定两个关键馏分的属性，最后按照表 1-2 确定该原油的性质。

表 1-1　关键馏分的分类指标

关键馏分	石蜡基	中间基	环烷基
第一关键馏分 (轻油部分)	$d_4^{20} < 0.8210$ API 度>40 (K>11.9)	$d_4^{20} = 0.8210~0.8562$ API 度 33~40 (K = 11.5~11.9)	$d_4^{20} > 0.8562$ API 度<33 (K<11.5)
第二关键馏分 (轻油部分)	$d_4^{20} < 0.8723$ API 度>30 (K>12.2)	$d_4^{20} = 0.8723~0.9305$ API 度 20~30 (K = 11.5~12.2)	$d_4^{20} > 0.9305$ API 度<20 (K<11.5)

表 1-2　关键馏分特性分类

编号	轻油部分的类型	重油部分的类型	原油的类别
1	石蜡(P)	石蜡(P)	石蜡(P)
2	石蜡(P)	中间(I)	石蜡~中间(P~I)
3	中间(I)	石蜡(P)	中间~石蜡(I~P)
4	中间(I)	中间(I)	中间(I)
5	中间(I)	环烷(N)	中间~环烷(I~N)
6	环烷(N)	中间(I)	环烷~中间(N~I)
7	环烷(N)	环烷(N)	环烷(N)

32 什么是 API 度？

API 度是美国石油学会(简称 API)制订的，用以表示石油及石油产品密度的一种量度。国际上把 API 度作为决定原油价格的主要标准之一。

33 原油商品分类有几种？各按什么原则进行？

原油的商品分类可以作为化学分类的补充，在工业上也有一定的参考价值，分类的根据包括：按密度分类、按含硫量分类、按含氮量分类、按含蜡量分类、按含胶质量分类等。

（1）按原油密度分类：

轻质原油（API 度>34）：<852kg/m³（20℃密度）

中质原油（API 度 34~20）：852~930kg/m³（20℃密度）

重质原油（API 度 20~10）：930~998kg/m³（20℃密度）

特稠原油（API 度<10）：>998kg/m³（20℃密度）

（2）按原油的含硫量分类：

低硫原油：含硫量<0.5%（质量分数）

含硫原油：含硫量 0.5%~2.0%（质量分数）

高硫原油：含硫量>2.0%（质量分数）

世界各地都按本国所使用原油性质分类，互不相同，以上所列可看作是分类的参考标准。

（3）按含蜡量分类：

低蜡原油：含蜡量 0.5%~2.5%（质量分数）

含蜡原油：含蜡量 2.5%~10%（质量分数）

高蜡原油：含蜡量>10%（质量分数）。

第二章　产品种类和性质

1　常减压蒸馏装置能生产哪些产品及二次加工的原料？

常减压蒸馏装置可从原油中分离出各种沸点范围的产品和二次加工的原料。当采用初馏塔时，塔顶可分出轻石脑油、窄馏分重整原料。

常压塔能生产如下产品：塔顶生产重整原料、重石脑油；常一线生产喷气燃料(航空煤油)、灯用煤油、溶剂油；常二线生产轻柴油、分子筛脱蜡原料；常三线生产重柴油或润滑油基础油；常压塔底生产常压重油。

减压塔能生产如下产品：减一线生产柴油；减压各侧线油视原油性质和使用要求可作为催化裂化原料、加氢裂化原料、润滑油基础油原料和石蜡的原料；减压渣油可作为延迟焦化、溶剂脱沥青、氧化沥青和减黏裂化的原料，以及燃料油的调和组分。

2　车用汽油的使用要求有哪些？

汽油作为点燃式发动机燃料的石油轻质馏分。使用要求主要有：
（1）在所有工况下，具有足够的挥发性，以形成可燃混合气。
（2）燃烧平稳，不产生爆震燃烧现象。
（3）储存安定性好，生成胶质的倾向性小。
（4）对发动机没有腐蚀作用。
（5）排出的污染物少。

3　什么是车用乙醇汽油？

车用乙醇汽油是指在汽油组分中，按体积比加入一定比例(一般10%)的变性燃料乙醇混配形成的一种车用燃料，它是汽油车发动机专用的一种新型环保燃料。

4　使用乙醇汽油对车辆有什么好处？

（1）因乙醇汽油含氧量的提高，使燃料燃烧更充分，有效地降低和减少了有害尾气的排放。

（2）乙醇汽油的燃烧，能有效地消除火花塞、燃烧室、气门、排气管消声器部位积炭的形成，避免了因积炭的形成而引起的故障，延长部件使用寿命。

（3）可延长发动机机油的使用时间，减少更换次数。

5 反映汽油蒸发性能的指标是什么？

反映汽油蒸发性能的指标是馏程和饱和蒸气压。

6 为什么要控制车用汽油的 10％馏出温度？

10％馏出温度表示汽油中低沸点馏分的多少，对汽油机启动的难易有决定性影响，同时也与产生气阻的倾向有密切关系。10％馏出温度越低，表明汽油中低沸点馏分越多，能使汽油机在低温下易启动，但是该馏出温度过低，则易于产生气阻。我国车用汽油质量标准中规定了 10％馏出温度不高于 70℃。表 2-1 列出了 10％馏出温度和发动机能迅速启动的最低温度之间的关系，表 2-2 列出了 10％馏出温度和开始产生气阻温度之间的关系。

表 2-1 汽油 10％馏出温度和发动机能迅速启动的最低温度之间的关系

10％馏出温度/℃	54	60	66	71	77	82
最低启动温度/℃	-21	-17	-13	-9	-6	-2

表 2-2 汽油 10％馏出温度与开始产生气阻温度之间的关系

10％馏出温度/℃	40	50	60	70	80
开始产生气阻温度/℃	-13	7	27	47	67

7 为什么要控制车用汽油的 50％馏出温度？

50％馏出温度表示汽油的平均蒸发性能，是保证汽油的均匀蒸发和分布，使发动机具有良好的加速性和平稳性，保证最大功率和爬坡性能的重要指标。汽油 50％馏出温度低，在正常温度下便能较多地蒸发从而能缩短汽油机的升温时间，同时使发动机加速灵敏、运转柔和。如果汽油 50％馏出温度过高，当发动机需要由低速转为高速、供油量急剧增加时，汽油来不及完全汽化，导致燃烧不完全，严重时甚至会突然熄火。我国车用汽油质量标准中汽油 50％馏出温度规定不高于 120℃。

8 为什么要控制车用汽油的 90％馏出温度和终馏点？

90％馏出温度和干点是控制车用汽油中重质组分的指标，用以保证油品良好蒸发和完全燃烧，并防止积炭等，如该温度过高，还会因燃烧不完全，造成汽油进入润滑油中，稀释机油，增大磨损。我国车用汽油 90% 馏出温度不得超过 190℃，终馏点温度不高于 205℃，以保证油品完全汽化和燃烧。表 2-3 为汽油干点与发动机活塞磨损及汽油消耗量的关系。

表 2-3　汽油干点与发动机活塞磨损及汽油消耗量的关系

汽油干点/℃	发动机活塞相对磨损/%	汽油相对消耗量/%
175	97	98
200	100	100
225	200	107
250	500	140

9　评定汽油安定性的指标是什么？

评定汽油安定性的指标：碘值、实际胶质和诱导期。

10　抗氧化剂的作用是什么？

抗氧化剂又称防胶剂，它的作用是抑制燃料氧化变质进而生成胶质，提高汽油的安定性。

11　爆震燃烧的现象是什么？

汽油在发动机燃烧不正常时，会出现机身强烈震动的情况，并发出金属敲击声，同时发动机功率下降，排气管冒黑气，严重时导致机件的损坏，这种现象便是爆震燃烧，也叫敲缸。

12　什么叫汽油的抗爆性？

发动机燃料在汽缸中燃烧时，发生剧烈震动、敲击声和输出功率下降的现象，这种现象称为爆震。衡量燃料是否易于发生爆震的性质称为抗爆性。如果不易产生爆震，则认为该燃料的抗爆性好。抗爆性是发动机燃料的重要指标之一。

13　车用汽油抗爆性的表示方法是什么？

车用汽油的抗爆性使用辛烷值（ON）来表示。车用汽油辛烷值的测定方法主要有两种，即马达法（MON）和研究法（RON）

14　常减压蒸馏装置对石脑油的馏程是如何要求的？

常减压蒸馏装置石脑油主要作为重整原料，其馏程要求是根据重整的生产目的而确定的。当生产高辛烷值汽油时，一般要求采用 90～180℃ 馏分（C_7 以上馏分）；生产苯、甲苯、二甲苯时，用60~145℃馏分（C_6~C_8馏分）；只生产苯时用60~85℃馏分（C_6馏分）；只生产二甲苯时，用110~145℃馏分（C_8馏分）。重整原料油的馏分切割有时还受其他产品生产的影响，例如在同时生产喷气燃料时，由于130~145℃属于喷气燃料的馏程范围，故有的炼油厂C_6~C_8芳烃原料油的切割范围采用60~130℃馏分。在一些生产化纤原料（对二甲苯）的工厂中，由于有甲苯歧化、烷基转移、异构化等装置，可以使C_7~C_9芳烃大部分转化为对二甲苯，故其重整原料油馏程范围较宽。

因此，常减压蒸馏装置要根据各厂具体情况来确定重整原料油的切割范围。

15 重整原料芳烃潜含量如何表示？

芳烃潜含量是重整原料油的特性指标，指原料油中碳六至碳八环烷烃全部脱氢转化为相应的芳烃的质量占原料质量的百分数，再加上原料油原有的芳烃质量分数。芳烃潜含量越高，重整油的芳烃含量也越高。

16 常减压蒸馏装置能控制喷气燃料油的哪些质量指标？

常减压蒸馏装置能控制喷气燃料的馏程、密度、冰点、结晶点等性质。

喷气燃料馏程对发动机的启动、燃烧区的宽窄、低温性能的好坏、密度的大小和蒸发损失等都有直接影响。

17 为什么要控制喷气燃料的密度？

喷气燃料质量指标要求密度不小于$775kg/m^3$。因为飞机油箱的体积有限，燃料密度大则其体积发热值也较大，在同样油箱体积下飞机的续航时间和续航里程增加，这对民航飞机来说，可提高工作效率，降低运输费用。

18 为什么要控制喷气燃料的馏程？

常减压蒸馏装置通过控制喷气燃料的恩氏蒸馏90%点和98%点温度来调节它的密度和结晶点。馏程太窄时，结晶点合格而密度太小；馏程太宽时，密度合格而结晶点过高。所以90%点和98%点要调节适中，才能保证喷气燃料的结晶点和密度都符合规格要求，因此必须根据原油的性质，选择适当的馏程。

结晶点和冰点都是喷气燃料的低温性能，它取决于燃料的化学成分和含水量。燃料中蜡含量多，当温度下降到一定程度时就会析出石蜡晶体；燃料中芳烃含量多，溶解水分增加，当温度降低时，水分便析出结成冰粒。无论是蜡的结晶或水的结冰，都会堵塞燃料滤清器，中断供油，造成严重的飞行事故。所以要限制馏程切割范围，当馏程切割恰当时，不必脱蜡就能达到-60℃以下的结晶点。

19　喷气发动机燃料的使用要求有哪些?

（1）良好的燃烧性能。

（2）适当的蒸发性能。

（3）较高的热值和密度。

（4）良好的安定性能。

（5）良好的低温性能。

（6）无腐蚀性。

（7）良好的洁净性能。

（8）较小的起电性能。

（9）适当的润滑性能。

20　常减压蒸馏装置生产 200 号溶剂油时要控制哪些质量指标?

按照国家标准 200 号溶剂油初馏点应不低于 140℃，98%馏出点不高于 200℃，闭口闪点不低于 33℃，芳烃含量不大于 15%，密度不大于 780kg/m^3（对于环烷基原油可控制不大于 790kg/m^3），并要求腐蚀、机械杂质和水分等指标合格。

这些要求是根据其主要用途而规定的。200 号溶剂油主要用于油漆（如醇酸漆、酚醛漆）中，应有良好的溶解能力，适当的挥发速度，对金属无腐蚀，符合国家劳动保护和安全生产的要求，常减压蒸馏装置主要通过控制馏程来达到这些要求。初馏点过低，则溶剂挥发过快，会使漆膜起皱，并会使闪点过低，储运和使用时不安全。若 98%馏出点过高，则溶剂挥发过慢，影响漆膜的干燥。因此常减压蒸馏装置在生产 200 号溶剂油时，要控制好其馏出温度。

21　常减压蒸馏装置在生产分子筛脱蜡原料油时要控制哪些质量指标?

分子筛脱蜡和尿素脱蜡都可以将汽油、煤油、柴油馏分中的正构烷烃脱除，分别获得高辛烷值汽油、低冰点煤油和低凝点柴油，同时还可获得液体石蜡，可用作溶剂、合成洗涤剂原料或人造蛋白原料以及氯化石蜡（增塑剂）等。

当分子筛脱蜡的主要目的是获得合成洗涤剂原料时，由于生产洗涤剂的有效组分是 C$_{12}$ 正构烷烃，故常减压蒸馏装置切取 190~240℃（C$_{10}$~C$_{14}$）馏分作为脱蜡原料油。馏分太宽会浪费分子筛脱蜡装置的有效处理能力，增加水、电、汽的消耗，减少目的产物收率。

22　灯用煤油密度指标是多少?

灯用煤油中也不允许有较多的重馏分，为使灯光持久，一般石蜡基灯用煤油平均沸点在 230℃，密度（20℃）在 800kg/m^3 左右最好；环烷基灯用煤油平均沸点在 215℃，密度（20℃）在 820kg/m³ 左右最好，即一般灯用煤油密度最好在 780~840kg/m³ 范围内，而不宜太轻或太重。

23 什么叫煤油的无烟火焰高度？

无烟火焰高度又称烟点。指灯用煤油和喷气燃料在规定试验条件下燃烧，无烟火焰的最大高度，以毫米表示。它是煤油的重要质量指标之一。无烟火焰高度大，表示煤油的芳烃含量低，发烟性低，燃烧性好。

24 什么叫结晶点？

轻质油品在试验条件下冷却，开始呈现浑浊时的最高温度称为浊点，继续将试油冷却，直到油中出现用肉眼看得见的结晶时，称为结晶点，俗称冰点。浊点和结晶点都是表示燃料低温性能的指标。浊点和结晶点高，说明燃料的低温性较差，在较高温度下就会析出结晶，堵塞过滤器，妨碍甚至中断供油。因此，喷气燃料规格对浊点和结晶点均有严格规定。

25 什么是油品的抗氧化安定性？

油品在储存和使用过程中抵抗氧化作用的能力，汽油的抗氧化安定性用诱导期或实际胶质等指标表示。润滑油则以在缓和氧化条件下生成的水溶性酸，或者在深度氧化条件下形成的沉淀和酸值来表示。油品的抗氧化安定性与其组成、环境温度、氧的浓度和催化剂的存在有关。氧化后生成中性氧化物和酸性氧化物，中性氧化物进一步缩合生成沥青胶质或炭化产物，堵塞机件，使油变质，黏度增大，颜色变深，酸性氧化物则对金属有腐蚀作用。

26 什么叫残炭？

将油品放入残炭测定器中，在不通入空气的条件下加热，油中的多环芳烃、胶质和沥青质等受热蒸发、分解并缩合，排出燃烧气体后所剩的鳞片状黑色残余物称为残炭，以质量分数表示，残炭的多少主要决定于油品的化学组成，残炭多还说明油品容易氧化生胶或生成积炭。

27 什么是油品的热值？

单位质量或体积的燃料完全燃烧时所放出的热量。一般有高热值和低热值之分。前者包括燃料的燃烧热和水蒸气的冷凝热。后者则仅指燃料本身的燃烧热。单位质量（克或千克）的石油及其产品完全燃烧时所放出的热量（卡或千卡），通称为石油产品的热值，即质量热值。质量热值与密度相乘，即是体积热值。石油及其产品热量大约在 10400~11000cal/g（1cal=4.1868J），馏分越轻，质量热值则越高，但由于密度小，体积热值也小，馏分重的燃料，质量热值低，但由于密度大，体积热值大。热值是锅炉燃料、喷气式发动机燃料和火箭发动机燃料的重要质量指标之一。

28　什么是油品的黏度？

液体受外力作用时，分子间产生的内摩擦力。黏度是评定油品流动性的指标，是油品尤其是润滑油的重要质量指标。润滑油必须具有适当的黏度，若黏度过大，则流动性差，不能在机器启动时迅速流到各摩擦点去，使之得不到润滑；黏度过小，则不能保证润滑效果，容易造成机件干摩擦，对于柴油来说，黏度合适，则喷射的油滴小而均匀，燃烧完全。

29　黏度的表示方法是什么？

黏度的表示方法很多，归纳可分为绝对黏度和条件黏度两类。绝对黏度分动力黏度和运动黏度两种。动力黏度的单位为 Pa·s，其物理意义：面积各为 $1m^2$、并相距 1m 的两层液体，以 1m/s 的速度做相对运动时所产生的内摩擦力，旧用单位是 P 和 cP，换算关系为 $1cP = 10^{-3}Pa·s$。运动黏度是液体的动力黏度 η 与同温度下密度 ρ 之比，在温度 $t℃$ 时，运动黏度以符号 v_1 表示。运动黏度的单位是 m^2/s 或 mm^2/s，旧用 cSt。换算关系为 $1cSt = 1mm^2/s$。石油产品的规格中，大都采用运动黏度，润滑油的牌号很多是根据其运动黏度的大小来规定的。条件黏度有恩氏黏度、赛氏通用黏度、赛氏重油黏度、雷氏 1 号黏度、雷氏 2 号黏度等几种，在欧美各国比较通用。

30　润滑脂和沥青的稠度指标是什么？

润滑脂和沥青的稠度指标用针入度表示。在规定温度和荷重下，针入度计的标准圆锥体在 5s 内垂直沉入试样的深度，称为针入度，以 1/10mm 为单位，针入度越大，表示被测样品越软。

31　延度指标如何表示？

延度是沥青的一项质量指标。旧称伸长度，沥青试样在 25℃ 下以 5cm/min 的速度在仪器中延伸至拉断，这时的长度称为延度，以厘米为单位，延度越长、沥青的质量越好。

32　什么是软化点？

软化点是沥青的质量指标之一。按环球法测定，将沥青加热软化，在钢球荷重下变形并坠至下承板时的温度，称为软化点，以℃表示。

33 为什么要控制柴油的馏程？其馏程指标是多少？

柴油馏程是一个重要的质量指标。柴油机的速度越高，对燃料的馏程要求就越严，一般来说，馏分轻的燃料启动性能好，蒸发和燃烧速度快。但是燃料馏分过轻，自燃点高，燃烧延缓期长，且蒸发程度大，在发火时几乎所有喷入气缸里的燃料会同时燃烧起来，结果造成缸内压力猛烈上升而引起爆震。燃料过重也不好，会使喷射雾化不良，蒸发慢，不完全燃烧的部分在高温下受热分解，生成炭渣而弄脏发动机零件，使排气中有黑烟，增加燃料的单位消耗量。馏程主要控制50%和90%馏出温度。轻柴油质量指标要求50%馏出温度不高于300℃，90%馏出温度不高于355℃，95%馏出温度不高于365℃。柴油的馏程和凝点、闪点也有密切的关系。

34 评定柴油低温流动性的指标是什么？

我国评定柴油低温流动性的指标是凝点和冷滤点。

凝点也是柴油的重要质量指标。在冬季或空气温度降低到一定程度时，柴油中的蜡结晶析出会使柴油失去流动性，给使用和储运带来困难。对于高含蜡原油，在生产过程中往往需要脱蜡，才能得到凝点符合规格要求的柴油，通常柴油的馏程越轻，则凝点越低。

35 评定轻柴油安全性的指标是什么？

评定轻柴油安全性的指标是闪点，轻柴油的闪点是根据安全防火的要求而规定的一个重要指标。柴油的馏程越轻，则其闪点越低。

36 评定柴油发火性能的指标是什么？

评定柴油发火性能的指标是十六烷值。

十六烷值是在规定试验条件下，用标准单缸试验机测定柴油的着火性能，并与一定组成的标准燃料(由十六烷值定为100的十六烷和十六烷值定为0的α-甲基萘组成的混合物)的着火性能相比而得到的实测值。当试样的着火性能和在同一条件下用来作比较的标准燃料的着火性能相同时，则标准燃料中的十六烷所占的体积分数，即为试样的十六烷值。柴油中正构烷烃的含量越大，十六烷值也越高，燃烧性能和低温启动性也越好，但沸点和凝点将升高。

$$十六烷值 = 442.8 - 462.9 d_4^{20}$$

37 轻柴油的牌号是如何划分的？

轻柴油的牌号就是按其凝点而分为10号、0号、-10号、-20号、-35号、-50号六个品种。

38 常减压蒸馏装置能控制重柴油的哪些质量指标？

常减压蒸馏装置能控制重柴油的馏程、密度、闪点、黏度等指标。

重柴油的馏程大致为 300~400℃，即常三线或四线、减压一线油能出重柴油。

重柴油的密度不宜过大，太大时含沥青质和胶质太多，不易完全燃烧；密度太小时含轻馏分过多，会使闪点过低，保证不了使用安全。

重柴油的闪点是由它的轻馏分含量控制的。闪点要求不低于 65℃，若轻馏分含量较多，则闪点较低，在储存和运输中不安全。尤其是凝点较高的重柴油在使用时需经预热，因而要求较高的闪点。为确保重柴油的使用安全，同时规定预热温度不得超过闪点的三分之二。

重柴油在低中速柴油机中使用。一般低速柴油机适用的重柴油 50℃ 时黏度为 11~36mm²/s（恩氏黏度 2~5°E）。最利于喷油的黏度是 7.3~12.6mm²/s（恩氏黏度 1.6~2.1°E），大型低速柴油机可用黏度 34mm²/s（恩氏黏度 4.6°E）的重柴油。

黏度过大时，会使油泵压力下降，输油管内起泡，发生油阻，并影响喷油，造成雾化不良，以致不能完全燃烧而冒黑烟，不但浪费了燃料而且污染了环境。

黏度太小时，会引起喷油距离太短和雾化混合不良而影响燃烧。因而一般大中型低速柴油机用重柴油的最低黏度应当控制在 8.6mm²/s（恩氏黏度 1.7°E）以上。

重柴油的密度、闪点、黏度都是通过常减压蒸馏装置操作中馏分的切割来控制的，通常馏分越轻则密度越小，闪点和黏度越低。

39 常减压蒸馏装置对常压重油控制哪些质量指标？

常压重油作为减压原料时，主要控制其 350℃ 前馏分含量，350℃ 前馏分含量高，不仅不利于减压塔真空度和减压拔出率提高，而且造成油品质量损失、增加装置能耗和投资。350℃ 前馏分含量增大后，大量柴油馏分进入减压塔，必将增加减压塔的截面积，塔径增大相应的填料床及相关配件（液体分布器、集油箱等）均必须增加，投资上升；原本应在常压塔中分馏出来的柴油进入减压塔时，必须全部被加热到 400℃ 左右变为气相，然后再冷却成油品，这一过程将增加减压炉的燃料消耗和装置能耗。因此为更好进行减压深拔，实现装置节能降耗等，常压重油 350℃ 前馏分含量需控制≤5%（体积分数）。

当常压重油用作重油催化裂化装置的原料时，除了控制 350℃ 前馏分含量，还需控制常压重油的钠离子含量。重油催化裂化装置要求原料中的钠含量在 1~2mg/L 以下，因为沉积在催化剂上的钠会"中和"催化剂的酸性中心，并和催化剂基体形成低熔点的共熔物。在催化剂再生温度下，基体熔化会造成微孔破坏，使催化剂永久失活。因此要求常减压装置进行深度脱盐。通常常减压蒸馏装置脱盐深度达到 3mg/L 时，就能满足常压重油的钠离子含量小于 1mg/L 的要求。

40 减压蜡油作为加氢裂化原料时有何要求？

减压蜡油在炼油厂中一般作为加氢裂化和催化裂化装置的原料。加氢裂化装置对减压蜡油要求控制残炭、重金属含量、含水等指标，同时要观察颜色和密度，一般残炭要求在 0.2% 以下。如果蜡油残炭不高，而颜色深、密度大，说明减压分馏不好，需改进减压分馏的设备或操作。馏分过重（密度大）金属含量随之增加，在生产过程中易造成催化剂中毒失去活性。若蜡油含水大于 500mg/L，易造成加氢裂化催化剂失活并降低催化剂的强度，因而增加了催化剂的损耗，操作费用增加，能耗加大。

41 减压蜡油作为催化裂化原料时有何要求？

减压蜡油残炭过大时，催化裂化生焦量会上升，使再生器负荷过大，甚至会造成超温。但残炭过小时，又会使再生器热量不足，造成反应热量不够，需向再生器补充燃料。减压蜡油中的重金属在催化裂化时会沉积在催化剂上，使催化剂失活，导致脱氢反应增多，气体及生焦量增大。因此各厂对催化裂化原料油的质量都有一定要求。

当催化裂化采用掺炼渣油的工艺时（如重油催化裂化工艺），减压蜡油的残炭、重金属含量等指标会影响渣油掺入量。若减压蜡油残炭、重金属含量低，则可掺炼较多的渣油；若减压蜡油残炭、重金属含量高，则只能掺入较少的渣油。因此重油催化裂化工艺对原料油的残炭和重金属含量也是有一定要求的。

42 常减压蒸馏装置对生产润滑油基础油（中性油）原料有何控制指标？为什么？

生产润滑油基础原料应控制馏分范围、黏度、比色、残炭等指标。这是根据基础油（中性油）标准和下游加工工序要求而确定的。润滑油馏分切割范围一般为实沸点 320~525℃，在生产中主要按黏度作为切割依据。由于不同原油的组成不同，原料黏度有差异，所以不同原油要切割同一黏度的馏分油，其切割范围也就不同。对同一种原油，也会因分馏精确度不同，馏分范围也不同。若润滑油馏分分割较差（重），范围过宽会给下游工序带来很多困难。例如，馏分比较宽的润滑油料溶剂精制时，不但需要较大的溶剂比以除去一些沸点较高的非理想组分，而且会使一些沸点较低的理想组分在溶剂精制时被除去，因而使精制收率降低。在进行溶剂脱蜡时，由于分子大小不同的石蜡混在一起结晶，低分子的烷烃受到高分子烷烃的影响，能生成一种熔点较低、晶粒很小的产品，而直接影响脱蜡过滤速度和收率。

润滑油馏分最好是初馏点到干点的范围不大于100℃。相邻两馏分油的95%点和5%点重叠度不大于10℃。减四线油2%~97%点不大于90℃。减压切割中应限制最重的一种馏分油的干点，以免把含蜡的残渣油混入馏分油中，影响石蜡的结晶。

润滑油馏分的比色也有严格的控制指标，即（ASTM D1500号）1~65。同一种润滑油馏分，比色高就意味着S、N、O含量高。这就给下一道工序（如加氢补充精制或白土精制）带来了较大的困难。加氢补充精制时耗氢量高，装置能耗高，白土精制时白土用量大。

因此，减压蒸馏一般采用低炉温、高真空、窄馏分、浅颜色，将润滑油基础油分割好，除去非理想组分，以便于下一道工序的加工，保证润滑油的各种规格要求。

43 对减压渣油有何控制指标？

减压渣油的质量没有统一控制指标，根据原油性质和全厂总流程方案的要求，视其不同用途有不同要求。

根据减压渣油的元素分析、族组成、结构组成、重金属含量、残炭等来确定它是否可以作为催化裂化的原料，如可作催化裂化的原料，则应深度脱盐，控制钠离子含量。对于石蜡基和中间基原油的减压渣油，一般可作为溶剂脱沥青原料，以生产润滑油基础油原料或催化裂化原料和沥青产品。

对中间基和环烷基原油的减压渣油，如控制馏分切割，可直接生产沥青产品。如单家寺、欢喜岭、羊三木等原油的减压渣油就可直接生产沥青产品。

减压渣油作为焦化原料时，减压塔需要深拔操作，减少渣油中轻馏分含量，充分利用原料资源。

减压渣油作为商品燃料油一般黏度不合格，需经减黏裂化或用其他轻油调和，才能符合产品规格要求。

44 什么是油品的平均沸点？

石油及其产品是复杂的混合物，在某一定压力下，其沸点不是一个温度，而是一个温度范围。在加热过程中，低沸点的轻组分首先汽化，随着温度的升高，较重组分才依次汽化。因此要用平均沸点的概念说明。

45 平均沸点有几种表示方法？

平均沸点的几种不同表示方法：

（1）体积平均沸点，是恩氏蒸馏10%、30%、50%、70%、90%五个馏出温度的算术平均值。用于求定其他物理常数。

（2）分子平均沸点（实分子平均沸点），是各组分的分子百分数与各自沸点的乘积之和。用于求定平均相对分子质量。

（3）质量平均沸点，是各组分的质量分数与各自馏出温度的乘积之和。

（4）立方平均沸点，是各组分体积分数与各自沸点立方根乘积之和的立方。用于求定油品的特性因数和运动黏度等。

（5）中平均沸点，是分子平均沸点和立方平均沸点的算术平均值。用于求定油的氢含量、燃烧热和平均相对分子质量等。

除体积平均沸点可直接用恩氏蒸馏数据求得外，其他平均沸点通常都由体积平均沸点查图求出。

46　什么是油品的平衡汽化曲线？

平衡汽化曲线又称一次汽化曲线，指在某一压力下，石油馏分在一系列不同温度下进行平衡蒸发所得的汽化率和温度的关系曲线。汽化率以馏出分率（体积）表示，不同压力可得到不同的平衡汽化曲线。平衡蒸发的初馏点即0%馏出温度，为该馏分的泡点；终馏点即100%馏出温度，为该馏分的露点。平衡汽化曲线是炼油工艺的基本数据之一。

47　什么叫实沸点蒸馏？

实沸点蒸馏是一种实验室间歇精馏过程，主要用于评价原油。设备由蒸馏釜和相当于具有一定理论塔板数（一般为30块）的精馏柱组成。蒸馏时以较大的回流液来控制馏出速度，使每一馏出温度比较接近于该馏出物的真实沸点。

48　什么叫恩氏蒸馏？

一种测定油品馏分组成的经验性标准方法，属于简单蒸馏。其规定的标准方法是取100mL油样，在规定的恩氏蒸馏装置中按规定条件进行蒸馏，以收集到第一滴馏出液时的气相温度作为试样的初馏点，然后按每馏出10%（体积）记录一次气相温度，直到蒸馏终了时的最高气相温度作为终馏点。恩氏蒸馏由于没有精馏柱，组分分离粗糙，但设备和操作方法简易，试验重复性较好，故现在仍广泛应用。

49　什么是临界状态？

临界状态指物质的气态和液态平衡共存时的一个边缘状态，这时液体密度和饱和蒸汽密度相同，因而它们的界面消失，这种状态只能在临界温度和临界压力下实现。

50 什么是临界温度和临界压力？

临界温度是物质处于临界状态时的温度，对纯组分来说，也就是气体加压液化时所允许的最高温度（如氧是-118.8℃，氨是132.4℃），超过此温度，不管压力再提高多少，也不能使气体液化，只能使其受到高度压缩。而对于多组分混合物，其液化或汽化温度即露点或泡点随压力不断提高而升高，两者温度差逐渐缩小，最后交于一点，称临界点，相应于这点的温度和压力，就是多组分混合物的临界温度和临界压力。

51 焓的意义是什么？

焓是热力学状态参数，代表物质在流动过程中所携带的能量，包括本身的内能和在流动方向上向前方传递的流动能。数值上等于物质的内能和动能之和。焓越大，做功能力就越大。单位是 kJ/kg。

52 油品中机械杂质是什么？

机械杂质指石油或油品中所有不溶于油和规定溶剂的沉淀或悬浮物质，如泥沙、尘土、铁屑、纤维和某些不溶性盐类，这些杂质是在开采、精制、储存或使用过程中带进来的。机械杂质含量是许多油品的一项质量指标。对于轻质油来说，机械杂质会堵塞油路，促使生胶或腐蚀，锅炉燃料中的机械杂质，将会堵塞喷嘴，降低燃烧效率，增加燃料消耗；润滑油中的机械杂质则会破坏油膜，增加磨损，堵塞油滤器，促进生成积炭等。

53 什么叫油品的苯胺点？

石油产品与等体积的苯胺混合，加热至两者能互相溶解成均一液相时的最低温度。各种烃类在苯胺中的溶解度不同，芳烃最容易，环烷烃次之，烷烃最差，即芳烃的苯胺点最低，环烷烃居中，烷烃最高。因此，苯胺点越低，说明油中芳烃含量越高，利用苯胺点可以算出轻质油品中芳烃含量、柴油指数和轻质油的低发热量。

54 什么是油品的冷滤点？

冷滤点是按照 GB 252—2015 规定的测定条件，当试油通过过滤器的流量每分钟不足 20mL 时的最高温度。由于冷滤点的测定条件近似于使用条件，所以可以用来粗略地判断柴油可能使用的最低温度。冷滤点高低与柴油的低温黏度和含蜡量有关。低温下黏度大或出现的蜡结晶多，都会使柴油的冷滤点升高。

55 什么是油品的凝点？

凝点是按照 GB/T 510—2018 规定的测定条件，试油开始失去流动性的最高温度。凝点和冷滤点是评定柴油的低温流动性能的指标。

56 什么是油品的泡点？

多组分液体混合物在某一压力下加热至刚刚开始沸腾，即出现第一个小气泡时的温度。泡点温度也是该混合物在此压力下平衡汽化曲线的初馏点，即 0% 馏出温度。

57 什么是油品的露点？

多组分气体混合物在某一压力下冷却至刚刚开始凝结，即出现第一个小液滴时的温度。露点温度也是该混合物在此压力下平衡汽化曲线的终馏点，即 100% 馏出温度。

58 什么是油品的闪点？

闪点是指石油产品在规定条件下，加热到其蒸汽和空气的混合物与火焰接触时会发生闪火现象的最低温度。闪点的测定方法有闭口杯法和开口杯法两种。

第三章 加工方案和工艺流程

1 什么是一次加工过程？

一次加工指原油的常压蒸馏或常减压蒸馏过程，所得的轻重产品称直馏产品。一次加工装置的原油能力代表炼油厂的生产规模。

2 什么是二次加工过程？

二次加工是用直馏产品为原料，以提高轻油收率或产品质量、增加油品品种为目的的加工过程，如热裂化、焦化、催化重整、催化裂化、加氢裂化等。

3 常减压蒸馏装置在全厂加工总流程中有什么重要作用？

原油是由各种碳氢化合物组成的极复杂的混合物。炼油工业的主要目的是从原油中提炼出各种燃料、润滑油、化工原料和其他石油产品（如石油焦、沥青等）。常减压装置将原油用蒸馏的方法分割成为不同沸点范围的组分，以适应产品和下游工艺装置对原料的需求。常减压蒸馏是炼油厂加工原油的第一个工序，即原油的一次加工，在炼油厂加工总流程中有重要作用，常称之为"龙头"装置。

一般来说，原油经常减压装置加工后，可得到石脑油、喷气燃料、灯用煤油、轻柴油、重柴油和燃料油等产品，某些富含胶质和沥青质的原油，经常减压深拔后还可直接生产出道路沥青。常减压装置另一个主要作用是为下游二次加工装置或化工装置提供质量较高的原料。例如，重整、乙烯裂解、催化裂化、加氢裂化或润滑油加工装置的原料，焦化、氧化沥青或减黏裂化装置的原料等。某些原油（如大庆原油）因性质较好，其常压塔底重油也可直接作为催化裂化装置的原料。图 3-1 为典型的燃料-化工型炼油厂总流程示意图。因此，常减压蒸馏装置的操作，直接影响着下游二次加工装置和全厂的生产状况。

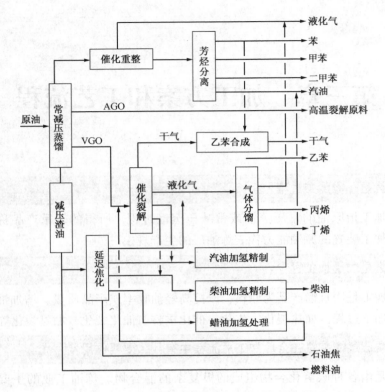

图 3-1 燃料–化工型炼油厂总流程图

我国地域辽阔，各地所产原油其性质差异较大，即使是同一油田的不同油井所产原油，由于其生成条件不同，也存在着较大的差异，如果再考虑到国外原油，那么差别就更大。所以根据不同的原油和不同的产品要求，应考虑不同的加工方案和工艺流程，以合理利用石油资源和获得最佳的经济效益。

目前，国内各炼油厂的常减压蒸馏装置有近百套之多，根据原油性质和产品要求，原油加工方案可分为：

（1）燃料–润滑油型。除生产重整原料、煤油、柴油和燃料油之外，部分或大部分减压馏分油和减压渣油还被用于生产各种润滑油产品。

（2）燃料型。除生产重整原料、煤油、柴油和燃料油外，减压馏分油和减压渣油通过深加工转化为各种轻质燃料，不生产润滑油组分原料。

（3）燃料–化工型。除生产重整原料、裂化原料、燃料油之外，还生产化工原料和化工产品。

5 原油蒸馏典型的加工流程是什么？

原油蒸馏的目的是将原油分割成为各种不同沸点范围的组分，以适应下游工艺装置对原料的要求，因而不同原油和不同产品要求有不同的加工方案和工艺流程。其典型流程可分为常减压蒸馏和常压蒸馏两种。

（1）常减压蒸馏：

① 三塔流程：设有初馏塔、常压塔、减压塔和附属的汽提塔。

② 双塔流程：设有常压塔、减压塔和附属的汽提塔。

（2）常压蒸馏：

① 单塔流程：只设常压塔和附属的汽提塔（见图 3-2）。

② 双塔流程：设有初馏塔、常压塔和附属的汽提塔（见图 3-3）。

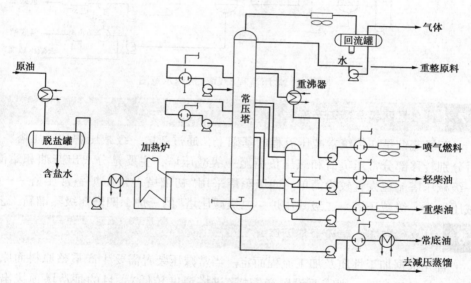

图 3-2　常压蒸馏（单塔）流程示意图

6 什么是二段闪蒸工艺流程？

二段闪蒸是将初馏塔改为二段闪蒸塔，原油换热至 160℃ 左右，首先进入预闪蒸塔，预闪蒸塔底油经换热至 220℃ 左右，进入二次闪蒸塔进行二次闪蒸，经再次闪蒸后，闪蒸塔底油经换热和常压炉加热后进入常压塔，预闪蒸气和再闪蒸气自压进入常压塔。该工艺的关键是在常压塔塔径不变的情况下可以提高原油的加工能力，大量闪蒸气直接进入常压塔的适宜位置，闪蒸出来的气相不必加热到常压塔的进料温度，从而降低了常压炉的负荷。

25

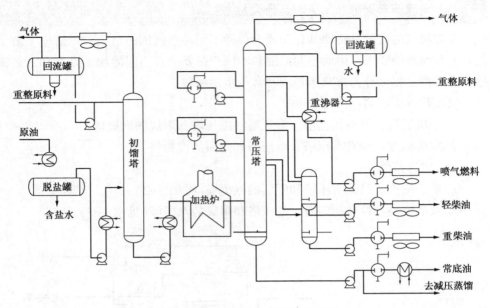

图 3-3　常压流程(双塔)流程示意图

7　什么是四级蒸馏工艺流程?

　　四级蒸馏是在传统常减压流程的基础上,通过新增一级减压炉和减压塔,前后分别转移部分常压负荷和减压负荷至一级减压塔,主要是分离出柴油和蜡油,一级减压塔流程设置较为简单。四级蒸馏采用"初馏塔→常压炉→常压塔→一级减压炉→一级减压塔→二级减压炉→二级减压塔"的三炉、四塔四级蒸馏新工艺。

8　什么情况下需要设置初馏塔?

　　首先根据加工性质及加工流程而定。当常减压装置需要生产重整原料而原油中砷含量又较高时,则需要设置初馏塔(进塔温度较低),目的是从塔顶拔出砷含量小于 $200\mu g/g$ 的初顶油,其余的轻馏分油则由常压塔顶分出,如大庆原油的加工流程即如此。对胜利、任丘等原油中砷含量不高的原油加工,就可直接从常压塔顶拔出重整原料。

　　其次是在加工含硫含盐均较高的原油时,由于塔顶低温部分的 $H_2S-HCl-H_2O$ 型腐蚀严重,设置初馏塔后可将大部分腐蚀转移至初馏塔顶,从而减轻了常压系统塔顶的腐蚀,这样做在经济上较为合理。

　　最后是对轻质油含量较高的原油,为降低原油换热系统及常压炉的压降,降低常压炉的热负荷,往往需要将原油换热至230℃左右,先进入初馏塔,将已汽化的轻馏分从原油中分出,然后再将初馏塔塔底油进一步加热。目前我国也有不少炼油厂采用闪蒸流程，即将换热至230℃的原油先进入闪蒸塔，拔出轻馏分，然后再将闪蒸后的油去常压炉加热流程，闪蒸塔顶的闪蒸气进入常压塔的中部（与闪蒸油气温度相接近的塔段）。特别是当轻烃回收部分采用初馏塔加压操作时，能节省压缩机等设备，从而大大降低投资，同时不会给装置带来大的影响。加工原油种类多变，又要求装置操作有大的灵活性，采用初馏塔方案是较合理和经济的。

9 回流方式有哪些？

回流方式有很多种，常用的有塔顶回流和循环回流两种。

塔顶回流又分为冷回流和热回流。冷回流一般指用于塔顶的过冷液体回流，塔顶采用一级冷凝冷却方案，油气直接冷却至40℃左右，一部分打回流，一部分作为产品出装置。塔顶热回流是采用塔顶油气二级冷却冷凝回流，首先将塔顶油气冷凝到55~90℃回流打入塔内，然后再将产品冷却到安全温度（40℃左右）以下。

循环回流，即自塔的某一层塔板抽出一部分液相，经换热器冷却后重新打入塔内原抽出层上几块板的位置。这是因为如果全部采用塔顶冷回流，则一方面冷回流量必然很大，全塔的气相负荷也存在严重的不均衡，使塔径加大。另一方面是由于塔顶温度低，这些低温位回流热大部分难以充分利用，而只能用空冷或冷却水冷却，因而造成热量的严重浪费。循环回流对装置的节能起了重要的作用，取走的热量大小以不影响产品的分离要求为前提。

10 循环回流的设置原则是什么？

根据塔的抽出侧线数，循环回流可以设置一个或多个。目前很多常减压装置采用顶循环回流，其目的是减少塔顶的冷回流，以利于回收热量。中段回流的数目根据侧线数一般有两个，其位置放置在紧靠上侧线抽出层的下面。

对只生产催化原料的燃料型减压塔，由于侧线产品对分离度无要求，因此可将循环回流与侧线油在同一层塔盘抽出以此简化流程。

11 什么叫塔顶的一段冷凝和两段冷凝？

常减压装置初馏塔和常压塔的塔顶油气冷凝冷却中，由于油气处于相变过程，热负荷很大，所需传热面积比较大。另外，处理含硫较高原油的蒸馏装置，塔顶油气多含硫化氢等腐蚀性介质，尽管有"一脱四注"等防腐措施，但塔顶冷凝冷却器还是容易腐蚀。因此，如何减少塔顶冷凝的面积，更好地回收这部分热量及腐蚀，是设计与生产中应考虑的重要问题之一。

所谓一段冷凝即塔顶油气经过冷凝冷却至出装置温度（40℃左右），成为过冷液体后，将其中一部分打入塔内作为回流，其余部分则作为产品出装置，由于回流液体温度较低，习惯称为冷回流。在设备上回流与产品合用一个泵，一个罐。其流程示意图见图3-4。

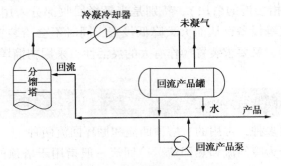

图3-4 一段冷凝系统流程示意图

所谓"两段冷凝"即塔顶油气在第一冷凝冷却器只冷到部分油气冷凝的温度，并将冷凝液作为回流打入塔内，而作为产品的部分油气进一步在第二冷凝冷却器冷却至出装置温度。由于回流液体温度较高，习惯称为热回流。在设备上回流与产品泵是分设的，回流罐与产品罐也是分设的。流程示意图见图3-5。

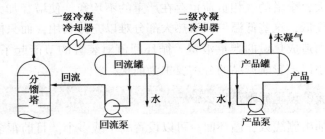

图3-5 两段冷凝系统流程示意图

12 一段冷凝和二段冷凝各有什么优缺点?

一段冷凝与二段冷凝相比较，采用二段冷凝能减少塔顶冷凝冷却器的总面积，这是由于两者的传热温差不同所致。在二段冷凝的第一段冷凝中，由于回流油气和大部分水蒸气在此冷凝，集中了大部分热负荷，而且传热温差较大，冷凝传热系数较高，故所需传热面积大为减少。在第二段冷却时，温差虽然小些，可是这时只有产品和少部分蒸汽需要冷凝及过冷，只占总传热负荷较小的一部分。所以二段冷凝所需总传热面积比一段冷凝所需要的少。

一般初馏塔回流量比常压塔小，所以二段冷凝流程的优点在回流量较大的常压塔上更为突出。二段冷凝流程打入塔内的回流温度较高，故回流量比一段冷凝大，对塔顶产品的分馏有利。但泵所耗的功率有所增加。此外，回流与产品泵和罐分开，管线、仪表、流程及操作都要复杂些。

从节能的观点来看，为了经济地回收能量，二段冷凝也比一段冷凝流程有利。在采用二段冷凝流程时，应适当提高回流温度，回流组分变重，塔顶温度提高，有利于换热回收塔顶热量。

另外，二段冷凝的第一段冷凝器实际可视为一块理论塔盘，有利于提高塔顶产品的分离精度。同时硫化氢腐蚀也主要发生在第一段，有利于集中采取防腐措施。

13　汽提塔有什么作用？有哪几种汽提方式？

汽提塔的目的是对侧线产品用蒸汽汽提或热虹吸的方法，除去侧线产品中的低沸点组分，使产品的闪点和馏程符合质量要求。

最常用的汽提方法是采用温度比侧线抽出温度高的水蒸气进行直接汽提。汽提蒸汽的用量一般为产品量的 2%~4%（质量分数）。汽提后的产品温度比抽出温度低 5~10℃。汽提塔顶的气体则返回到侧线抽出层的气相部位。

由于喷出气体燃料的水含量有极严格限制，可采用热虹吸，通过重沸器进行间接汽提。这样做可以避免水蒸气混入产品，同时还可避免由于水蒸气的加入，而增大常压塔和塔顶冷凝器的负荷及污水量，因此应尽量采用间接汽提。

14　为什么常减压塔有侧线抽出？

在常减压蒸馏装置中，原油经过蒸馏可被分割为重整原料、煤油、柴油、裂化原料、各种润滑油组分及渣油等多种产品，其中在常压蒸馏系统和减压蒸馏系统中可各获得 5~6 种产品。根据多元精馏原理，每个系统都需要 $n-1$ 个（n 为产品个数）精馏塔才能把这些产品分离出来。由于常减压蒸馏所加工的原料为复杂的混合物，而且产品也是复杂混合物，并不需要很高的分离精度，两种产品间需要的塔板数并不多，因此，这些塔都是比较矮的。为了简化流程，节省占地和投资，可将这 $n-1$ 个精馏塔合成为常压、减压两个复合塔，这种复合塔实际上是由若干个精馏塔重叠而成的。例如，一个常压蒸馏塔，当需要生产重整原料、喷气燃料、轻柴油、重柴油和常压重油五种产品时，在塔顶可生产最轻产品重整原料，在塔底可生产最重产品常压重油。介于二者之间的喷气燃料、轻柴油、重柴油则可在塔的不同位置通过三条侧线抽出，即侧线数应等于 $n-2$ 个。减压塔的侧线数也符合这一规律。另外，根据精馏原理，为使产品合格，需要一个完整的精馏塔来完成精馏过程，但由于常压塔是复合塔，只有精馏塔而无提馏段，因此每一种侧线产品一般还需设一个汽提塔作为提馏段，以保证产品质量。

15　常减压塔的侧线数是怎么确定的？

一般来说，侧线数的多少由以下几个因素确定：

（1）产品数的多少。即侧线数等于 $n-2$，一般常压分馏塔和生产润滑油的减压塔都符合这一规律。

（2）全塔气-液负荷分布应均匀。对一些生产裂解原料的常压塔或提供裂化原料的减压塔，虽然产品个数少，但为使全塔气-液负荷分布均匀，一种产品一般需从两个甚至三个侧线抽出，以减小塔径。

（3）有利于全装置换热网络的优化。对一些提供裂化原料的减压塔，侧线馏分数可能只需一个，但从换热流程的优化考虑，需要使热流量均匀和具有较高的温位，因此一般也设2~3个侧线，以利于热量的回收。

16　减压蒸馏有几种工艺类型？各有什么特点？

减压蒸馏的工艺类型可以简单地分为干式、湿式和微湿式三种类型。

湿式减压蒸馏。即向加热炉管内注入水蒸气以增加炉管内油品流速；向塔内注入水蒸气，以降低塔内油气分压，提高拔出率。减压塔一般采用板式塔和两级蒸汽喷射抽空器，塔的真空度低，压力降大，加工能耗高，减压拔出率也相对较低。

干式减压蒸馏是在塔和炉管内不注入水蒸气的情况下，使塔的闪蒸段在较高的真空度（一般残压2~3.3kPa）和较低的温度（360~370℃）下操作。为此在塔内部结构上采用了处理能力高、压力降小、传质传热效率高的新型金属填料及相应的液体分布器，取代了全部或大部分传统的板式塔盘。另外，还采用三级抽真空器以保证塔顶高真空，减压炉管逐级扩径，保证炉管内介质在接近等温汽化条件下操作，减少压降并防止发生局部过热；采用低速转油线获得低的压力降和温度降等。干式减压蒸馏工艺进料为一次闪蒸过程，实际生产中汽化段达不到理论上的平衡，因此以平衡模型为基础确定的干式减压蒸馏工艺，难以达到切割点的设计要求，实际运行需要较大幅度提高加热炉的出口温度。

微湿式减压蒸馏又分为带汽提的和不带汽提的两种工艺类型，汽提工艺是引入少量过热蒸汽，有效降低汽提段油气分压，实现汽提段多级平衡分离，渣油汽提所蒸发的油品沸程比加热炉汽化的油品沸程范围小，由于金属的非线性分布，因此蜡油产品金属含量要低得多。实践证明采用带汽提的微湿式操作模式，减压收率最高，蜡油残炭、Ni、V含量最小，蜡油质量最好，在给定的蜡油切割点和工艺蒸汽负荷条件，加热炉出口温度最低。

减压蒸馏装置工艺类型是一个关键的选择，它决定了装置运行周期，运行效益，采用带汽提的微湿式工艺，油品切割点最高，瓦斯油的金属含量最低，在其他工艺和设备条件相同的情况下，运行周期最长。

17　常减压蒸馏装置所产生气体烃可否回收或利用？

原油中还有一部分气态烃，其含量随不同原油和运输条件而不同，在原油的加热过程中，由于炉管过热原油分解又产生少量气态烃，据统计数据分析，初馏塔及常压塔塔顶瓦斯中 C₃ 以上组分占 90% 以上，具有较大的回收价值，如果作为加热炉的燃料十分可惜。按年处理 2.5Mt 原油的常减压蒸馏装置估计，每年可回收液态烃约 3000t 和部分轻汽油，效益十分明显。

18 气体烃回收的方式有几种？

近年来许多炼油厂均将初馏塔及常压塔塔顶气态烃进行回收。根据气态烃量大小、组成以及相关装置的能力，回收的方式可以采用将初馏塔塔顶气和常压塔塔顶气用压缩机升压后进行回收的流程，也可以采用无压缩机流程。无压缩机轻烃回收流程的关键是初馏塔提压操作，当初馏塔塔顶的压力控制在 0.35～0.4MPa 时，初馏塔顶可做到不排瓦斯，轻烃全部溶解于初馏塔顶的石脑油馏分中，然后再对溶解了轻烃的石脑油进行分离，即可以将 C₃、C₄ 轻烃回收。无压缩机回收轻烃的方法具有流程简单、投资省、操作维护费用低等特点。图 3-6 为轻烃有压缩机回收流程。

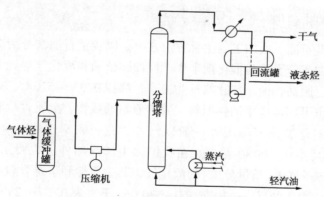

图 3-6　气体的回收系统流程示意图

19 直馏产品精制的目的是什么？哪些产品需要精制？

由含硫原油加工得到的直馏产品都不同程度地含有硫、氮、氧等杂质，它们对油品的使用性能都有一定的影响，因此，除少数含杂质少的原油所生产的某些产品可直接作为产品或调和组分外，大多数原油生产的产品均需要进行精制。

直馏汽油的主要精制对象为硫化氢，精制后使产品的硫含量，铜片腐蚀试验，水溶性酸、碱及酸度四项指标达到规定要求；喷气燃料的主要精制对象是硫、硫化物、有机酸和不饱和烃，尤其需要除去硫醇，硫醇不仅有恶臭，而且会使油品安定性变坏，还有腐蚀性。经精制后喷气燃料中硫醇性硫含量应小于 10mg/L；灯煤则重点为除去烯烃、芳烃、沥青质、胶质等使煤油使用时产生黑烟的杂质，使精制后的灯煤点灯试验及无烟火焰高度两项指标达到规格要求。各种柴油的精制目的主要是除去油品中的含氧化合物，如环烷酸、酚类及含硫化合物（如硫醇）等，从而达到产品中硫含量、铜片腐蚀、酸度等指标合格。

20 目前通用的产品精制方法有哪几种？

根据产品中杂质的含量、性质及质量要求，产品精制的方法有化学精制、溶剂精制、吸附精制及加氢精制等。化学精制法是采用化学药剂（如氢氧化钠、硫酸等）与杂质发生化学反应除去杂质的方法。汽油和柴油可采用碱洗，碱的浓度3%~10%不等。但经碱洗后的柴油往往还含有程度不等的游离碱类，因此还必须进行水洗。为加快碱洗时油水的分离，加速反应产物颗粒间的相互碰撞和聚集、沉降，有些黏度较大、环烷酸含量较高或易乳化的油品的碱洗，往往需要在高压电场下（15000~25000V）进行，称为电精制。

近年随着油品质量不断升级，油品质量标准逐渐提高，为满足新的质量标准要求，目前油品的精制以加氢精制为主。

21 什么是催化裂化？

催化裂化是石油二次加工的主要方法之一。以较重石油馏分为原料，用硅酸铝或在硅铝上加入分子筛为催化剂来生产汽油、柴油和液化气等轻质产品。一般用减压馏分油、脱沥青油、焦化蜡油为原料，沸程在350~520℃，如原油的重金属含量不高，也可用常压重油作原料。要求原料的残炭、金属含量和稠环芳轻含量不能太高。催化裂化产品国外一般以汽油为主，收率达40%~60%（质量分数），辛烷值（马达法）在80左右。在我国除生产汽油外还主要用来生产柴油，此外还生产10%~20%（质量分数）的液化气，其中丙烯和丁烯含量高，可作石油化工原料。催化裂化的反应一般在460~530℃，压力为0.1~0.2MPa，在反应过程中，除生成气体和油品外，还生成一部分焦炭，焦炭沉积在催化剂上使催化剂活性下降。因此，催化剂须不断地进行烧焦再生，恢复活性。根据催化剂在反应-再生系统中所处状态不同，工业催化裂化装置可分固定床、移动床和流化床三类。在工业生产中固定床现已淘汰，移动床也趋于淘汰。当前流化床催化裂化的发展，除装置大型化外，主要是充分发挥分子筛催化剂的作用，如采用提升管反应器和高效再生技术等。

22 什么是催化重整？

催化重整是以石脑油馏分为原料，在催化剂作用和氢气存在下进行的重整（烃分子重新排列成新的分子结构）过程，用于生产芳烃或高辛烷值汽油，同时副产大量氢气。所用的催化剂有铂重整、双金属重整和多金属重整之分。重整反应包括环烷脱氢，烷烃脱氢环化、异构化和加氢裂化等反应，因为主要反应是脱氢反应，所以是强吸热反应。为了供给反应热，一般需将 3～4 个重整反应器串联使用，每个反应器前都设有加热炉，用来维持所需的反应温度。

23 什么是加氢裂化？

在一定温度和氢压下，靠催化剂的作用，使重质原料油发生裂化、加氢、异构化等反应，生产各种轻质油品或润滑油料的二次加工方法，是 20 世纪 60 年代发展起来的炼油新工艺。

优点：①生产灵活性大，原料油范围广，包括直馏重柴油、焦化蜡油、丙烷脱沥青油，以至常压重油和减压渣油等。产品以石脑油为主，也可以生产低冰点、高烟点喷气燃料，低凝点柴油，液态烃，或用普通原料油生产高黏度指数的润滑油。②产品质量好。基本上不含烯烃和硫、氮、氧等化合物，安全性好，无腐蚀性。③液体产率高，焦炭生成少。

但由于操作压力高，耗氢多，投资和加工成本均较高。所用催化剂为双功能催化剂（由具有加氢脱氢活性的加氢组分和具有裂化、异构化活性组分的酸性组分组成）。目前加氢裂化工艺绝大多数都采用固定床反应器，根据原料性质、产品要求和处理量的大小，加氢裂化装置一般按照两种流程操作：一段加氢裂化和两段加氢裂化。除固定床加氢裂化外，还有沸腾床加氢裂化和悬浮床加氢裂化等工艺。

24 什么是加氢精制？

各种直馏的或二次加工的油品，靠加氢方法来脱除硫、氮、氧、金属等杂质，统称为加氢精制。二次加工油中的烯烃因加氢速度快，在加氢精制时也被饱和，加氢精制时不希望发生裂化反应，但当加氢精制深度提高时，会有一些裂化反应作为副反应发生，油中的芳烃在一般加氢精制时仅有少量被饱和，那些大量饱和芳烃的方法，可以看作是一类更加广义的加氢精制方法。

25 什么是丙烷脱沥青？

丙烷脱沥青是以丙烷为溶剂，在一定温度和压力下，丙烷对渣油中的润滑油组分和蜡有相当大的溶解度，而几乎不溶解胶质和沥青，因此，将渣油和丙烷在抽提塔内进行逆流抽提，油和蜡溶于丙烷，而不溶于丙烷的沥青和胶质则沉降下来，从而实现油与沥青的分离。抽提时丙烷从塔下部进入，渣油原料从塔上部进入，抽提出的脱沥青油（含有丙烷）从塔顶引出，抽余物沥青（含少量丙烷）从塔底排出，然后分别回收丙烷，循环使用。

26 什么是延迟焦化？

延迟焦化是焦化方法之一。工艺过程的特点是原料油加热和生成焦炭的缩合反应基本上在两个设备中进行。渣油原料以高流速流过加热炉的炉管，然后进入焦炭塔，在塔内靠自身带入的热量进行裂化、缩合等反应。工艺上一般采用一炉两塔流程，两个塔周期性切换操作，原料是残炭量较高(有时高达25%)的渣油，生产石脑油(约15%)、柴油(约25%)、蜡油(25%~30%)和石油焦(20%~30%)，并附产焦化气(约7%)。主要操作条件的变动范围较窄，如加热炉出口温度480~500℃，焦炭塔压力一般为0.1~0.2MPa(表压)，但生产针状焦时需高达0.6MPa(表压)，循环比为0.25~1.0。目前世界广泛应用的焦化方法首推延迟焦化，它具有技术简单，操作方便和灵活性大等优点。

27 什么是减黏裂化？

减黏裂化是一种浅度热裂化，目的是将重质高黏度油料，如常压重油、减压渣油、全馏分重质油、拔头重质原油等转化为低黏度、低凝点的燃料油。减黏反应温度一般为470~490℃，压力0.4MPa。对含烷烃和沥青质高的原料允许的转化率较低，为4%左右；含芳烃高的原料，允许的转化率稍高，为7%左右。减黏裂化虽然是早期发展的一种加工方法，但由于技术比较简单成熟，投资较少，目前仍然是利用高黏度渣油生产燃料油的一种重要方法。

第四章　原油电脱盐操作及防腐

1　原油中含盐含水等杂质对原油加工有什么危害？

原油从地下开采出来，都含有水，这些水中又溶解有 NaCl、$CaCl_2$、$MgCl_2$ 等盐类。虽然在油田经过脱盐、脱水处理，但输送到炼油厂的原油中仍然含一定量的盐和水。表 4-1 为我国几种主要原油经油田脱盐脱水处理后金属含量及阴离子含量。这些盐和水的存在，给炼油装置的稳定操作、设备、产品质量带来了严重的危害。

表 4-1　原油中金属及阴离子含量 　　　　　　　　mg/L

金属或阴离子 \ 原油	大庆油田	胜利原油	孤岛原油	管输原油	辽河原油	大港原油
Na	3.3	81	26	36	14	
Ca	0.36	8.9	34	15	15	
Mg	0.12	2.6	3.6	1.4	1.1	
Ni	3.7	26	17	9.5	29	
V	0.07	1.6	2.5	1.5	0.6	1.2
Fe	0.38	13	4.4	6.0	11	38
Cu	0.02	0.1	0.1	0.03	0.03	2.5
Zn	0.08	0.7	0.5	0.6	0.4	25
As	1.0					0.9
Co	0.06	3.1	1.4	0.3	0.9	7.0
Al	0.28	0.6	0.3	0.8	0.4	0.9
K	0.32	0.6	0.6	0.4	0.4	0.9
Pb	0.14	0.2	0.7	0.2	0.2	3.9
Cl^-	23.6	45	18	46	4.9	1.1
SO_4^{2-}	14.4	3.9	12	3.9	5.3	
HCO_3^-	53.4					0.1
CO_3^{2-}	3.6	0.6	9.8	0.6	22	

35

原油中的水随着原油在加热过程汽化，增加了塔的气相负荷，造成常减压蒸馏装置操作波动，严重时会造成冲塔事故。

原油中的水蒸发要消耗能量，以 $250×10^4$ t/a 常减压蒸馏装置为例，含水 1% 蒸发后带至初馏塔顶所消耗的能量约为 7900MJ/h，同时还要多耗循环水将蒸汽冷凝。因此，原油中含水将增加常减压蒸馏装置的能耗，影响稳定操作。

原油中的 $MgCl_2$ 和 $CaCl_2$ 可以水解产生具有腐蚀性的 HCl。

$$MgCl_2+2H_2O \Longrightarrow Mg(OH)_2+2HCl$$
$$CaCl_2+2H_2O \Longrightarrow Ca(OH)_2+2HCl$$

$MgCl_2$ 和 $CaCl_2$ 一般在 200℃ 开始水解，有的文献报道当浓度较高时，在 120℃ 即开始水解，水解反应可以在水溶液中进行，也可以靠自身的结晶水完成。温度在 300℃ 时，NaCl 也开始水解反应产生 HCl。

$$NaCl+H_2O \Longrightarrow NaOH+HCl$$

HCl 溶于水中形成盐酸，具有很强的腐蚀作用，造成常减压蒸馏装置初馏塔、常压塔和减压塔顶部系统的腐蚀。

当加工含硫原油时，含硫化合物分解放出 H_2S，与金属反应生成 FeS，可以附在金属表面上起保护作用，当同时有 HCl 存在时，HCl 与 FeS 反应破坏保护层，放出 H_2S 进一步加重腐蚀。因此，为防止设备腐蚀，必须对原油进行脱盐。

$$FeS+2HCl \Longrightarrow FeCl_2+H_2S$$

原油中的盐经过常减压蒸馏后主要集中在渣油中，钠对催化裂化分子筛催化剂的晶格有破坏作用，催化裂化进料要求含钠量小于 $1\mu g/g$，因此，要求原油经过脱盐后的 NaCl 含量小于 $2.5\mu g/g$。

原油经过换热器、管式加热炉等设备，随着温度升高水分蒸发盐类沉积在管壁上形成盐垢，影响传热。

在电脱盐的操作中，同时会有大量的过滤性固体物质沉积在电脱盐罐的底部，采用反冲洗方法可将其与水一起排出，减少加热炉炉管和冷换设备的结垢，提高传热效率，延长开工周期。

2 电脱盐的基本原理是什么？

原油中含有水，同时也含有胶质、沥青质等天然乳化剂，原油在开采和输送过程中，由于剧烈扰动，使水以微滴状态分散在原油中，原油中的乳化剂靠吸附作用浓集在油水界面上，组成牢固的分子膜，形成稳定的乳化液，乳化液的稳定程度取决于乳化剂性质、浓度、原油本身性质、水分散程度、乳化液形成时间长短等因素，机械强烈地搅动，乳化剂浓度高，原油黏度大，乳化液形成的时间长，将增加乳化液的稳定程度。

原油电脱盐主要是加入破乳剂，破坏其乳化状态，在电场的作用下，微小水滴聚结成大水滴，使油水分离。由于原油中的大部分盐类溶解在水中，因此脱盐与脱水是同时进行的。

3 电脱盐过程加注破乳剂的作用什么？

破乳剂比乳化剂具有更小的表面张力，更高的表面活性，原油中加入破乳剂后首先分散在原油乳化液中，而后逐渐到达油水界面，由于它具有比天然乳化剂更高的表面活性，因此破乳剂将代替乳化剂吸附在油水界面，浓集在油水界面，改变了原来界面的性质，破坏了原来较为牢固的吸附膜，形成一个较弱的吸附膜，并容易被破坏。

4 在电场中水滴间的聚结机理是什么？

在高压电场中，原油乳化液中的微小水滴由于静电感应产生诱导偶极。如图4-1所示。

诱导偶极使水滴与水滴间产生相互吸引的静电引力，即水滴聚结力 F。水滴受聚结力的作用，运动速度增大，动能增加，一方面可以克服乳化膜的阻力，另一方面增加了水滴间互相碰撞的机会，使微小水滴聚结成大水滴。同样大小水滴间的聚结力可用下式表达：

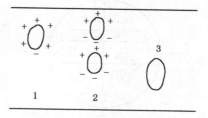

图4-1 高压电场对油中水滴作用示意图
1—水滴被极化；2—被极化水滴碰撞；3—水滴沉降

$$F = 6KE^2 r^2 (r/L)^4$$

式中 F——水滴间的聚结力，N；

K——常数；

E——电场强度，V/cm；

r——水滴半径，cm；

L——两水滴间的中心距离，cm。

从上式看出，r/L 是影响聚结力 F 的重要因素，当水滴增大或水滴间距离缩小时，聚结力将急剧增大。聚结力 F 还与电场强度 E 的平方成正比。

5 水滴的沉降速度与什么有关系？

原油经过破乳，并在电场的作用下，微小水滴聚结为大水滴。原油和水的分离则是靠油水两种互不相溶液体密度不同进行沉降分离，它们的分离，基本符合球形粒子在静止流体中自由沉降的斯托克斯定律。

$$u = \frac{d^2(\rho_1 - \rho_2)}{18\nu\rho_2} g$$

式中　u——水滴沉降速度，m/s；

　　　d——水滴直径，m；

　　　ρ_1——水的密度，kg/m³；

　　　ρ_2——油的密度，kg/m³；

　　　ν——油的运动黏度，m²/s；

　　　g——重力加速度，m/s²。

从上式中看出，降低油相的黏度，增加油水的密度差，增大水滴直径，可加快水的沉降速度。

6　电脱盐罐中一般分为几个区域?

电脱盐罐一般分为四个区域，如图4-2所示。

由下层极板至油水界面为弱电场区Ⅱ，原油从分配管进入这一区域，在水平截面上匀速上升，在电场的作用下小水滴聚结成大水滴，以自由沉降速度克服原油上升的速度向下沉降，在弱电场中原油含水量变化很大，由下往上含水逐渐减少，越往下含水量越高，原油中的水大部分在该区被脱除，所以弱电场对脱盐脱水起着很重要的作用。经过弱电场的原油继续上升进入两层极板间的强电场区域Ⅲ，强电场区域的作用与弱电场相同，它将剩余在原油中的微量水滴再进一步脱除，这一区域对原油脱水起着关键性的作用。

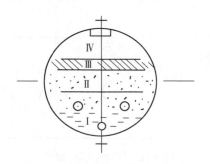

图4-2　电脱盐罐内油水分区示意图

Ⅰ—水区；Ⅱ—油、水乳化区；

Ⅲ—强电场区；Ⅳ—油区

经过脱盐脱水后的原油上升至油层Ⅳ，在这里由集合管将原油送出罐外，在罐的底部为水区Ⅰ，在Ⅱ、Ⅲ区域中脱除水的沉降集中在水区，由水集合管排出。

7　交直流电脱盐原理是什么?

交直流电脱盐一般采用垂直电极板，电场自下而上分为交流弱电场、直流弱电场和直流强电场。当原油通过直流电场时，含盐水滴在电场力的作用下产生偶极性，相邻水滴相互吸引复合，只是电场不变。由于电极板为垂直布置，偶极化的水滴由于处在电场中的位置不平衡，使水滴向正负极板移动，因油流和水滴沉降是上下运动，这就比交流电场大大增加了水滴复合的机会。此外极向"电泳"现象还使更小的水滴在一定的情况下抵达极板，并聚集增大，这是直流电脱盐脱水率比较高的原因之一。另外直流电场垂直布置可增加电场高度和改变电极距来得到合适的停留时间及电场强度，从而提高脱盐脱水率和降低能耗。

8 电脱盐装置有哪些设备？其作用是什么？

原油电脱盐装置主要包括：电脱盐罐，高压配电系统，原油注水、切水系统，破乳剂注入系统，含盐污水预处理系统以及自控系统。原油电脱盐装置的核心设备是电脱盐罐，原油电脱盐罐的设备本体形式经历了立式、球形、卧式容器三个阶段。提高温度能够改善电场中微滴碰撞的聚结作用以及沉降的相分离条件，但提高温度就要求相应增加设备的压力，以便抑制原油汽化。制造高压大直径球形电脱盐罐，金属耗量多，安装复杂，费用昂贵。而卧式脱盐罐直径不大，可以避免这些缺点，适当延长设备长度又可满足生产能力的要求，目前国内外电脱盐罐的设计多采用卧式结构。

（1）电脱盐罐：原油电脱盐罐的电极结构是多种多样的，其中目前最常见的形式有水平式电极、立式悬挂电极、单层及多层鼠笼式电极。而水平式电极是国内外最广泛采用的形式，一般是在电脱盐罐内设有两层或三层电极板，原油乳化液从容器下部的分配管进入，原油从上部的集合管出去，含盐污水从下部切水口切除。水平式电极板的设置主要有两种形式：三层极板与两层极板，极板与变压器的型式相配合分成 1~3 段。

三层极板采用单极板送电，如图 4-3 所示，即三层极板中间一层送电，上下两层极板均接地。上层与中层极板间距一般为 200~220mm，处于强电场区。中层与下层极板间距一般为 500~540mm，即弱电场区。

图 4-3 水平三层极板电脱盐罐

两层极板也采用单极板送电，不增设下层极板，而是利用罐底水层界面作为一个接地极板。但是在油水界面上下高低波动的情况下，则影响到弱电场的稳定，对脱盐脱水不利。

在下层电极板的下方，设有原油入口分配器，分配器的作用是将原油沿罐的水平截面均匀分布，使原油与水的乳化液在电场中匀速上升。

分配器结构基本上分两种，图 4-4 中一种为管式分配器，在管上匀布小孔，另一种为倒槽式分配器，在槽的四周开有小孔，倒槽式分配器适用于黏度大、杂质多或重质原油，可以避免分配器堵塞。

罐的上方设有集合管或集合槽，将脱后原油沿水平方向均匀地收集并送出电脱盐罐。

罐的底部设有排水收集管，将沉积在罐底部的水沿水平方向收集并排出罐

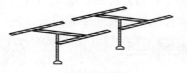　　　　　　　　　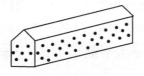

　　　(a) 管式分配器　　　　　　　　　　(b) 倒槽式分配器

图 4-4　原油分配器示意图

外。在罐底部还有反冲洗设施，在不停工的情况下，定期将沉积在罐底部的污泥状杂质搅起并随水排出罐外。

（2）混合器：在原油进脱盐罐之前，要注破乳剂、注水，使其与原油充分混合，因此在脱盐罐前要设混合器，混合器的结构有两种形式，一种由静态混合器与偏转球型阀组成，静态混合器起混合作用，偏转球型阀带执行机构，可调节混合器前后的压差。另一种采用双座调节阀作为混合器，此种阀占地小，便于安装。

（3）高压配电系统：变压器是电脱盐提供强电场的电源设备。由于电脱盐设施处理的原油品种、处理量及操作条件的变化，要求变压器提供的电压应能随时调节。

全阻抗变压器是在变压器的输入端设有限制电压的干扰绕阻，当极板间的二次电流增大时，一次电流也随之增大，此时由于感抗绕阻的存在，使一次电压下降，二次电压随着下降，二次电流也下降。因此，极板间电压随着极板间导电率变化相应变化，起到自动调节电压的作用，目前市场上有不同容量，具有多档次可调节输出电压的全阻抗防爆电脱盐专用变压器。

9　影响脱盐效率的因素是什么？

从电脱盐的原理可以看出，原油电脱盐脱水是一个乳化液的破乳化沉降分离过程。它是通过加热、加化学药剂和高压电场等措施使乳化液破乳，再经沉降分离，因此影响电脱盐效率的因素主要是破乳剂型号及注入量、脱盐温度、原油注水量、油水混合强度、电场强度等。

（1）温度。温度是原油脱盐过程中一个重要操作条件，提高温度使原油黏度降低，减少水滴运动阻力，有利水滴运动，温度升高还使油水界面的张力降低，水滴受热膨胀，使乳化液膜减弱，有利破乳和聚结，另外温度升高，增大了布朗运动速度，也增强了聚结力。因此适当提高温度有利于破乳。

从电脱盐的原理斯托克斯定律中看到，温度还通过影响油水密度差、原油黏度而影响水滴的沉降速度，从而影响脱盐率。

从表 4-2 中看到，油水密度差在 100~130℃之间是上升的，到 150℃时开始下降。从表 4-3 看到，121℃时沉降速度为 93℃时的 2 倍，当温度升至 149℃ 时，沉降速度只是 93℃时的 3.1 倍，由此表明温度进一步升高，速度的增长开始下降。

表 4-2　油水密度差随温度的变化

温度/℃	水密度 d_4^{20}	油密度 d_4^{20}	油水密度差
100	0.958	0.81	0.148
110	0.950	0.80	0.150
120	0.942	0.79	0.152
130	0.935	0.78	0.155
150	0.915	0.775	0.141

表 4-3　沉降速度与温度的关系（$d_4^{20} = 0.9569$）

温度/℃	油水相对密度差	黏度/（mm^2/s）	相对沉降速度
93	0.04	28	V
121	0.037	12	$2V$
149	0.032	7.2	$3.1V$

从这两组数据中可看到温度在一定的范围内对油水沉降分离的影响。温度升高到一定值时，$CaCl_2$、$MgCl_2$ 开始水解，同时随着温度的升高，原油的电导率也随之增大，电耗随之增高。因此对不同的原油应该有不同的脱盐温度，并且要综合考虑进行优选，找出最佳操作温度。目前原油脱盐温度设计一般都在 120~140℃，也有的推荐，使原油的黏度在 $9mm^2/s$ 时的温度较为合适。

（2）破乳剂。破乳剂通过破坏原油乳化液中油与水间的液膜而产生破乳作用，目前生产的破乳剂都有一定的选择性，因此对每一种原油必须进行破乳剂评选。破乳剂不仅影响脱盐率，而且还影响脱盐排水中的含油量，由于破乳剂是通过到达油水乳化液的界面，破坏其乳化膜才能起到破乳作用的，因此破乳剂的浓度、注入量、注入点、破乳剂与原油的混合等都直接影响着脱盐效果的好坏。

（3）电场。电场强度（电位梯度）是影响电脱盐效率的一个重要工艺参数。

根据水滴聚结力公式得知两小水滴间的聚结力 F 与电场强度的平方成正比，提高电场强度，可提高小水滴的聚结力，有利电脱盐。提高电场强度可以促进小水滴的聚结，但同时也促进电分散。

$$d_{CA} = C \cdot \sigma / E^2$$

式中　d_{CA}——分散的临界直径，cm；

　　　　C——常数；

　　　　σ——油水界面张力，N/cm；

　　　　E——电场强度，V/cm。

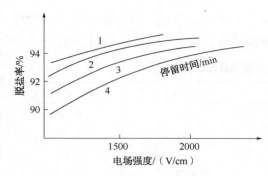

图 4-5 原油脱盐率与电场强度、
停留时间的关系

1—2.45min；2—2min；3—1.5min；4—1.0min

从上式看到水滴开始分散的临界直径与电场强度 E^2 成反比。

从图 4-5 中看到电场强度 E 提高，脱盐率则随之提高，超过了一定范围再提高电场强度，对提高脱盐率效果不大。因此国内各炼油厂近年来所采用的电场强度都有所降低，目前电脱盐装置采用的全阻抗可调电脱盐专用变压器，输出电压有几挡可调，操作中可根据需要，通过改变输出电压，调节电场强度。

（4）原油在电场中停留时间。原油在电场中停留时间影响水滴的聚结，有关资料介绍，在工业装置上，达到一定的脱盐脱水效果需要的时间可用下式表达：

$$\tau = A_0 E^{-2/3}$$

式中 τ——停留时间，min；

A_0——系数；

E——电场强度，V/cm。

式中，A_0 是与黏度、介电常数、温度、水滴特性、体积等有关的系数；从图 4-5 中可看到停留时间 $\tau < 2\text{min}$ 时，增加停留时间对提高脱盐效率比较明显，当停留时间 $\tau > 2\text{min}$ 时，增加停留时间脱盐效果变化不大，过长的停留时间还增加电耗。

综上所述，我国各炼油厂的实践经验认为，停留时间为 2min 左右较为合适。

（5）注水。原油脱盐需注入一定量的洗涤水与原油混合，目的是洗涤和稀释原油中的含盐水滴，溶解悬浮在原油中的盐，并在脱盐罐中将含盐水脱除。增加水的注入量破坏原油乳化液的稳定性，对脱盐有利，另外注水的水质，对脱盐都有一定的影响。在其他条件相同的情况下，注水量由 4% 增到 6% 脱盐率是增加的。注入的洗涤水含盐量增加脱盐率下降。

除此之外，注水的 pH 值也影响着脱盐效果，pH 值高时产生乳化液，不仅影响脱盐率，还造成脱盐排水带油，另外试验（见图 4-6）也表明了注水量与脱盐率的关系，当注水量增加时，脱盐率也随着增加。

（6）混合强度。除注水量、水质等条件外，注水与原油的混合也同样影响脱盐效果，油和水混合的程度，用油和水通过混合设备的压降（ΔP）来衡量。ΔP 越大，注入的水分散得就越细，在电场中聚结作用就越充分，脱盐率就越高。从图 4-6 中可以看出这一规律，但如若压降过高，有可能造成过乳化，使油和水形成一种稳定的乳化液，会降低脱盐效果，合适的混合强度应根据所加工的原油品种和脱盐罐内部结构选择优化。一般情况下，加工较大密度原油（0.9111~0.9659g/cm³）的混合压差 ΔP 采用 30~80kPa；加工密度较小原油（0.8017~0.9042g/cm³）的混合压差采用 50~130kPa。

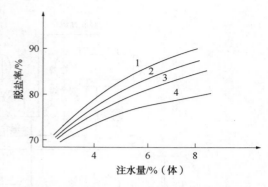

图 4-6　脱盐率与注水量、混合强度的关系
1—$\Delta P = 2$kPa；2—$\Delta P = 1.5$kPa；
3—$\Delta P = 1.0$kPa；4—$\Delta P = 0.5$kPa

以上提到的是电脱盐在操作中影响其效果的一些主要因素。此外如油水界面的控制，原油在罐中的上升速度与油的沉降速度等，还有设备结构，如原油在罐中的分配器、电极板的形式等，这些都将影响电脱盐效率。

电脱盐操作中的各种因素不仅直接影响电脱盐效率，而且由于它们之间相互作用，一种因素通过另一种因素影响电脱盐效率。例如，破乳剂、油水混合程度、注水量等因素影响电气系统的操作，通过影响电场强度，影响电脱盐效率。

因此在选定电脱盐流程、确定电脱盐设备以后，严格控制各操作参数，掌握它们之间的关系是提高脱盐效率的关键。

10　电脱盐注水点设在什么位置较为合适？

在较早的常减压蒸馏装置中，为提高油水混合强度，电脱盐注水点在原油泵入口，但考虑到离心泵的过度混合，增加破乳难度，目前大部分装置将注水点移至换热系统后进脱盐罐前。也有的将注水点放在原油泵出口进换热系统前，可使油水充分混合，取消静态混合器，又避开离心泵的过度混合；洗涤水的注入还可减少无机盐和悬浮物在换热器中结垢，有利于提高传热系数。

实际操作中电脱盐注水点的位置，应根据原油的含盐、含水量来选择，对于易乳化原油，注水点应在混合阀前，对于含盐较高的原油可在原油泵之后注入，而且要提高注入量。

11　电脱盐的工艺流程包括哪些内容？

电脱盐工艺流程如图 4-7 所示，包括原油流程、注破乳剂流程、注水流程和取样流程。

（1）原油流程。原油经原油泵升压后进行换热，换至电脱盐要求的温度后进入一级电脱盐罐，进行一级脱盐脱水，一级脱盐率一般在 90%~95%。一级脱后原油进入二级电脱盐罐，进行二级脱盐脱水，二级脱盐率一般在 70%~85%。我

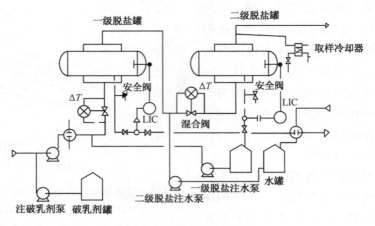

图 4-7 电脱盐工艺流程图

国大部分炼油厂采用两级脱盐脱水流程，根据原油含盐含水情况以及对脱后原油含盐含水要求，也有采用一级或三级电脱盐的流程。为使操作灵活，原油换热后进入电脱盐罐的温度应能调节。

（2）注破乳剂流程。将破乳剂配制成 1%~2% 浓度的溶液，由于破乳剂相对分子质量较大，容易沉入罐底，因此配制中应注意搅拌，破乳剂应在注水前注入原油中，一般注在原油泵入口处，使破乳剂在经原油泵和换热区这一路途能与原油充分混合，均匀地分散到原油中，到达水滴表面，起到破乳作用，注入时要做到准确计量。

破乳剂有油溶性、水溶性两种，水溶性破乳剂经一级脱盐后，绝大部分随水被排掉，所以采用水溶性破乳剂时应考虑在二级电脱盐前再注入破乳剂。油溶性破乳剂在水滴聚结沉降后，大部分仍然留在原油中，还可以在二级电脱盐中发挥作用。

（3）注水流程。注入电脱盐的洗涤水，经混合器与原油充分混合，使水与原油密切接触，起到洗涤作用。对洗涤水的水质要求不含有大量的盐；氨氮含量不大于 $40\mu g/g$；不能含有碱性物质。新鲜水首先注入二级电脱盐，二级电脱盐排水作为一级电脱盐注水回用、一级排水与二级注水换热，降低一级排水温度，还可以回收一部分低温热量。

<h2>12   电脱盐仪表及自动控制的主要内容是什么?</h2>

（1）温度。不同原油要求的脱盐温度不同，由于处理量、加工方案不同，其他部位操作波动都将影响电脱盐操作温度的变化。原油进电脱盐罐之前，要经过几组换热器换热，一般在最后一组换热器采用热旁路流程，以热源流率控制调节原油进电脱盐的温度。

（2）油水界面。油水界面的高低是电脱盐操作的一个重要参数、界面的高低对罐中弱电场的稳定和排水水质具有重要影响。原油中约80%较大水滴是在弱电场中脱出的，保持界面稳定对保持弱电场稳定具有重要作用。界面的高低还决定了洗涤水在罐内的停留时间，如果界面过低，洗涤水在罐内停留时间缩短，排水的油含量往往达不到指标要求，增加污水处理场负担，因此在操作中应保持油水界面合适和稳定。

电脱盐界面控制调节的仪表，有射频导纳界位计、差压式界位计、内沉筒式以及短波界位计。内沉筒式、差压式界面计，根据油水密度差，通过变送器和调节器等指示出液面的高度，同时控制排水阀的动作，调节界面高度。实践证明，这两种界位计可以较好地满足原油电脱盐油水界面控制要求。

射频导纳式物位控制器利用高频技术，由电子线路产生一个小功率射频信号于探头上，探头作为敏感元件，将来自物位介电常数引起的信号变化反馈给电子线路，由于这些变化包括电容量和电导量的变化，因而电子线路处理的是容抗和阻抗的综合变化信号，变化信号处理后由继电器输出。它是在原电容测量的基础上改进为射频导纳测量技术，代表了当今物位测量的新水平。

（3）注破乳剂和注水。注水量是调节电脱盐操作的重要手段之一，保持油水乳化液中适当的含水量是水微滴聚结、电脱盐脱水的必要条件，增大注水有利于脱盐效率的提高。实践证明，每级注水量在达到6%左右之前，增加注水量能够显著提高脱盐率，超过6%再继续增加注水量时，脱盐率提高较少或不再提高。注水过多还影响电脱盐的操作，降低生产能力，因此电脱盐每级注水一般控制在5%左右为宜。脱盐注水设置流量控制系统，注水量大小通过调节阀根据原油加工量大小按比例调整。

破乳剂注入量控制在 $20 \sim 40 \mu g/g$，注入量较少，一股用计量泵或浮子流量计计量。

（4）电场强度。原油性质、注水量、界面高低都会影响电气系统的正常工作，严重时导致短路、击穿和跳闸，使电场被破坏。采用全阻抗可调变压器，可避免上述弊端。电场强度取决于变压器的输出电压与极板间距，电脱盐罐安装后，极板间距固定，采用改变变压器的输出电压，调节电场强度。现有变压器的输出电压在 $16 \sim 30 kV$ 间分为若干挡可调。

13 常减压装置腐蚀机理是什么？可分为哪几类？

原油中的氯化物和硫化物在原油蒸馏过程中受热分解或水解，产生氯化氢和硫化氢，还有有机酸等腐蚀介质，造成设备及管线腐蚀。

常减压装置的腐蚀类型主要有三种：盐类腐蚀、环烷酸腐蚀、硫腐蚀。腐蚀区域主要是低温塔顶部位–盐类腐蚀,高温重油腐蚀–环烷酸腐蚀和硫腐蚀,三种腐蚀类型的机理不同,腐蚀区域不同,防护方法亦不同。

盐类腐蚀主要是水解出来的 Cl^- 与金属反应而造成的管线减薄,主要表现形式为"$HCl-H_2S-H_2O$"腐蚀,这种腐蚀主要发生在初馏塔、常压塔和减压塔 $\leqslant 150℃$ 的顶循环以上的塔板塔壁、塔顶油气线和冷却系统中的低温部位。

氯化物主要是氯化钠($NaCl$)、氯化钙($CaCl_2$)、氯化镁($MgCl_2$),$CaCl_2$ 和 $MgCl_2$ 在加热至 $120℃$ 时即开始水解,随温度的升高,水解率也提高,在常压炉出口 $360℃$ 左右情况下,$MgCl_2$ 近 90% 水解,$CaCl_2$ 近 16% 水解。

$$MgCl_2+2H_2O \longrightarrow Mg(OH)_2+2HCl$$
$$CaCl_2+2H_2O \longrightarrow Ca(OH)_2+2HCl$$

水解产生的 HCl 在分馏塔顶冷凝冷却系统最初冷凝出现冷凝水时,吸收 HCl 生成较浓的盐酸,对金属造成严重腐蚀。

$$Fe+2HCl \longrightarrow FeCl_2+H_2$$

HCl 还能与金属表面具有保护作用的硫化亚铁起反应。

$$FeS+2HCl \longrightarrow FeCl_2+H_2S$$

反应生成的氯化亚铁溶于水,使金属失去保护膜,同时放出具有腐蚀作用的 H_2S,使金属再次受到 H_2S 的腐蚀,HCl 对低温硫腐蚀具有强烈的促进作用,加快腐蚀速度。

$$Fe+H_2S \longrightarrow FeS+H_2$$

HCl 在有水的条件下,还会对金属产生应力腐蚀开裂,特别是对奥氏体不锈钢。

环烷酸是存在于石油中的含饱和环状结构的有机酸,其通式为 RCH_2COOH。在石油加工过程中,环烷酸随石油一起被加热、蒸馏,并随之与沸点相同的油品冷凝,且溶于其中,这种腐蚀主要发生在塔盘、塔壁、塔板的下部泡帽和转油线弯头等部位。阀门的闸板、阀杆也是极易遭受环烷酸腐蚀的部位,会造成穿孔、泄漏。环烷酸腐蚀集中在常压柴油到减压蜡油部位,当 $260\sim400℃$ 馏分油的酸值高于原油酸值时腐蚀尤为严重。

原油中很少有游离的硫,石油馏分中的硫和硫化氢多是其他硫化合物的分解产物,常温下硫不活泼,无腐蚀性,但是当温度在 $350\sim400℃$ 时硫很活泼,很容易和普通钢反应生成 FeS(硫化亚铁),形成一种金属表面的保护膜,但其结构较松散,受高速流体冲击之后,腐蚀层状破坏脱落,新的金属表面又暴露在腐蚀介质中继续腐蚀,这些腐蚀多发生于常压塔底、减压塔底、加热炉管、转油线、重油管线、重油机泵的叶轮等部位。

14 如何进行工艺防腐?

常减压蒸馏装置工艺防腐的重要措施是以电脱盐为基础的"一脱三注"工艺,

即原油电脱盐、分馏塔塔顶注氨、注缓释剂和注水。

（1）脱盐。原油中的盐类水解产生氯化氢是造成初馏塔、常压塔和减压塔塔顶及其冷凝冷却系统设备腐蚀的重要原因，从表4-4中的数据可看到原油中含盐量与设备的腐蚀率成正比，含盐如减少到原来的1%，则年腐蚀率也随之降为原来的1%。因此，为了防止设备及管线的腐蚀，必须从原油中脱除其所含的盐类，脱除后原油中盐的含量不仅可以衡量电脱盐的操作水平，也是装置防腐要求，严格控制原油电脱盐后盐含量小于3mg/L，已是常减压蒸馏装置的一个重要考核指标。

表4-4　含盐量与腐蚀率的关系

原油含盐量/（mg/L）	腐蚀率/（mm/a）	原油含盐量/（mg/L）	腐蚀率/（mm/a）
428	7.19	14.8	0.46
142	1.07	5.1	0.08
74	0.58		

（2）注中和剂。中和剂分为无机氨和有机胺。中和剂可以选用无机氨，但在初凝区，氨的溶解度小，不能有效控制露点部位腐蚀；而且采用无机氨作为中和剂，冷凝水pH值波动较大，难以有效地控制腐蚀；另外，使用无机氨中和剂后生成氯化铵，容易在管壁沉积导致垢下腐蚀。有机胺中和剂一般选择相对分子质量相对较小的有机胺，如异丁胺、二甲基乙胺等。有机胺沸点较高，一般大于露点温度，可在凝结水中溶解，有利于中和露点部位产生的盐酸；同时有机胺中和作用较强，塔顶冷凝水pH值也较易控制。但需要注意，选用的中和剂在油相中分散（溶解）过多，其随冷回流进入常压塔内，可引起氯化铵沉积，不但影响常压塔的操作，也会导致顶循环系统腐蚀。

（3）注缓蚀剂。缓蚀剂在其分子内带有极性基因，能吸附在金属表面上形成保护膜，使腐蚀介质不能与金属表面接触，因此具有保护作用。pH值低（2~3），温度高（>230℃）会使缓蚀剂失效，因此要求在注缓蚀剂前先注氨，控制其pH值，在塔顶低温部位使用，流体线速过高也会妨碍保护膜的形成。缓蚀剂的注入量一般在10~20μg/g。

（4）注水。注水可以使露点前移，保护设备，注水还可以溶解洗涤注氨生成的NH_4Cl，防止NH_4Cl沉积在塔顶冷凝冷却设备中，造成积垢，堵塞设备。

15 脱后原油含盐量高的原因是什么？如何处理？

（1）可能原因：

① 混合压降太低，盐没有充分溶解于水中。

② 注水量不足。

③ 操作温度太低。

④ 原油性质变化剧烈。

⑤ 原油处理量大，停留时间短。

（2）处理原则：

① 提高一级或两级混合压降。

② 提高一级或两级注水流量。

③ 提高脱前原油的温度。

④ 进行破乳剂筛选工作，更换破乳剂配方。

⑤ 联系调度，协调罐区调整，增加原油在原油罐里的沉降时间。

16 脱后原油含水量高的原因是什么？如何处理？

（1）可能原因：

① 混合压降太大。

② 注水量太大。

③ 脱前原油沉积物及水含量太高，油水分离不足。

④ 电场强度太低。

⑤ 破乳剂加入量不足或者应改变破乳剂的类型。

⑥ 界位太高。

（2）处理原则：

① 降低混合压降。

② 降低注水量。

③ 加强罐区脱水，电脱盐罐进行反冲洗。

④ 检查电气系统是否有运行问题或适当调高电压挡位。

⑤ 提高破乳剂注入量或者改变破乳剂类型。

⑥ 标定界位指示仪表。

17 电脱盐罐送不上电的原因是什么？如何处理？

（1）可能原因：

① 有电器故障。

② 极板短路。

（2）处理原则：

① 消除电器故障。

② 极板故障。需要将电脱盐单元停工做进罐处理。如果只是单一变压器送不上电或电流高于其他变压器，也说明该变压器的输出端或绝缘棒附着杂质，提高了导电性，造成短路。

18 电脱盐罐电压电流出现较大波动的原因是什么？如何处理？

（1）可能原因：

① 油水界面控制阀运行不正常。

② 破乳剂加入量不当或破乳剂类型不对。

③ 变压器套管，进线套管或绝缘子出现电弧现象。

④ 混合压降太大。

⑤ 乳化层的存在。

⑥ 原油发生大幅变化。

（2）处理原则：

① 检查控制阀，要做适当调校。

② 调节破乳剂的注入量或改变破乳剂类型。

③ 如果套管或绝缘子脏污，其表面有可能在几分钟内断断续续地出现打火现象，若导致永久性的破坏，则电压势必降到一个非常低的数字，这时就必须更换套管或绝缘棒。

④ 降低混合压降。

⑤ 切除乳化层。

⑥ 平稳原油量。

19 脱盐罐超压的原因是什么？如何处理？

（1）问题现象：

① 电脱盐罐压力指示上升、超程，压控前现场表指示压力升高。

② 电脱盐罐安全阀启跳。

（2）可能原因：

① 原油控制阀突然开大或停风（风关阀）。

② 原油大量带水，水被加热、汽化。

③ 原油脱后换热系统操作不当造成憋压。

④ 原油脱后分支控制阀因故障关闭。

（3）处理原则：

① 迅速关小原油控制阀，若室内不能动作，可现场关小手阀。

② 停原油注水，开大电脱盐切水。

③ 检查流程，排除憋压原因。

④ 打开原油脱后分支控制阀，如果一级罐压力迅速上升，而二级压力未有大的变化，此时要检查二级混合阀是否关闭。

20 脱盐罐三相电流出现较大差异的原因是什么?

脱盐罐三相电流出现较大差异,一般情况是电器问题,故障有如下情况:

(1) 变压器本相输出不正常。

(2) 极板金属丝断头,被油冲浮在电场区。

(3) 极板吊挂绝缘变差。

(4) 脱盐罐内三相中某相导线、电器或电极上挂有杂物。

21 怎样判断电流升高是电器问题,还是油品问题所造成?

电脱盐电流升高是操作中常遇到的问题,产生这种现象的原因有两个。一个是油品性质方面的因素造成,另一个是电器问题造成,区分两者是处理问题的关键。出现电流升高现象后,首先看是一相升高还是三相同时升高,如果操作条件未发生变化,其中一相升高,说明电器或某电极板有问题。有时当操作条件未发生变化,会出现三相电流均升高的现象,有可能是原油性质变化造成,但有时操作条件未发生变化,也会出现三相电流升高,伴随其中一相上升较高,此时就要酌情判断。如果由于原油导电率上升,使电流上升,其中一相上升略高,可以改变操作条件来解决。如果在三相电流均升高的同时,一相上升特别高,甚至跳闸,可能某一相电极或电器有问题,应重点检查电器方面的问题。

22 电极绝缘棒击穿的原因是什么?如何处理?

(1) 事故现象:

① 该电极变压器关不上电。

② 电极处漏密封绝缘油或着火。

③ 原油喷出或着火。

(2) 可能原因:

① 电极棒质量差或用久老化,绝缘耐压能力下降而击穿。

② 电脱盐经常跳闸,送电频繁而反复受冲击而击穿,或电流经常大幅度变化而击穿。

③ 电极棒附水滴或导电杂质而击穿。

(3) 处理原则:

① 迅速停电(或电工停电)、灭火。

② 切除该电脱盐罐,适当切水降低罐内压力至不再向外喷原油。

③ 电脱盐罐退油,处理后进行检修。

23 电脱盐罐变压器跳闸的原因有哪些？跳闸后应采取哪些有效措施？

跳闸原因是原油乳化和含水高造成导电能力加强，电流增至一定程度造成跳闸。具体原因：

（1）脱盐罐油水界面过高，造成原油带水；

（2）混合强度过大，原油乳化严重，造成原油带水；

（3）原油较重，油水难以分离，造成原油带水；

（4）原油注水量突然升高，水量过大，造成原油带水；

（5）原油中重金属含量高，导电率上升；

（6）脱盐罐电气设备有故障。

处理措施：跳闸后首先要看界面、电流、温度等，判断出原因，再采取相应的措施，争取尽快送上电。

若是界面超高，先开切水副线，切水至正常位置后脱盐罐送电，然后再查造成界面超高的原因，联系解决。

若界面正常，电流在跳闸前很高，当脱盐温度较高时，则应停掉注水，调低脱盐温度，提高破乳剂注量或降低原油处理量，以增加沉降时间，降低乳化油含水量；或减少混合强度。

若原油带水或注水量突然升高则应停注水，脱盐罐加强切水，保证界面正常，才能使脱盐罐送上电。

若原油乳化严重送电困难，应降量，切除电脱盐罐，静置沉降，闭路送电正常后方可慢慢地把脱盐罐投入系统。

若最后判断是罐内电器问题，应根据性质再做相应处理（如停电、水冲、蒸罐，或进入罐内检查等）。

24 电脱盐罐切水带油的原因有哪些？

电脱盐罐切水带油一般是因为水面过低，在加工重质原油时，往往会出现罐底乳化层，水位无法控制，甚至油水界面建立不起来等情况。此种情况下，水界面一建立，必将乳化层逼入电场，使脱盐罐无法正常工作，水位建立不起来或者油水界面极低，油水不分离或分离不好，就造成原油切水带油。如果切水控制阀或界面计失灵，使罐内实际界面过低，也会造成切水带油。

加工较重质原油，脱盐温度偏低，也会造成油水分离不好，油水界面不清，水位无法控制。

混合强度过高，造成机械乳化、脱水困难使切水带油。

原油加工量过高，沉降分层时间不够，使油水界面不清，造成切水带油。

此外，破乳剂加入量不足或者破乳剂的类型不合适，也会造成切水带油。

25 电脱盐罐启用前应做哪些检查？

为使电脱盐罐能正常使用和运行，启用前应做以下检查：

（1）电极有无损坏变形，各相接头是否正确，其他构件有无异常。

（2）封人孔前要进行空罐送电试验，空罐送电试验以各相电流几乎看不出来为正常，为确保安全，要设专人监护。

（3）内部构件和空罐送电无问题后，可封人孔进行水试压，试压中详细检查有无泄漏处，要特别检查电极法兰是否外漏或内漏，要逐个检查样管及采样线是否畅通。

（4）压力表、温度计是否齐全好用，量程是否符合要求。

（5）切水控制阀、注水控制阀是否灵活好用。

26 电脱盐罐使用时应注意什么事项？

为了使电脱盐罐能够正常运行，应注意以下事项：

（1）脱盐温度要控制在指标内，以使脱盐效果最佳。

（2）电脱盐罐压力要控制适宜，一般不宜低于 0.5MPa，否则原油将会汽化，电脱盐罐不能正常运行。但压力也不能太高，否则脱盐罐安全阀就会跳开。

（3）原油注水量调节时变化不能太大，否则会造成电脱盐罐压力波动和电流变化，对于低阻抗变压器，甚至会跳闸。

（4）油水混合阀混合强度不能太大，否则会造成原油乳化致使脱盐效果下降，且使脱盐罐电流上升，对于低阻抗变压器，甚至会跳闸。

（5）控制好油水界面，要保证自动切水仪表好用，并经常从采样口处观察校对液面计是否正确，有问题及时处理。

（6）正常运行中还要注意变压器油颜色变化，发现变黑，应及时更新。

27 电脱盐罐怎样进行在线反冲洗？

电脱盐罐进行反冲洗的好处：①有利于清除罐底沉积物，避免因沉积物过多而降低沉降的有效空间，甚至污染电极棒和绝缘棒；②进行反冲洗能强化脱盐效果；③有利于停工时清罐。

脱盐罐反冲洗应定期进行，最好每周一次，脱盐罐进行反冲洗应保持较高的界位，一般在 2#~3#看样口位置之间，冲洗时应适当降低注水量，交替打开两侧反冲洗给水阀，并将对角处的排污阀交替打开排污，尽量将罐内沉积物排出，待罐底切水由浑浊变较清为止，每次切换时间为 20~30min，每罐切换冲洗 2 次，冲洗时适当加大排水量。切忌在冲洗中造成界位大幅度变化，影响初馏塔液位平稳，造成切水带油。

28 电脱盐罐原油入口温度的调整原则是什么?

电脱盐温度的调整应当缓慢进行,如果进料温度上升过快形成突升,那么进入容器下部的热油密度变小,容易造成热油置换容器上部重的冷油,形成热搅动,严重时将影响到正常操作。因此电脱盐的温度应稳定控制,利于平稳生产。

29 脱后原油含水量高的原因是什么?如何调节?

影响因素:①混合阀压降太大;②原油性质变差,含水量高,油水分离效果差;③高压电压过低,电场作用弱;④破乳剂加入量过小;⑤油水界面过高。

调节方法:①适当降低混合压降;②联系原油罐区,加强原油脱水;③适当提高高压电压,如变压器挡位处于较低挡,可将其调至高挡运行;④加大破乳剂注入量,但不宜高于 $40\mu g/g$;⑤控制好油水界面。

30 脱后原油含盐量高的原因及调节方法是什么?

影响因素:①混合阀压降过低,油水未得到有效接触;②注水量不足;③脱盐操作温度过低;④原油含盐量增大或油质变重增加了脱盐难度。

调节方法:①适当提高混合阀压降;②提高一级或二级注水量;③提高原油脱盐温度;④联系相关部门稳定原油性质。

31 常压塔塔顶冷凝器出黑水的原因是什么?如何防止?

常压塔塔顶冷凝水发黑是由于内含许多铁的硫化物颗粒所造成的。为了中和油气中的氯化氢在塔顶采用注氨工艺,以消除氯化氢溶于水形成的高浓度酸的强烈腐蚀,为此要求 pH 值尽量控制平稳。当 pH 值波动较大时出现黑水,对冷凝水监测时发现 Fe 离子浓度很高。

防止办法:稳定塔顶冷凝水的 pH 值,采用在线 pH 分析监测仪,可以较好地稳定塔顶 pH 值。

32 注氨的作用是什么?

原油经脱盐后显著降低了氯化氢的生成量,但残留的氯化氢(5%~10%)仍会造成冷凝区较为严重的腐蚀,因此需在塔顶挥发线注氨,中和水冷凝之前的氯化氢。

$$NH_3 \cdot H_2O + HCl \longrightarrow NH_4Cl + H_2O$$

同时注氨增加了硫化氢的溶解度,促使金属表面较快地生成硫化亚铁保护膜,进一步降低了腐蚀。

注氨对塔顶冷凝水 pH 值起到了调节作用,pH 值对缓蚀剂的使用效果影响很大。

注氨的缺点是生成氯化铵，它在 350℃ 以下是固体状态，H_2S 存在时会引起垢下腐蚀。

33 注缓蚀剂的作用是什么？

采取了脱盐、注氨、注水措施后，塔顶系统腐蚀基本被控制，但由于 HCl 在水冷凝前不能全部被中和，况且还有 H_2S 存在，所以在冷凝区仍有局部酸腐蚀，同时由于氯化铵溶液存在，氯离子会破坏金属表面保护膜，加重腐蚀。因此还需注缓蚀剂做补充保护，更有效地控制 $HCl-H_2S-H_2O$ 介质腐蚀。

当注入缓蚀剂后，由于缓蚀剂具有表面活性，吸附于金属表面形成一层抗水性保护膜，遮蔽金属与腐蚀介质的接触，使金属免受腐蚀。另外，缓蚀剂的表面活性作用能减少沉积物与金属表面的结合力，使沉积物疏松，为清洗带来了方便。

使用缓蚀剂要注意控制好塔顶冷凝水的 pH 值，缓蚀剂的用量要充足。

34 什么是顶循除盐系统？其工作原理是什么？

顶循除盐设备主要由湍旋混合器、微萃取分离器和油水分离器三部分组成。首先通过湍旋混合器将水均匀分散到循环油中，油中的盐部分溶解到水中，其次经微萃取分离器深度捕获盐类离子并将油水进行初步的预分离，油水分离器利用粗粒化及波纹强化沉降，快速并高效地实现油水分离，溶水性盐溶于水中被带出，达到顶循油在线脱盐的目的。

通过湍旋混合器后，水以液丝的形式进入微旋流萃取分离器，微萃取分离器内并联多根萃取-分离芯管，该芯管是依靠两种互不相溶液体的密度差，利用进口特殊结构使液体产生高速旋转，分散在油中的水滴螺旋迁移到芯管边壁，此过程增大了水滴与部分未萃取盐离子的接触，实现了油中分散的盐类离子二次进行深度的萃取分离；含盐水滴聚结后从芯管的底流口排出，同时也实现了油水的预分离过程。

35 顶循除盐系统操作注意事项有哪些？

（1）顶循除盐系统必须保证一定的压差；
（2）顶循除盐系统过滤器要及时清洗；
（3）顶循除盐系统要定期对含盐量进行分析，保证脱盐效果；
（4）顶循除盐系统必须保证一定比例的注水量。

36 什么是工业挂片腐蚀试验？

工业挂片腐蚀试验是对炼油厂设备腐蚀情况进行观察测试的一种试验方法。

把待试钢材做成一定形状的挂片，安放在生产设备的一定位置上，使挂片接触腐蚀介质，经过规定时间腐蚀后，由腐蚀前后的重量损失，挂片面积和腐蚀时间，便可推算出腐蚀速度。其目的是复核所用设备材质是否合适，并寻找和选择适用的钢材，满足设计选材的需要。

37 对于防腐蚀有哪些工艺对策？

（1）原油酸值和硫含量的升高对常减压装置低温系统的腐蚀影响不同，原油酸值的升高会增加电脱盐装置油水分离的困难，造成脱后含盐含水超标，进而增加"三顶" $HCl+H_2S+H_2O$ 腐蚀介质中 HCl 的浓度，加重初凝区的腐蚀；原油硫含量的升高对电脱盐影响不大，但会增加"三顶" $HCl+H_2S+H_2O$ 腐蚀介质中 H_2S 的浓度，加重冷凝冷却系统的腐蚀。因而需针对不同的酸值和硫含量调整相应的工艺防腐措施。

（2）选择合适的电脱盐技术对电脱盐的平稳运行起关键作用，当原油密度小于 $0.85g/cm^3$ 时，推荐使用高速电脱盐技术；当原油密度小于 $0.90g/cm^3$ 时，推荐使用水平板或交直流垂直极板技术；当原油密度大于 $0.90g/cm^3$ 时，推荐使用鼠笼式电脱盐技术。

（3）当加工原油的种类和性质（密度、酸值）发生较大变化时，建议取油样在实验室进行电脱盐工艺条件优化，考察电场强度、注水量、混合强度、不同破乳剂及注入量对原油脱后含盐、含水的影响，从而确定破乳剂和优化的电脱盐工艺条件。用于指导现场电脱盐操作参数调整。

（4）推荐使用油溶性破乳剂，一方面，油溶性破乳剂用量少，可实现原剂连续注入；另一方面，油溶性破乳剂不随水排出装置，降低污水处理的难度。

（5）电脱盐装置应慎用脱钙剂，使用脱钙剂时应考虑以下两方面的问题：一方面，脱钙剂为酸性，加入后会腐蚀电脱盐罐的碳钢构件，特别是电脱盐罐的下部水相腐蚀较严重。另一方面，脱钙剂为酸性，加入后会引起油水分离困难，造成电脱盐脱后含盐含水超标。

（6）若电脱盐操作不稳定，出现脱后含盐含水超标，达标率低时，应进行电脱盐工艺条件优化，查找并分析原因，并采取相应的措施。这些措施包括：现场工艺操作参数调整、破乳剂品种更换和进行装置改造。

（7）"三顶"系统的冷凝冷却系统推荐使用碳钢，若经济条件许可，可使用双相钢或钛材，不推荐 300 系列奥氏体不锈钢。

（8）"三顶"系统推荐使用全有机胺中和剂，一方面，全有机胺中和剂可较早进入初凝区，减缓初凝区的腐蚀；另一方面，可根据全有机胺中和剂的量精确控制塔顶 pH 值；再者，注全有机胺中和剂可避免铵盐结垢，产生垢下腐蚀；最后，全有机胺中和剂可实现原剂自动注入。

（9）"三顶"系统推荐使用油溶性缓蚀剂，一方面，油溶性缓蚀剂可扩大塔顶的保护范围；另一方面，油溶性缓蚀剂可实现原剂自动注入。

（10）"三顶"系统冷凝水的 pH 值、腐蚀速率应在线监控，铁离子应离线分析。在现场操作中，应根据 pH 值调整中和剂的注量，根据铁离子和腐蚀速率调整缓蚀剂的注量。

（11）"三顶"注水量应满足设计要求，达到减缓塔顶腐蚀和冲洗垢物的目的。

（12）"三顶"注入口应开在塔顶挥发线上，应注意注入口末端的结构设计，保证注入药剂和水均匀分散，避免在挥发线管壁上出现局部冷凝区。

（13）"三顶"空冷器入口建议内衬钛保护套，长度为 300~500mm，用于抑制初凝区的腐蚀。

（14）建议在"三顶"空冷器入口安装温度计或热电偶，以便推测初凝区的位置，若初凝区发生漂移，应及时调整注水量，减缓空冷器的腐蚀。

（15）高温缓蚀剂建议使用加工高酸值原油的减压侧线，特别是减二、减三、减四线，当管线材质为碳钢或 Cr5Mo 时可以使用，但不建议在 304、321、316、317 材质的管线上使用高温缓蚀剂。加注高温缓蚀剂后应根据侧线铁离子和腐蚀探针数据，调整高温缓蚀剂的用量，监测使用效果。

（16）在"焦化路线"的炼油厂可考虑适量注碱，以减缓高温环烷酸的影响。

（17）在加工有机氯含量高的原油时，会造成脱后含盐<3mg/L 而常压塔顶氯离子浓度偏高的现象，可考虑在原油泵后加注少量碱以减轻塔顶系统的腐蚀。

第五章　常减压蒸馏原理

1　什么叫饱和蒸气压？饱和蒸气压的大小与哪些因素有关？

在某一温度下，液体与在它液面上的蒸气呈平衡状态时，由此蒸气所产生的压力称为饱和蒸气压，简称为蒸气压。蒸气压的高低表明了液体中的分子离开液体汽化或蒸发的能力，蒸气压越高，就说明液体越容易汽化。

在炼油工艺中，经常要用到蒸气压的数据。例如，当计算平衡状态下烃类气相和液相组成，以及在不同压力下烃类及其混合物的沸点换算或计算烃类液化条件等都以烃类蒸气压数据为基础。

蒸气压的大小首先与物质的相对分子质量大小、化学结构等有关，同时也和体系的温度有关。在低于 0.3MPa 的压力条件下，对于有机化合物常采用安托因（Antoine）方程来求取蒸气压，其算式如下：

$$\ln P^{\circ}_{i} = A_{i} - B_{i}/(T + C_{i})$$

式中　　P°_{i}——i 组分的蒸气压，Pa；

A_{i}、B_{i}、C_{i}——安托因常数；

　　　　T——系统温度，K。

安托因常数 A_{i}、B_{i}、C_{i} 可从有关的热力学手册中查到。对于同一物质其饱和蒸气压的大小主要与系统的温度 T 有关，温度越高饱和蒸气压也越大。

2　什么是拉乌尔定律和道尔顿定律？它们有何用途？

拉乌尔（Raoult）研究稀溶液的性质，归纳了很多实验的结果，于 1887 年发表了拉乌尔定律：在一定温度和压力下的稀溶液，溶剂在气相的蒸气压等于纯溶剂的蒸气压乘以溶剂在溶液中的摩尔分率。其数学表达式如下：

$$p_{A} = p^{\circ}_{A} \cdot x_{A}$$

式中　　p_{A}——溶剂 A 在气相的蒸气压，Pa；

p°_{A}——在定温条件下纯溶剂 A 的蒸气压，Pa；

x_{A}——溶液中 A 的摩尔分率。

以后大量的科学研究实践证明，拉乌尔定律不仅适用于稀溶液，而且也适用于化学结构相似、相对分子质量接近的不同组分所形成的理想溶液。

道尔顿(Dalton)根据大量试验结果，总结出：混合气体的总压等于该系统中各组分分压之和。以上结论发表于1801年，通常称之为道尔顿定律。

道尔顿定律有两种数学表达式：

$$P=P_1+P_2+\cdots+P_n$$
$$P_i=P \cdot y_i$$

式中　　P_1、P_2、$\cdots$、P_n——代表组分1、2、$\cdots$、n 的分压，Pa；

　　　　y_i——任一组分 i 在气相中的摩尔分率。

经以后的大量科学研究证实，道尔顿定律能准确地用于压力低于0.3MPa的气体的混合物。

当我们把这两个定律进行联解时很容易得到以下算式：

$$y_i=P_i^\circ/Px_i$$

根据此算式很容易由某一相的组成求取与其相平衡的另一相的组成。

3　气液相平衡以及相平衡常数的物理意义是什么？

处于密闭容器中的液体，在一定温度和压力的条件下，当从液面挥发到空间的分子数与同一时间内从空间返回液体的分子数相等时，就与液面上的蒸气建立了一种动态平衡，称为气液平衡。气液平衡是两相传质的极限状态。气液两相不平衡到平衡的原理，是汽化和冷凝、吸收和解吸过程的基础。例如，蒸馏的最基本过程就是气液两相充分接触，通过两相组分浓度差和温度差进行传质传热，使系统趋近于动平衡，这样经过塔板多级接触，就能达到混合物组分的最大限度分离。

气液相平衡常数 K_i 是指气液两相达到平衡时，在系统的温度、压力条件下，系统中某一组分在气相中的摩尔分率 y_i 与液相中的摩尔分率 x_i 的比值。即：

$$K_i=y_i/x_i$$

相平衡常数是石油蒸馏过程相平衡计算时最重要的参数，对于压力低于0.3MPa的理想溶液，相平衡常数可以用下式计算：

$$K_i=P_i^\circ/P$$

式中　　P_i°——i 组分在系统温度下的饱和蒸气压，Pa；

　　　　P——系统压力，Pa。

对于石油或石油馏分，可用实沸点蒸馏的方法切割成为沸程在10~30℃的若干个窄馏分，把每个窄馏分看成一个组分——假组分，借助于多元系统气液相平衡计算的方法，进行石油蒸馏过程的气液相平衡的计算。

4　什么叫泡点温度和泡点压力？

泡点温度是在恒压条件下加热液体混合物，当液体混合物开始汽化出现第一个气泡的温度。

泡点压力是在恒温条件下逐步降低系统压力，当液体混合物开始汽化出现第一个气泡的压力。

5 什么叫露点温度和露点压力？

露点温度是在恒压条件下冷却气体混合物，当气体混合物开始冷凝出现第一个液滴的温度。

露点压力是在恒温条件下压缩气体混合物，当气体混合物开始冷凝出现第一个液滴的压力。

6 泡点方程和露点方程是什么？

油精馏塔内侧线抽出温度可近似看作侧线产品在抽出塔板油气分压下的泡点温度。塔顶温度则可以近似看作塔顶产品在塔顶油气分压下的露点温度。

泡点方程是表征液体混合物组成与操作温度、压力关系的数学表达式，其算式如下：

$$\sum_{i=1}^{c} K_i x_i = 1$$

露点方程是表征气体混合物组成与操作温度、压力关系的数学表达式，其算式如下：

$$\sum_{i=1}^{c} y_i / K_i = 1$$

其中 x_i、y_i 分别代表 i 组分在液相或气相的摩尔分率，c 代表系统中的组分数目。

7 什么叫挥发度和相对挥发度？

液体混合物中任一组分汽化倾向的大小可以用挥发度来表示，其数值是相平衡常数与压力的乘积。即：

$$v_i = K_i \cdot P = (y_i / x_i) P$$

对于理想体系 $K_i = (P_i^\circ / P)$，液体混合物中 i 组分的挥发度显然就等于它的饱和蒸气压，即 $v_i = P_i^\circ$。

相对挥发度是指系统中，任一组分 i 与对比组分 j 挥发度之比值。即：

$$\alpha_{ij} = v_i / v_j = K_i / K_j$$

对于理想体系：

$$\alpha_{ij} = P_i^\circ / P_j^\circ$$

对于低压非理想溶液物系：

$$\alpha_{ij} = \gamma_i P_i^\circ / \gamma_j P_j^\circ$$

式中　γ_i、γ_j——i、j 组分在系统组成及温度条件下的活度系数。

8 精馏过程的必要条件有哪些?

（1）精馏过程主要是依靠多次汽化及多次冷凝的方法，实现对液体混合物的分离，因此，液体混合物中各组分的相对挥发度有明显差异是实现精馏过程的首要条件。在混合物挥发度十分接近（如 C_4 馏分混合物）的条件下，可以用加入溶剂形成非理想溶液，以恒沸精馏或萃取精馏的方法来进行分离，此时所形成的非理想溶液中各组分的相对挥发度已有显著的差异。

（2）塔顶加入轻组分浓度很高的回流液体，塔底用加热或汽提的方法产生热的蒸汽。

（3）塔内要装设有塔板或填料，使下部上升的温度较高、重组分含量较多的蒸气与上部下降的温度较低、轻组分含量较多的液体相接触，同时进行传热和传质过程。蒸气中的重组分被液体冷凝下来。其释放出的热量使液体中的轻组分得以汽化。塔内的汽流自下而上经过多次冷凝过程，使轻组分浓度越来越高，在塔顶可以得到高浓度的轻质馏出物，液体在自上而下的流动过程中，轻质组分不断被汽化，轻组分含量越来越低，在塔底可以得到高浓度的重质产品。

9 原油蒸馏塔与简单精馏塔相比有哪些不同之处?

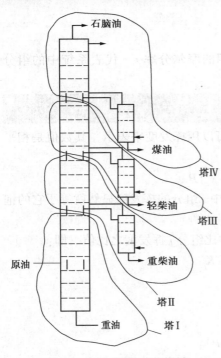

图 5-1　原油蒸馏塔示意图

简单精馏塔原料由塔的中部送入，在塔的上部——精馏段经过多次的气液接触传质，使轻组分得以提浓，在塔顶获得纯度较高的轻组分。塔的下部——提馏段经过多次气液接触，使重组分得以提浓，在塔底获得纯度较高的重组分。

原油蒸馏塔从外观来看比较复杂（见图5-1），但仔细分析其结构很容易看出，原油蒸馏塔进料以上实际是把几个简单精馏塔的精馏段逐个重叠起来，塔顶馏出最轻的产品——石脑油，塔底引出最重的产品重油。介于其间的其他产品则在塔侧作为侧线产品抽出，分别进入各自的提馏段，汽提塔则是侧线产品提馏段逐个重叠而成的。原油蒸馏塔进料板以下是重油的提馏段。这种石油蒸馏塔根据其结构原理，一般又把它称为复合塔。

10 原油蒸馏塔提馏段采取了哪些不同的提馏方式？

提馏段的主要作用是把塔底或侧线产品中的轻馏分蒸出，从而改善产品的分割，并能满足某些产品对闪点的要求。

原油蒸馏塔多数的提馏段都采取水蒸气汽提的方法，因此习惯地把提馏段称为汽提段或汽提塔。其主要原理是通入过热水蒸气，在提馏段的塔板上与油品接触，降低了油气分压而使被提馏的油品中的轻馏分汽化，从而达到提馏的目的。炼油厂过热水蒸气容易取得，而且常压塔塔底、减压塔塔底以及下部侧线的温度很高，如果采用重沸器很难找到合适的热源，因此水蒸气汽提得到了广泛的应用。

常压塔上部侧线采用再沸提馏的方式日益增加，这种做法是基于以下考虑：

（1）侧线产品汽提时，产品中会溶解微量水分，会使喷气燃料的冰点或灯用煤油的浊点上升，采用再沸器进行提馏可以免除这个弊病。

（2）水的相对分子质量较油品相对分子质量小得多，故少量的水蒸气具有很大的体积，相当于同样质量的煤油或轻柴油馏分蒸气体积的 10 倍，在相当大的程度上加大了塔的气相负荷。用再沸器代替侧线汽提有利于提高蒸馏塔的处理能力。

（3）水蒸气的冷凝潜热很大，侧线再沸提馏有助于降低塔顶冷凝器的热负荷，降低能耗，并且减少含油污水的生成量。

此外有的炼油厂采用干式减压蒸馏生产润滑油时，侧线抽出物在汽提塔内用减压闪蒸拔出其中较轻馏分的办法进行提馏。

11 什么叫回流比？它的大小对精馏操作有何影响？

回流比是指回流量 L_0 与塔顶产品 D 之比。即：

$$R = L_0/D$$

回流比的大小是根据各组分分离的难易程度（即相对挥发度的大小）以及对产品质量的要求而定。对于二元或多元物系它是由精馏过程的计算而定的。原油蒸馏过程国内主要用经验或半经验的方法设计，回流比主要由全塔的热量平衡确定。

在生产过程中精馏塔内的塔板数或理论塔板数是一定的，增加回流比会使塔顶轻组分浓度增加，质量变好，对于塔顶、塔底分别得到一个产品的简单塔，在增加回流比的同时要注意增加塔底重沸器的蒸发量，而对于有多侧线产品的复合原油蒸馏塔，在增加回流比的同时要注意调整各侧线的抽出量，以保持合理的物料平衡和侧线产品的质量。

12 什么叫最小回流比？

一定理论塔板数的分馏塔要求一定的回流比，来完成规定的分离度。在指定的进料情况下，如果分离度要求不变，逐渐减小回流比，则所需理论塔板数也需要逐渐增加。当回流比减小到某一限度时，所需理论塔板数要增加无限多，这个回流比的最低限度称为最小回流比。最小回流比和全回流是分馏塔操作的两个极端条件。显然分馏塔的实际操作应在这两个条件之间进行，即采用的塔板数要适当地多于最少理论塔板数，回流比也要适当地大于最小回流比。

13 什么是理论塔板？

能使气液充分接触达到相平衡的一种理想塔板的数目。计算板式塔的塔板数和填料塔的填料高度时，必须先求出预定分离条件下所需的理论塔板数。即假定气液充分接触达到相平衡，其组分间的关系合乎平衡曲线所规定关系时的板数。实际板数总是比理论板数多。

14 什么是内回流？

内回流是分馏塔精馏段内从塔顶逐层溢流下来的液体。各层溢流液即内回流与上升蒸气接触时，只吸取汽化潜热，故属于热回流。内回流量决定于外回流量，而且由上而下逐层减少（侧线抽出量也影响内回流量）；内回流温度则由上而下逐层升高，即逐层液相组成变重。

15 什么是回流热？

回流热又称全塔过剩热量，指需用回流取走的热量。分馏过程中，一般是在泡点温度或气液混相条件下进料，在较低温度下抽出产品。因此，在全塔进料和出料热平衡中必然出现热量过剩。除极少量热损失外，绝大部分过剩热量要用回流来取出。

16 什么是气相回流？

气相回流指分馏塔提馏段中上升的蒸气。可由塔底重沸器供热来形成，或从塔底引入过热蒸汽，促使较轻组分平衡汽化来形成。作用是利用气相回流与提馏段下降液体的接触，使液体提浓变重，成为合格产品从塔底抽出。

17 塔板或填料在蒸馏过程中有何作用？

塔板或填料在蒸馏过程中主要使气液相充分接触，以便于传热、传质过程的进行。在塔板上或填料表面，自上而下流动的（轻组分含量较多、温度较低）液体与自下而上流动的温度较高的蒸气相接触，回流液体的温度升高，其中轻组分被蒸发到气相中去。高温的蒸气被低温的液体所冷却，其中重组分被冷凝下来转到回流液体中去，从而使回流液体每经过一块塔板其中重组分含量有所上升，而上升蒸气每经过一块塔板轻组分含量也有所上升，这就是塔板或填料的传质过程，也叫作提浓效应。液相的轻组分汽化需要热量——汽化热，这热量是由气相中重组分冷凝时放出的冷凝热直接提供的。因此在塔板或填料上进行传质过程的同时也进行着热量传递过程。

塔板和填料设计的一个重要的指导思想，在于提供气、液相充分接触的传热、传质表面积，面积越大越有利于过程的进行。

18 循环回流有什么作用和优缺点？如何设置中段循环回流？

循环回流的作用首先是可以从下部高温位取出回流热，这部分回流热几乎可以全部用于满足装置本身加热的需求。如果不是采用循环回流取热，那么这些热量将在塔顶全部以回流的形式取出。由于温位很低，这部分热量很难回收，还需要耗用较多的能量去把它们冷却降温，因此，采用循环回流对装置的节能起了重要的作用。

其次采用循环回流之后塔内气液相负荷比较均匀，对新设计的蒸馏塔可以减小塔径，节约投资。对于已有的精馏塔采取了中段循环回流之后，一般可以较大幅度地提高其处理能力。

国内循环回流一般采用下方抽出从上面打回塔内的方式，每个循环回流一般要占用2~3块塔板作为换热塔板，因此塔的板数应相应有所增加。采用中段循环回流后，由于其上方内回流减少，为了减轻对分馏效果的影响，中段循环回流应设置在尽量靠近上面抽出侧线的位置。中段循环回流设置的方案见图5-2。

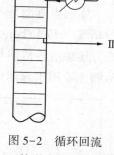

理论上中段循环回流的数目越多，塔内气、液相负荷越均衡，但流程也越复杂，设备投资也相应增高。对于有三四个侧线的原油蒸馏塔，一般采用两个中段循环回流。

图5-2　循环回流的形式与位置

19 原油蒸馏塔内气液相负荷分布有何特点？

了解原油蒸馏塔内气液相负荷分布特点，对于设计和生产部门都有重要的意义。典型的常压塔气液相负荷的分布图见图5-3。

在同一精馏段内，自下而上温度逐渐降低，从热量平衡的角度来看产品带出热量减少，内回流带出热量以及内回流量必然会有所增加。内回流经过抽出侧线时，一部分回流液作为侧线产品抽出，侧线下方的内回流数量必然有所减少，减少的数量近似等于侧线产品抽出量。塔顶的回流与塔顶温差较大，塔内板间温差较小，因而塔顶的回流量远远低于塔内顶板向下溢流的内回流量。

在塔内设置有中段循环回流时，中段循环回流输入塔内是处于过冷的状态，与上升的蒸气接触，大量的内回流蒸气被循环回流所冷凝，因而循环回流下方的内回流量远比循环回流上方大。

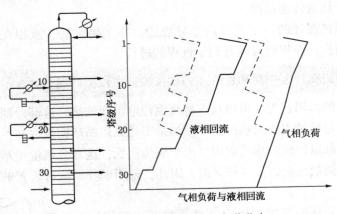

图 5-3　常压精馏塔气液相负荷分布
——无中段循环回流；----有中段循环回流(不包括循环量在内)

20　原油有哪些不同的蒸馏过程？它们的馏出曲线相比较有何不同之处？

炼油厂主要应用实沸点蒸馏、恩氏蒸馏、平衡汽化三种蒸馏过程。

实沸点蒸馏是一种间歇精馏过程，蒸馏设备是一种规格化的蒸馏设备，蒸馏柱相当于 17 块理论板，塔釜加入油样加热汽化，上部冷凝器提供回流，气液相充分接触进行传热与传质，塔顶按沸点高低依次切割出轻重不同的馏分。实沸点蒸馏主要用于原油评价试验。

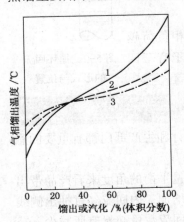

图 5-4　三种蒸馏曲线的比较
1—实沸点蒸馏；2—恩氏蒸馏；
3—平衡汽化

恩氏蒸馏也叫微分蒸馏。油样放在标准的蒸馏烧瓶中，严格控制加热速度，蒸发出来的油气经专门的冷凝器冷凝后在量筒中收集，以确定不同馏出体积所对应的馏出温度。恩氏蒸馏试验简单，速度快，主要用于石油产品质量的考核及控制。

平衡汽化也称为一次汽化，在加热过程中油品气液两相紧密接触，达到平衡状态，加热终了使气液相分离。如加热炉出口和应用"理论塔板"概念进行精馏过程设计时的理论塔板，都可以视为平衡汽化过程。在石油蒸馏过程设计时还用它来求取进料段、抽出侧线以及塔顶的温差。

通过三种蒸馏过程的馏出曲线进行比较（见图 5-4）很容易看出，实沸点蒸馏初馏点温度最低，终馏点最高，曲线的斜率最大。平衡汽化初馏点温度最高，终馏点最低，曲线斜率最小。恩氏蒸馏过程则居于两者之间。

经过大量的试验积累了丰富的数据，经处理得到三种蒸馏曲线换算图表，主要用来从实沸点蒸馏数据或恩氏蒸馏数据出发，求取平衡汽化数据，便于在原油塔设计时求塔内各点的温度。

21 如何表示原油蒸馏塔的分离精确度？

一般化工产品的精馏塔被分离物系是由若干个确定组成的组分构成的，该塔的分离精确度可以用某些组分在塔顶产品和塔底产品中的含量来表示，换言之是用塔顶产品和塔底产品的纯度来表示。原油蒸馏的产品不是具体的组分，而是较宽的馏分，上述分离精确度表示的方法不能用在石油系统的蒸馏过程中。原油蒸馏过程两相邻馏分之间的分离精确度，通常用该两个馏分的蒸馏曲线(一般是恩氏蒸馏曲线)的相互关系来表示，如图 5-5 所示。

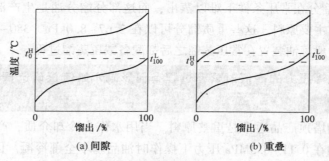

图 5-5　相邻馏分的间隙与重叠

倘若较重馏分的初馏点高于较轻馏分的终馏点，则这两个馏分之间有些"脱空"，炼油工业的术语称这两个馏分之间有一定的间隙。这个间隙可以用较重馏分的初馏点与较轻馏分的终馏点之间的温差来表示：

$$恩氏蒸馏(0 \sim 100)间隙 = t_0^H - t_{100}^L$$

对于一些重质馏分油也可以用较重馏分的 5% 点 t_5 与较轻馏分的 95% 点 t_{95} 之间的差值来表示：

$$恩氏蒸馏(5 \sim 95)间隙 = t_5^H - t_{95}^L$$

假如较重馏分的初馏点 t_0^H 低于较轻馏分的终馏点 t_{100}^L，则称为重叠，重叠意味着一部分轻馏分进入重馏分当中，其结果既降低了馏分的收率，又有损于质量，显然是分馏精确度差所造成的。而间隙意味着较高的分馏精确度，间隙越大说明分离精确度越高。不论相邻两个馏分的恩氏蒸馏曲线是间隙或是重叠，如果以实沸点蒸馏曲线来表示两相邻馏分的相互关系，那就只会出现重叠而不可能发生间隙。

22 压力对液体的沸点有何影响？为何要采用减压蒸馏？

根据安托因方程很容易看出蒸气压随温度降低而降低，或者说沸点随系统压力降低而降低。表 5-1 以常压沸点为 500℃的烃类为例说明：

表 5-1　烃类压力与沸点的关系

压力/kPa	101.325	13.33	2.67	0.4
沸点/℃	500	407	353	300

原油是沸程范围很宽的复杂混合物，对于我国多数原油来说，沸点大于 350℃的馏分约占总馏出物的 50%。油品在加热条件下容易受热分解而使油品颜色变深，胶质增加，一般加热温度不宜太高。在常压蒸馏时，为保证产品质量，生产喷气燃料时炉出口温度一般不高于 365℃，生产汽油、柴油时炉出口温度一般不高于 370℃，常压总拔出量相当于实沸点蒸馏 350~370℃的总馏出量。大于 350℃的蜡油馏分在常压条件下难以蒸出，而这部分馏分油是生产润滑油或催化裂化原料油的主要原料。这些重质馏分可以在 2.67~8.0kPa、380~400℃条件下蒸出，因此一般炼油装置在常压蒸馏之后都配备减压蒸馏过程。

23 常压蒸馏压力的高低对蒸馏过程有何影响？如何正确选择适宜的操作压力？

常压蒸馏塔顶产品通常是重整原料。当用水作为冷却介质，产品冷至 40℃左右，回流罐在 0.11~0.3MPa 压力下操作时油品基本全部冷凝。因此原油蒸馏一般在稍高于常压的压力条件下操作，常压塔的名称由此而来。

原油中不凝汽含量较多时，提高压力可以减少轻质油品随惰性气体排放时的损失量。适当升高塔压可以提高塔的处理能力，当塔的操作压力从 0.11MPa 提高到 0.3MPa 时，塔的生产能力可增长 70%。塔的压力提高以后，整个塔的操作温度也上升，有利于侧线馏分以及中段循环回流与原油的换热。不利的因素是随着压力的提高，相对挥发度降低，分离困难，为达到相同的分离精确度则必须加大塔顶的回流比，增加了塔顶冷凝器的负荷。此外由于炉出口温度不能任意提高，当压力上升以后常压拔出率会有所下降。为保证常压拔出率和轻油收率，通常都选择了较低的操作压力。当处理轻质馏分油含量很高的原油时，采用较高的塔压是可取的。

24 减压塔塔顶压力的高低对蒸馏过程有何影响？

减压塔主要是利用抽真空的方法来降低塔的操作压力，从而获得润滑油馏分和催化裂化的原料，塔压的高低直接关系到产品质量的好坏和能耗的高低。

对于润滑油型减压塔，为了保证馏分油的质量，塔板数较多，全塔压力降较大。提高塔顶真空度，在相同拔出率的前提下则可以适当地降低炉出口温度，减少油品的分解，实现"高真空、低炉温、浅颜色、窄馏分"，达到改进产品质量的目的。因此多数润滑油型减压塔塔顶残压维持在 5.3kPa，炉出口温度降至390℃左右。由于抽真空一般采取三级冷凝二级抽真空的方法，如果要求更低的残压，在一级冷凝温度相同的条件下，水的饱和蒸气压也保持不变，那么进入一级抽空器的水蒸气量增大，相应也需要增加蒸汽喷射器的工作蒸汽量和二级冷凝器的负荷，必然使装置的能耗上升。

对于生产催化裂化原料的减压塔，为了提高拔出率，目前主要采用微湿式减压蒸馏装置，塔顶采取三级抽真空方式，塔底设有蒸汽汽提，塔顶压力控制在1.3~2.6kPa，塔内件采用阻力降小的填料，最大限度降低闪蒸段油气压力和全塔压降。提高减压塔的真空度既有好的效果，也带来一些不利的因素。因此减压塔最佳压力的选择，必须通过不同方案的经济效益的比较方可求得。

25　过汽化量的不同对产品质量及能耗有何影响？

为了保证原油蒸馏塔的拔出率和各线产品的收率，进料在汽化段必须有足够的汽化分率。为了使最低一个侧线以下几层塔板有一定量的液相回流，原油进塔后的汽化率应该比塔上部各种产品的总收率略高一些。高出的部分称为过汽化量，过汽化量占进料量的百分数称为过汽化度。原油精馏塔的过汽化度一般为进料的 2%~4%。过汽化度过高是不适宜的，这是因为在生产实际过程中，加热炉出口温度是受到限制的，在炉出口温度和进料段压力都保持一定的条件下，原油的总汽化率已被决定了。因此，如果选择了过高的过汽化度，势必意味着最低一个侧线收率和总拔出率都要降低。如果在条件允许时适当增高炉出口温度来提高进料的总汽化率，则必然会导致生产能耗的上升。过汽化度太低时，随同上部产品蒸发上去的过重的馏分有可能因为最低一个抽出侧线下方内回流不够，而带到最低的一个侧线中去，导致最低侧线产品的馏分变宽，残炭及重金属含量上升，影响到产品的质量。

26　如何合理地选择汽提蒸汽用量？

侧线产品汽提主要是为了蒸出轻组分，提高产品的闪点、初馏点和 10%点。常压塔底汽提主要是为了降低塔底重油中 350℃以前馏分的含量，提高轻质油品的收率，并减轻减压塔的负荷。对减压塔来说，塔底汽提的目的主要是降低汽化段的油汽分压，在所允许的温度和真空度条件下尽量提高进料的汽化分率。

汽提蒸汽用量与需要提馏出来的轻馏分含量有关，国内一般采用汽提蒸汽量为被汽提油品的 2%~4%，侧线产品汽提量为油品的 3%~4.5%，塔底重油的汽提量为 1%~2%。如果需要提馏出的数量多达 6%~10% 以上的话，则应该用调整蒸馏塔的操作来解决。过多的汽提蒸汽将会增加精馏塔的气相负荷，并且增加过热水蒸气消耗和塔顶冷凝的负荷。

炼油厂采用的汽提蒸汽是压力为 0.3~0.4MPa、温度为 400~450℃ 的过热水蒸气。

27　如何确定原油蒸馏塔的进料温度？

原油蒸馏塔进料段（汽化段）的操作压力是一定的，根据该塔的总拔出量选定的过汽化量很容易确定进料油品的汽化分率，在一定的塔底汽提蒸汽用量的条件下很容易求取进料段的油气分压，根据进料的常压平衡汽化数据、焦点温度、焦点压力等性质数据，可求得进料段的温度。

自炉出口到进料段如果忽略转油线的热损失，可以把它看成一个绝热闪蒸过程，炉出口油的熔应和进料油的熔值相等。可利用等熔过程计算的方法求得炉出口温度。如果炉出口温度太高，则可适当增加塔底汽提蒸汽用量，使进料温度降低，这样就可以使炉出口温度降下来。

以上确定进料段温度的方法主要是用在原油蒸馏塔设计中，了解此计算原理可有利于现场核算和塔的操作分析。

28　如何确定原油蒸馏塔侧线的抽出温度？

严格地说侧线抽出温度应该是未经汽提产品在该处油气分压下的泡点温度。而绝大多数侧线都设置汽提塔，根据原油评价得到的数据以及现场采样的数据相当于汽提以后的数据，为此求取侧线抽出温度不得不采用一些半经验的方法。它是选取自塔底至抽出侧线上方作为检测对象，通过热量平衡求得抽出板上方的内回流量。以内回流在油气、水蒸气混合物中的分压，再根据该侧线产品平衡汽化数据求得该分压下的泡点即侧线的抽出温度。实际上除内回流蒸气参加该板的气液平衡之外，上一侧线由于沸程差别不太大也可能有一部分液化而参加该板的气液平衡，也就是以内回流计算所得油气分压低于实际的油气分压，用汽提后较高的泡点温度代替汽提前较低的泡点温度，误差相抵，用这样的方法计算的结果与生产现场的数据比较接近。

对于不设汽提塔的抽出侧线，产品平衡汽化数据是准确的，考虑到以内回流在混合气体中真正的分压作为油气分压其数据偏低，为接近实际情况，在求取内回流蒸气在气相中摩尔分率时，气体的总摩尔数将相邻上一侧线忽略，内回流计算出来的分压比较接近塔内的油气分压，所求得之泡点温度与现场侧线抽出温度比较接近。

29 如何确定原油蒸馏塔的塔顶温度？

塔顶温度应该是塔顶产品在其本身油气分压下的露点温度。塔顶馏出物包括塔顶产品、塔顶回流油汽、不凝汽和水蒸气。如果能准确知道不凝汽数量，在塔顶压力一定的条件下很容易求得塔顶产品及回流总和的油气分压，进一步求得塔顶温度，当塔顶不凝汽很少时，可忽略不计。忽略不凝汽以后求得的塔顶温度较实际塔顶温度高出约 3%，可将计算所得塔顶温度乘以系数 0.97，作为采用的塔顶温度。

在确定塔顶温度时，应同时检验塔顶水蒸气是否会冷凝。若水蒸气分压高于塔顶温度下水的饱和蒸气压，则水蒸气就会冷凝，造成塔顶、顶部塔板和塔顶挥发线的露点腐蚀，并且容易产生上部塔板上的水暴沸，造成冲塔、液泛。此时应考虑减少汽提水蒸气量或降低塔的操作压力。

30 如何确定燃料型减压塔各点温度？

减压塔进料温度也是根据进料油品的汽化分率、进料段的油气分压确定的，以前由于在设计中一般无法提供常压塔塔底油的汽化数据，减压塔进料段温度只好根据经验选择，一般在 365~385℃。现在随着计算机技术的应用，已能比较精确地计算进料温度，减压深拔设计进料温度已提高至 400℃ 左右。在确定燃料型减压塔侧线抽出温度时，与其他蒸馏过程一样，侧线抽出温度也应该是该处油气分压下液相的泡点温度。鉴于燃料型减压塔两侧线的重叠十分严重，而且每个侧线的塔板与填料相当于一个直接冷凝器，因此燃料型减压塔内没有内回流汽化成为蒸气的情况，侧线抽出板上的油气分压是将所有的油料蒸气计算在内，将水蒸气和不凝汽作为惰性气体。

减压塔塔顶一般均采用循环回流，塔顶不出产品，塔顶温度主要是水蒸气和不凝汽离开塔顶的温度，这个温度比循环回流进塔温度高 20~40℃。

干式减压塔塔底温度接近于汽化段的温度，湿式减压塔塔底温度较汽化段温度低 5~10℃，有时可以相差 17℃ 之多。

第六章　常压蒸馏塔及其操作

1　塔设备的性能指标有哪些？

塔设备的性能指标为处理能力、压降和传质效率，以及操作弹性和操作稳定性。

2　什么是塔设备的操作稳定性？

操作稳定性泛指对原料条件波动、操作变化的适应能力，也称为抗噪能力，具体表现于操作条件和产品质量稳定性。严格来讲，操作稳定性和操作弹性有一定的关系，但涉及的内容更为广泛。一般而言，化工设备的流动阻力越大和操作弹性越宽，操作稳定性越好。对于塔内件而言，板式塔的操作稳定性较填料塔更高。

3　常减压蒸馏装置蒸馏塔板主要有哪几种？它们有何优缺点？适用范围如何？

国内常减压蒸馏装置常使用浮阀、筛板、圆形泡帽、槽形、舌形、浮舌、浮动喷射、网孔、斜孔等型式的塔板。几种常用塔板的优缺点及适用范围见表6-1。

表6-1　各种塔板的优缺点及适用范围

塔板类型	优点	缺点	适用范围
圆形泡帽	较成熟、操作规范宽	结构复杂，阻力大，生产能力低	某些要求弹性好的特殊塔
浮阀板	效率高，操作规范宽	需要不锈钢，浮阀容易脱落	分馏要求高，负荷变化大，如原油常压分馏塔
筛板	效率高，成本低	安装要求水平，易堵塞	分离要求高，塔板数较多
舌形板（固）	结构简单，生产能力大	操作范围窄，效率低	分离要求低的闪蒸塔
浮喷板	压力降小，生产能力大	浮板易脱落，效率较低	分馏要求较低的原油减压分馏塔
网孔板	压降小，能力大，效率较高	操作范围较窄	较多用于润滑油型减压塔

4 **ADV 浮阀有哪些特点？**

（1）浮阀顶部开切口，具有导向作用。
（2）ADV 塔板改进降液管结构。
（3）处理能力提高 40% 或更多。
（4）分离效率提高 10%~20%。
（5）压降减少 10%，操作弹性增加 30%~50%。
（6）改造施工量小，安装简便。

5 **什么是塔板效率？**

塔板效率是衡量板式塔每层塔板上传质平均效果的一个尺度。最通用的定义是默弗里（Murphree）板效率，指实际塔盘的分离能力，以气相浓度变化表示的默弗里板效率的定义式为：

$$E_{mV} = (Y_n - Y_{n+1}) / (Y'_n - Y_{n+1})$$

式中　Y_n、Y_{n+1}——离开 n 块塔板及下层第 $n+1$ 块塔板的气相平均组成，摩尔分率；

　　　　Y'_n——与离开第 n 块塔板的流液浓度 x_n 成平衡的气相浓度，摩尔分率。

在多元系流中，各组分的分离效率不同，通常以关键组分的变化来表示板效率。一般板效率应小于 1，但根据默弗里的定义，若在塔板上液流很少返混，并有一定的液流长度时，易挥发组分沿液体流向，组分 X_{n-1} 逐渐降低，最终以 X_n 离开塔板，此时 Y_n 可能大于 Y'_n，塔板效率的计算值就有可能大于 1，但并不表示这块塔板上气液两相超过了理论上的极限平衡条件。

6 **什么是空塔气速？**

空塔气速通常指在操作条件下通过塔器横截面的蒸气线速度（m/s）。由蒸气体积流量除以塔器横截面积而得，即等于塔器单位截面上通过的蒸气负荷，是衡量塔器负荷的一项重要数据。板式塔的允许空塔气速要受过量雾沫夹带、塔板开孔率和适宜孔速度等的控制。一般以雾沫夹带作为控制因素来确定板式塔的最大允许空塔气速，此值应保持既不引起过量的雾沫夹带，又能使塔上有良好的气液接触。

7 **什么叫液泛？**

液泛又称淹塔，是带溢流塔板操作中的一种不正常现象，会严重降低塔板效率，使塔压波动，产品分割不好。造成液泛的原因是气相或液相负荷过大，降液管中的液体不能顺畅流下，当降液管中的液体满到上层塔板的溢流沿时，可导致两层板之间被泡沫液充满，致使塔板间液流相连。为防止液泛现象发生，在设计和生产中必须进行一层塔板所需液层高度以及板上泡沫高度的计算来校核所选的板间距，并对液体在降液管内的停留时间及降液管容量进行核算。

8　什么是液相负荷？

对有降液管的板式塔来说，液相负荷是指横流经过塔板，溢流过堰板，落入降液管中的液体体积流量（m³/h 或 m³/s），也是上下塔板间的内回流量，是考察塔板流体力学状态和操作稳定性的基本参数之一。液相负荷过大，在塔板上因阻力大，形成进出塔板堰间液位落差大，造成鼓泡不匀及蒸气压降过大，在降液管内引起液泛，此时液相负荷再加大会引起淹塔，塔板失去分馏效果。塔内的板面布置，液流长度、堰板尺寸、降液管型式、管内液体停留时间、流速、压降和清液高度等，都影响塔内稳定操作下的液相负荷。

9　什么是液面落差？

液面落差又称液面梯度，指液体横流过带溢流塔板时，为克服塔板上阻力所形成的液位差。液面落差过大会导致上升蒸气分配不匀，液体不均衡泄漏或倾流现象，使气液接触不良，塔板效率降低，操作紊乱。泡罩塔板的液面落差最大，喷射型塔板最小，筛板和浮阀塔板液面落差只在塔径较大或液相负荷过大时才增大。

10　什么是清液高度？

清液是指塔板上不充气的液体，清液高度是塔板上或降液管内不考虑存在泡沫时的液层高度。用以衡量和考核气液接触程度、塔板气相压降，并可用它的 2~2.5 倍作为液泛或过量雾沫夹带极限条件。塔板上的清液高度是出口堰高+堰上液头高+平均板上液面落差。降液管内清液高度是由管内外压力平衡所决定，包括板上清液压头、降液管阻力头及两板间气相压降头。

11　什么是雾沫夹带？

雾沫夹带指板式分馏塔操作中，上升蒸气从某一层塔板夹带雾状液滴到上层塔板的现象。雾沫夹带会使低挥发度液体进入挥发度较高的液体内，降低塔板效率，但实际上一定范围内的雾沫夹带量，并不显著降低塔板效率。一般规定雾沫夹带量为 10%（0.1kg/kg 蒸汽）。以此来确定蒸汽负荷上限，并确定所需塔径。影响雾沫夹带量的因素有空塔气速、塔板形式、板间距和液体表面张力等。

12 什么叫馏分脱空？

馏分脱空简称脱空。在原油蒸馏切取多种馏分时，常以相邻两馏分的恩氏蒸馏曲线的间隙（或间隔）或重叠程度，来衡量分馏塔或该塔段的分馏精确度。馏分脱空说明精馏段分馏效果好；馏分重叠说明该塔段分馏精度差。馏分脱空并不是由于原料中不存在这个沸程的组分，也不是蒸馏中的跑损，而是由于精馏时分馏塔精馏效果高于恩氏蒸馏的精馏效果所致。脱空与重叠可用较重馏分5%点与较轻馏分95%点之间温度差值表示。

13 什么是漏液点？

漏液点指不致产生漏液时的允许最低开孔气速。气速低于此点，板上液体开始滴漏。一般以漏液点作为蒸气负荷或开孔气速的下限。

14 什么是干板压降？

干板压降指气体通过不存在液体的塔板时的压力损失，它是板式塔塔板压降计算组成的部分。

15 什么叫塔板开孔率？

塔板开孔率指塔板上开孔总面积与塔截面积之比，是影响操作的重要因素。在塔的气液相负荷一定时，开孔率过大，会造成漏液；开孔率过小，会造成严重的雾沫夹带。

16 不同类型的塔板，它们气液传质的原理有何区别？

塔板是板式塔的核心部件，它的主要作用是造成较大的气液相接触的表面积，以利于在两相之间进行传质和传热的过程。

塔板上气液接触的情况随气速的变化而有所不同，大概分为以下四种类型：

（1）鼓泡接触：在塔内气速较低的情况下，气体以一个个气泡的形态穿过液层上升。塔板上所有气泡外表面积之和即该塔板上气液传质的面积。

（2）蜂窝状接触：随着气速的提高，单位时间内通过液层气量增加，使液层变成蜂窝状。它的传质面积要比鼓泡接触大。

（3）泡沫接触：气体速度进一步加大时，穿过液层的气泡直径变小，呈现泡沫状态的接触形式。

（4）喷射接触：气体高速穿过塔板，将板上的液体都粉碎成为液滴，此时传质和传热过程则是在气体和液滴的外表面之间进行。

前三种情况在塔板上的液体是连续的，气体是以分散相进行气液接触传热和传质过程的，喷射接触在塔板上气体处于连续相，液体变成了分散相。

在小型低速的分馏塔内才会出现鼓泡和蜂窝状的接触情况。原油蒸馏过程中气速一般都比较大，常压蒸馏采用浮阀或筛孔塔板，以泡沫接触为主的方式进行传热和传质。减压蒸馏的气体流速特别高，通常采用网孔塔板，以喷射接触的方式进行传热和传质。经高速气流冲击所形成液滴的流速也很大，为避免大量雾沫夹带影响传质效果，塔板上均装设有挡沫板。

17 在蒸馏程中经常使用哪些种类的填料？如何评价填料的性能？

填料按其填装特点的不同分为乱堆填料和规整填料。乱堆填料是采用颗粒填料乱堆于塔中。常用颗粒填料：拉西环（RaschigRing）、鲍尔环（PallRing）、矩鞍环。规整填料具有大通量、低压降、高效率的优点，大型蒸馏塔中格里希（Glitsch）格栅型填料、孔板波纹填料、丝网波纹填料已得到广泛的应用。

填料的主要性能有以下几种：

（1）比表面积（m^2/m^3）：单位体积的填料堆积空间中，填料所具有的表面积的总和。比表面积越大，对传热和传质也越有利。

（2）空隙率（%）：指填料外的空间与堆积体积的百分比。空隙率越高，阻力降越小。英特洛克斯填料的空隙率为 97%~98%。

（3）当量理论板高度：指相当一块理论塔板分离能力所需填料层的高度。当量理论板高度越小，分离效能越高，炼油厂常用 50mm 英特洛克斯填料的当量理论板高度为 560~740mm。填料尺寸越大则其当量理论板高度也增加。

18 板式塔的溢流有哪些不同的型式？适用于什么场合？

板式塔溢流设施的型式有多种，以适应塔内气液相负荷变化，传热、传质方式的不同以及塔径大小等多种因素，保证提供最佳的分离效果。液体在塔板上呈连续相、气体呈分散相的情况下，液体从进口堰往出口堰方向流动，为保证流动顺利进行，塔板上必然存在着液面的落差，即进口堰附近的液面比出口堰附近的液面高。液面落差的大小与液体流量、塔径以及液体黏度等因素有关，如果液体流量加大，液体黏度加大，或在塔板上液体流程增大都会相应导致落差的加大。液面落差太大时会使进口堰附近的气体流量急剧减少，漏液严重，大量气体在出口堰一侧穿过液层，流速加大会导致雾沫夹带增加，这些因素都会使塔板的分离效率下降。为了合理地进行塔板结构的设计，有四种不同的溢流方式供选择：

（1）U 形流：对直径在 0.6~1.8m 的小型蒸馏塔，而且塔内液体流量很小，在 5~12m^3/h 以下，塔板上的进出口堰在同侧相邻布置，液体在板上从入口经 U 形流动在出口溢流。

（2）单溢流：适用于液体量在 120m^3/h 以下，塔径<2.4m 的蒸馏塔，进口堰

和出口堰对称地设置在塔的两侧，液体沿直径方向一次流过塔板。

（3）双溢流：在液流量较大（90~280m³/h），塔径为1.8~6.4m的条件下，为了避免在塔板上液面落差过大而采用双溢流的塔板结构形式。对于双溢流的蒸馏塔，它是由两种结构形式的塔板依次交替组合起来的。一种是进口堰在塔的两侧，出口堰在塔的中部，液体由两侧向中间流动经出口堰流往下一层塔板。另一种是进口堰在塔的中部，出口堰在塔的两侧，流体由塔板中间往两侧流动。

（4）阶梯式流：对于液流量在200~440m³/h，塔径在3.0~6.4m的情况，为避免液面落差过大，板面设计成阶梯式，自进口往出口方向逐渐降低，每一阶梯上都有相应的出口堰，保证每一小块塔面上液层厚度大致相同，从而使各部分的气流比较均匀。

炼油厂常减压蒸馏装置中绝大多数塔采用的是单溢流和双溢流两种溢流方式。

对于喷射接触，板上液体呈分散相的网孔及浮喷塔板，由于板上没有液层存在，故而不存在液面落差的问题。这样的塔板直径高达6.4m，采用单溢流的塔板结构仍然可以得到较好的分离效果。

塔板上液体流动的各种方式见图6-1。

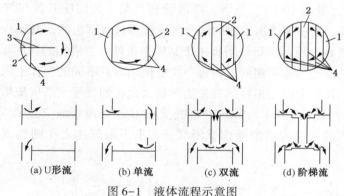

图6-1　液体流程示意图

1—进口降液管；2—出口降液管；3—挡板；4—堰

19 如何确定板式塔适宜操作区及操作弹性？随气液相负荷变动，有何异常现象？

了解蒸馏塔塔板的流体力学特性，对于提高塔的处理能力、改善产品分割具有重要的意义。随着塔内气液相负荷的变化，操作会出现以下不正常的现象：

（1）雾沫夹带：雾沫夹带是指塔板上的液体被上升的气流以雾滴的形式携带到上一层塔板，从而降低了塔板的效率，影响产品的分离。塔板间距越大，液滴沉降时间增加，雾沫夹带量可相应减少。与现场生产操作有关的因素是气体流速变化的影响，气体流速越大、阀孔速度（或网孔气速）、空塔气速均相应上升，会使雾沫夹带的数量增加。除此之外雾沫夹带量还与液体流量、气液相黏度、密度、介质的界面张力等物性有关。

（2）淹塔：淹塔发生在塔内，气液相流量上升造成塔板压降升高，导致降液管内液体不能正常溢流，降液管内液层高度必然升高。当液层高度升到与上层塔出口持平时，液体无法下流，造成淹塔现象。淹塔一般是在塔下部出现，造成最低的抽出侧线油品颜色变黑。淹塔与处理量过高、原油带水、汽提蒸汽量过大等因素有关。

（3）漏液：塔板漏液的情况是在塔内气速过低的条件下产生的。浮阀、筛孔、网孔等塔板，当塔内气速过低，板上液体就会通过升气孔向下一层塔板泄漏，导致塔板分离效率降低。漏液的现象往往是在开停工低处理量操作时出现，有时也与塔板设计参数选择不当有关。

（4）降液管超负荷及液层吹开：液体负荷太大而降液管面积太小，液体无法顺利地向下一层塔板溢流也会造成淹塔。液体流量太小，容易造成板上液层被吹开，气体短路影响分离效果。这些现象生产操作时极少发生。

通过计算很容易确定允许雾沫夹带量（0.1kg 液体/1kg 气体）、允许泄漏量（该塔板液体流量的 10%）、淹塔、降液管超负荷、液层吹开等与气液相流量的对应关系曲线，这些曲线所形成的闭合区域就是这块塔板的适宜操作区，塔的适宜操作区如图 6-2 所示。每块塔板由于其操作条件、气液相的物性互不相同，它们适宜操作区的图形亦不相同，对每一块塔板均有其不同的操作上限、操作下限和操作弹性。操作上限是指雾沫夹带达到最大允许的数量或产生淹塔的最小空塔气速（亦即操作线 OA、OA' 与雾沫夹带线交点 C 或与淹塔线交点 C'）。操作线与泄漏线的交点的气速为塔的操作下限气速，上下限气速之比则是该塔板的操作弹性。

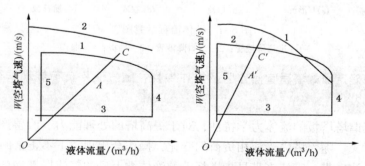

图 6-2　塔的适宜操作区域

1—雾沫夹带线；2—淹塔线；3—泄漏线；4—降液管超负荷线；5—液层吹开线

一座原油蒸馏塔不同截面的气液相负荷变化很大，为表征全塔的操作弹性，应从不同截面的上限操作裕量(指上限气速与设计气速之比)进行比较，其中最小者为全塔上限操作裕量。不同截面下限系数(下限气速与设计气速之比)最高者为全塔的下限系数。全塔上限操作裕量与全塔下限操作系数之比则为该塔的全塔操作弹性。

20 填料塔内气液相负荷过低或过高会产生哪些问题？

在填料塔内随着气相流速的增加，床层的阻力将增加，填料层中的持液量也相应增大。当气相流速增加到某一特定数值时液体难以下流，产生液泛的现象，塔的操作完全被破坏，此时的气速称为泛点气速，填料塔适宜的操作气速一般为泛点气速的 60%~80%。填料塔泛点气速的高低主要与气液相介质的物性、密度、黏度、两相的流量以及填料层的空隙率等因素有关。

液相流量太小，则可能使部分填料的表面没有被充分地润湿，填料塔内气液相的传热和传质过程主要是通过被液体浸湿的填料表面来进行的，如果部分填料没有被润湿，也就意味着传热、传质的表面积相应减小，必然会使分离效果降低。填料塔内的液相流量太低时，应设法增加该段循环回流的流量。

21 蒸馏塔体及塔内主要部件材质选择应该注意哪些问题？

蒸馏装置的塔器从其操作温度来看不算太高，通常不会超过 400℃，从耐温的要求来考虑，一般的低碳钢均满足其要求，对低含硫、低酸值的原油(例如大庆原油)一般采用 A3 或 0#锅炉钢作为塔体或塔内主要部件的材料。多数原油由于含有较多的硫或者环烷酸，造成在生产过程中塔严重的腐蚀，针对腐蚀原因的不同在材质选择上应采取相应的措施。

为了满足强度的要求，常减压蒸馏装置的蒸馏塔尤其是减压塔壁厚较大，如果全都由合金材料制作势必大量增加设备的投资。一般都是采取塔体外壁采用碳钢，内衬防腐蚀合金薄板的办法。塔内用于气液传质的塔板以及有关支撑固定的零部件，则应当用防腐蚀的金属材料来制作。

塔壁衬里常用 0Cr13 或 1Cr13 薄板，近年来在解决高温硫腐蚀及环烷酸腐蚀时，不少炼油厂应用 A3F 钢渗铝的方法来提高塔盘耐蚀力，取得了较好的效果。

浮阀塔板上使用的浮阀在原油腐蚀性很弱的情况下，可以用 A3F 钢，在有较强腐蚀的条件下，应采用 1Cr13 材质来制造浮阀。

解决常减压蒸馏装置的防腐蚀问题，一方面要在塔设备材质的选择方面给予重视，另一方面要加强装置深度脱盐，避免或减少氯化氢气体的生成。

蒸馏塔内每一段塔板数的多少直接和该段分离效果的好坏有关,某一段内回流量多、塔板数多,该段的分离效果必然也好。由于目前国内炼油设计中原油蒸馏塔的设计采用半经验的方法,塔板数全凭经验选取,常减压蒸馏装置不同馏分之间的精馏段及汽提段的塔板数见表6-2,注意其中不包括换热塔板,如果某段内设有中段循环回流,该段需增加2~3块塔板以保证分离要求。

表6-2 常减压蒸馏装置不同馏分之间的精馏段及汽提段的塔板数

操作方法	分离物质	推荐塔板数
原油常压蒸馏及产品汽提	石脑油与3#喷气燃料	9
	3#喷气燃料与轻柴油	6~8
	轻柴油与重柴油	4~6
	重柴油与裂化原料	4~5
	进料口与最下层侧线	3
	塔底汽提	4
	溶剂油汽提	5~6
	3#喷气燃料汽提	5~6
	轻柴油汽提	4
	重柴油汽提	4
*常压重油减压蒸馏及产品汽提	塔顶油与裂化原料	4
	裂化原料与低黏度油	4
	低黏度油与中黏度油	4~5
	中黏度油与重黏度油	4
	进料段至重黏度油	3
	塔底汽提	4
	低黏度油汽提	4~5
	中黏度油汽提	4~5
	重黏度油汽提	4~5

*：这是生产润滑油料的减压分馏塔,对馏分分离精度要求不高的燃料型减压塔,则侧线少,分离精度要求低,故塔板数可大为减少。

塔板间距的大小直接影响上升气流中夹带液滴的数量,如果板间距大,上升气流中液滴沉降时间充裕,雾沫夹带的数量必然减少。板间距太小会使上一层塔板的液体难以顺利地通过降液管向下一层塔板溢流,严重时甚至会发生淹塔的事故。减压塔由于一般气体流速很大,为了减少雾沫夹带通常选取较大的板间距,常压塔、初馏塔的板间距则可以稍微减小。多数蒸馏塔都是采取分块拼装塔板的安装办法,适当地减少分块的数量,可以相应减少塔内固定和支撑的部件,节约投资便于检修安装。分块数量减少时，必然每块的尺寸会增大，导致人孔直径以及相应板间距加大。因此塔径比较大时，选用的板间距也相应增大。板间距与塔径的关系见表6-3。

表6-3　塔板间距与塔径的关系表

塔径/mm	塔板间距/mm			
600~700	300	350	400	
800~1000	450	500	600	
1200~1400	450	500	600	
1600~3000	500	600	800	800*
3200~6400	600	800		

＊：主要用于减压塔。

23　如何确定填料塔的填料层高度？

塔的填料层高度严格来讲应该保证传质和传热两方面的要求。从传质的角度来看，要完成一定的分离任务，塔内就应该保证具有一定理论塔板数的分离能力。对于某一型号的填料，当量理论板高度也是一定的，相应地可以确定其填料层高度。在进行塔的设计时要对每一个填料段进行严格的热量衡算，从而确定通过填料表面的传热量，选取一定的传热系数，再依据该段气液相的平均温差，很容易确定提供传热应用的填料的表面积和填料的总体积。塔径是参照泛点气速确定的，塔径一定的前提下，每段填料层高度相应也可以定下来。

为了防止填料层过高，液体在塔内分布不均匀，影响传热、传质的效果，大型原油蒸馏塔每段填料层高度一般不超过5.5m。如果需要的填料层高太大，可分为若干段，在中间加设液体再分布器。

24　初馏塔、常压塔、减压塔工艺特征有何不同？

从塔内气液相负荷特点来看，常减压蒸馏装置的三个分馏塔有显著的不同。由于国内绝大多数原油的轻馏分含量低，初馏塔拔出率低，因此在初馏塔汽提段的液相流量很大，初馏塔的塔径主要由汽提段降液管的负荷来确定，精馏段相应的负荷偏低，在正常操作条件下雾沫夹带量很小，而且也不容易产生淹塔。常压塔全塔气液相负荷相对均匀，最大气液相负荷往往是在最下面的中段循环回流抽出板的下方，在充分利用塔内中段循环回流热源的情况下，塔上部气液相负荷往往偏低，容易产生泄漏，为使全塔具有较高的操作弹性，在上部塔板可采用较小的开孔率。减压塔尤其是燃料型减压塔，在精馏段自下而上负荷迅速减小，导致减一线上方必须采用缩径的方式才能正常操作，甚至在同一分馏段上部的气液相负荷也要比下部低得多。

根据以上气液相负荷变化规律的不同，在装置进行标定核算时，应注意限制每个塔最大处理能力的关键：初馏塔受汽提段降液管内液体停留时间的限制；常压塔受精馏段雾沫夹带或淹塔的限制；板式减压塔取决于雾沫夹带，填料式减压塔受液泛的限制。

初馏塔、常压塔是在略高于常压的条件下操作的，压力的变化对拔出率、分离效果有影响但不十分大。塔板型式的选择往往更注重较大的处理能力、较高的分离效率，而不着重要求塔板阻力降的大小。减压塔的操作压力对产品的拔出率以及能耗影响很大，如果要求过低的操作压力，势必导致抽真空系统的能耗急剧上升，减压塔进料段的压力对馏出油的拔出率影响很大，在塔顶压力一定的前提下，精馏段的阻力降越小，进料段的真空度越高，减压馏出油的收率也相应增大，因此减压塔尽可能采用阻力降低的塔板或填料。

初馏塔、常压塔塔顶馏出石脑油（一部分作顶回流）和水蒸气。对于减压塔来说，为了减小塔顶馏出管线及冷凝器的阻力降，提高塔顶真空度，塔顶主要排出水蒸气、不凝汽以及夹带很少数量的减压塔塔顶柴油外，塔顶不出产品也不设顶回流。

燃料型减压塔每一精馏段实质上是一个直接冷凝器，主要作用是使该抽出侧线产品被冷凝，对分离无明确要求。

25 汽化段在其结构上有何特殊要求？

常减压蒸馏装置每个塔的进料都是气液混相的状态，而且流速很高，为了减少进口压力降，减轻对塔壁的冲击，防止引起塔体振动，对于大型减压塔采用低速转油线，沿塔中心线方向垂直进料。

由于在汽化段实现高速气流与液体的分离，尽管采用进料分布器等措施，但是为了提供较大的气液分离空间，减少雾沫夹带，汽化段的高度要比一般的板间距大。对于减压塔进料段，正好是精馏段与汽提段连接的半球形变径区，故减压塔进料段的空间特别大。即便如此，由于减压塔内气体流速很大，为了减少雾沫夹带，在汽化段的上方有些减压塔还增设了破沫网。

进料的温度、压力是现场操作的重要参数，也是蒸馏塔热量衡算的基本依据，因此在汽化段一般均应设置温度与压力的测量仪表元件。

26 塔的安装对精馏操作有何影响？

对于新建和改建的塔希望能满足分离能力高、生产能力大、操作稳定等要求。为此对于安装质量的要求如下：

（1）塔身：塔身要求垂直，倾斜度不得超过千分之一，否则会在塔板上造成死区，使塔的精馏效率降低。

（2）塔板：塔板要求水平，水平度不能超过±2mm，水平度若达不到要求，则会造成板面上的液层高度不均匀，使塔内上升的气相易从液层高度小的区域穿过，使气液两相在塔板上不能达到预期的传热和传质要求，使塔板效率降低。筛板塔尤其要注意塔板的水平要求，对于舌形塔板、浮动喷射塔板、斜孔塔板等，还需注意塔板的安装位置，保持开口方向与该层塔板上的液体流动方向一致。

（3）溢流口：溢流口与下层塔板的距离应根据生产能力和下层塔板溢流堰的高度而定，但必须满足溢流堰板能插入下层受液盘的液体之中，以保持上层液相下流时有足够的通道，并具有封住下层上升的蒸汽必需的液封，避免气相走短路。另外泪孔是否畅通，受液槽、集油箱、升气管等部件的安装和检修情况都是需要注意的。

（4）对于各种不同的塔板有不同的安装要求，只有按要求安装才能保证塔的生产效率。

---

27 原油蒸馏塔的转油线在流速选择、管线安装等方面应注意哪些问题？

转油线是指从炉出口到原油蒸馏塔入口的这根管线，这根管线工况的特点是温度高、流速高、介质处于气液混相的状态，如果设计与安装处理不当会产生脉冲状流动，使管线、塔发生较强的振动，或者因为强烈的冲刷加上介质的腐蚀作用，使转油线穿孔造成事故，从而使整个装置被迫停工检修。

转油线设计时流速应选择得当，转油线的尺寸一般应根据气液两相在管内的流速、允许压力降和温度降等因素综合考虑，流速高则需管径小，但压降与温降大。

常压炉出口转油线流速一般为 25～35m/s，对酸值大于 0.5mgKOH/g、环烷酸含量较高的原油，建议采用 25～30m/s 的较小流速值，以避免流速高而加快转油线的腐蚀。

对于减压炉出口转油线内气液两相流速，国内外有高低速派之分，高速派建议用下式确定流速：

$$v = 256(P_m / r_m)^{1/2}$$

式中　　v——允许线速度，m/s；

P_m——管线内的平均压力（绝），Pa；

r_m——气液混合物的平均密度，kg/m³。

但其最大流速不得超过 100m/s，同样在加工环烷酸含量较高的原油时也应选用较小的流速。低速派建议主转油线两相流体的流速采用 36m/s 为宜，作为低速转油线一般由三部分构成：①与炉管直接相连的是高速转油线，它的数量与减压炉的管程数相同；②高速转油线以 45°的倾角汇合进入过渡段管线；③最后再进入低速转油线的主转油线，使油气逐级膨胀，达到低压降、低温降的目的。国内目前常减压蒸馏装置多采用低速转油线的设计方案。

转油线由于管内温度很高，管线安装时应充分考虑热补偿的要求，转油线弯头的弧度应该大一些，以避免产生严重的冲刷作用，考虑到转油线存在着较大的冲刷及腐蚀作用，应选择较好材质的钢管来制作转油线，保证装置长周期安全运转。

28 初馏塔、常压塔及减压塔塔裙座高度是如何确定的？

初馏塔、常压塔均在略高于大气压的压力条件下操作，如果塔底泵切换或抽空处理后，重新启动塔底油泵可依靠塔内压力直接流入泵体将泵灌满，在启动泵时不会遇到困难。其裙座高度主要保证塔底产品抽出口与泵进口的高度差大于塔底泵的汽蚀余量，避免塔底泵因汽蚀作用而损坏。国产离心油泵的汽蚀余量一般在 4m 左右，因而初馏塔及常压塔的裙座高度通常在 4~5m 之间。

减压塔是在负压条件下操作的，如果塔底液位高度不够，对于停运的塔底泵启动时就无法灌泵投入操作。为了提供足够的灌注压头，塔底液位与泵进口之间的位差一般在 7~10m 之间。

29 原油蒸馏塔标定时要收集哪些资料？

原油蒸馏塔标定主要收集三方面的资料与数据：

（1）操作条件：塔顶、进料、塔底以及塔内其他各点的压力，塔顶、各抽出侧线、塔底及汽提蒸汽入塔的温度，以及冷回流温度、循环回流出塔及返塔温度。

（2）物料平衡：由于炼油生产装置的流量测量元件多数采用孔板流量计，根据孔板差压提供油品流量的数据。孔板计量受油品黏度、密度等物性数据的影响很大，往往现场生产操作的条件与设计不能完全一致而造成计量的误差。为此尽可能用直接的办法测定流量，原油、产品可以用储罐检测的方法测定其流量，水蒸气除用孔板计量之外，初馏塔、常压塔还可能通过塔顶回流罐切水量进行校核。初馏塔塔顶、常压塔塔顶、减压塔塔顶气体流量力求测定准确，依据处理原油以及获得产品数量的差值，确定装置加工损失量，在三个塔进行适当的分配，从而获得初馏塔底及常压塔底油的流量。冷回流及循环回流量可通过塔的热平衡以及换热系统热平衡等的数据进行校正。

（3）原油及产品性质：原油应提供实沸点蒸馏数据、密度、进装置含水量及电脱盐后含水量。一般产品及中段循环回流应提供密度、馏程数据，条件允许时分别测定其相对分子质量，三个蒸馏塔的塔顶气体应分别测定其气体组成。对于主要产品除提供进行塔核算时必需的以上数据外，最好根据每种产品的用途，按照油品的规格标准进行全面的质量分析化验，作为改进生产提高产品质量的依据。

除此之外，应收集标定时的气温、气压、风速等气象资料以备核算必要时之用。

30 怎样进行原油蒸馏塔的核算？通过核算能解决哪些问题？

原油蒸馏塔核算时首先进行热量衡量，从而确定各板的气液相负荷。由于循环回流以及冷回流可能出现仪表计量误差，影响到核算结果的准确性，可以自塔顶向汽化段进行逐段的热量衡算，也可以从塔底、汽化段向上逐段地进行热量衡算，比较两者计算的结果误差是否很大，如果出现误差太大的情况，相应地循环回流量应参照该循环回流在换热流程中热平衡的情况进行适当调整。在热量衡算时，应注意到各段的散热损失，并列入各段的热量平衡中。通过热量衡算，最终绘出各板的气液相负荷变化的图形，为进一步进行塔板流体力学计算提供依据。

对气液负荷最大的塔板进行雾沫夹带及淹塔的计算，以确定操作空速和允许最大空速，从而确定该塔最大的处理能力，为该塔生产挖潜提供依据。如果负荷最大的塔板已接近最大处理能力，可采用局部塔板提高开孔率或换用生产能力大的塔板来提高该塔的处理能力。对气相负荷最小的塔板要进行泄漏量的计算，确定塔的操作下限。开停工以及原油供应不足需要降量生产时，其处理能力不能低于下限处理量。如果核算得到的操作下限的处理能力太高，或已经大量泄漏，可以在气相负荷低的一些塔板采取堵孔的措施，减少开孔率，减少泄漏，提高塔的操作弹性。

31 精馏塔的操作中应掌握哪三个平衡？

精馏塔的操作应掌握物料平衡、气液相平衡和热量平衡。

物料平衡指的是单位时间内进塔的物料量应等于离开塔的诸物料量之和。物料平衡体现了塔的生产能力，它主要是靠进料量和塔顶、塔底出料量来调节。操作中，物料平衡的变化具体反映在塔底液面上。当塔的操作不符合总的物料平衡时，可以从塔压差的变化上反映出来。例如，进得多，出得少，则塔压差上升。对于一个固定的精馏塔来说，塔压差应控制在一定的范围内，塔压差过大，塔内上升蒸汽的速度过大，雾沫夹带严重，甚至发生液泛而破坏正常的操作，塔压差过小，塔内上升蒸汽的速度过小，塔板上气液两相传质效果降低，甚至发生漏液，大大降低了塔板效率。物料平衡掌握不好，会使整个塔的操作处于混乱状态，掌握物料平衡是塔操作中的一个关键。如果正常的物料平衡受到破坏，它将影响两个平衡，即气液相平衡达不到预期的效果，热平衡也被破坏而需重新予以调整。

气液相平衡主要体现了产品的质量及损失情况。它是靠调节塔的操作条件（温度、压力）及塔板上气液接触的情况来达到的。只有在温度、压力固定时，才有确定的气液相平衡组成，当温度、压力发生变化时，气液相平衡所决定的组成就发生变化，产品的质量和损失情况随之发生变化。气液相平衡与物料平衡密切相关，物料平衡掌握好了，塔内上升蒸汽速度合适，气液接触良好，则传热传质效率高，塔板效率亦高。当然温度、压力也会随着物料平衡的变化而改变。

热量平衡是指进塔热量和出塔热量的平衡，具体反映在塔顶温度上。热量平衡是物料平衡和气液相平衡得以实现的基础，反过来又依附于它们。没有热的气相和冷的回流则整个精馏过程就无法实现；而塔的操作压力、温度改变（即气液相平衡组成改变），则每块塔板上气相冷凝的放热量和液体汽化的吸热量也会随之改变，体现在进料供热和塔顶取热发生的变化上。

掌握好物料平衡、气液相平衡和热量平衡是精馏操作的关键所在，三个平衡之间相互影响、相互制约。在操作中通常是以控制物料平衡为主，相应调节热量平衡，最终达到气液相平衡。

（1）要保持塔底液面稳定平衡，必须稳定：①进料量和进料温度；②塔顶、侧线及塔底抽出量；③塔顶压力。

（2）要保持稳定的塔顶温度，必须稳定：①进料量和进料温度；②顶回流、循环回流各中段回流量及温度；③塔顶压力；④汽提蒸汽量；⑤原料及回流不带水。

只要密切注意塔顶温度、塔底液面，分析波动原因，及时加以调节，就能掌握塔的三个平衡，保证塔的正常操作。

32 原油性质变化对蒸馏装置操作有什么影响？如何处理？

原油性质变化，通常指所加工的原油组成发生变轻、变重，在所加工的原油换罐时，明显表现出来。

原油性质变轻时，初馏塔顶压力上升，塔顶不凝汽量增加。塔顶冷却负荷增加，冷后温度升高，初馏塔液面下降，换热器原油一侧系统压力有所上升，初馏塔塔顶油产量增加，初馏塔塔顶产品终馏点下降。

原油性质变重时，初馏塔顶压力下降，冷后温度降低，初馏塔塔底液位上升，石脑油产量减少、终馏点上升。

原油性质变化，平衡操作时，表现最明显为初馏塔塔顶压力和塔底液面的变化。不设初馏塔的装置，在加热炉出口温度不变的情况下，表现为常压塔塔顶压力和塔底液面变化。

原油性质变轻时，由于油气分压上升，应适当提高塔顶温度，变重时适当降低塔顶温度，保证塔顶油终馏点合格。

原油变轻后，要适当加大加热炉燃料气的供给量，提高加热炉负荷，保证较轻部分油品汽化。原油变重，加热炉负荷减少。原油变轻后汽化率增大，增大了分馏塔汽化段以上热量和油气分压，此时侧线产品的馏出温度也会随之升高，为此应该增大产品抽出量，同时增大中段回流流量，减少塔底吹汽流量，以降低塔顶的负荷。侧线汽提塔吹气量不能降低，以免影响产品闪点。必要时可降低原油处理量和降低加热炉出口温度，保证平稳操作和安全生产。

原油变重后，进塔汽化率减少，侧线馏出口温度随之降低，此时应该减少产品抽出量，保证产品质量合格。

33 初馏塔进料含水量增大对操作有什么影响？如何处理？

随着初馏塔进料原油含水量增大，水汽化要吸收的热量也增大，因此含水量大的原油换热后，预热温度必然降低，这将增加加热炉热负荷。进入初馏塔原油含水增大，判断时主要观察初馏塔进料温度，初馏塔塔底温度是否较正常时温度低，以及初馏塔液位是否降低，初馏塔塔顶压力有所上升，初馏塔塔顶油水分离罐脱水量增大。根据上述的各处变化幅度大小可以判断原油含水量多少。

原油含水经换热器预热，温度逐渐升高，当水汽化时体积变大，形成很大阻力，造成原油流量下降，换热器系统压力增大，严重时会造成换热器憋漏。

预热后的水分已变成蒸汽，相同质量的水蒸气体积比油气体积大 10 倍左右，水蒸气进入分馏塔会使塔内气相负荷大幅增加，塔顶压力上升增加冷却器负荷。进入塔内的原油大量汽化，塔底液面降低，塔顶产品变重，严重时会造成冲塔，塔顶产品变黑，塔顶安全阀启跳，产品罐液面上升，塔底泵抽空。

处理方法：

（1）搞好电脱盐脱水工作，停止脱盐注水，如脱盐罐水大多可将脱盐罐暂时切除。

（2）及时联系生产管理部门换原油罐，改炼含水量少的原油。

（3）及时降低原油处理量，避免过多的水进入初馏塔，降低回流流量，提高塔顶温度，减少塔顶负荷。

（4）将塔顶产品改去不合格油罐，密切注意回流油罐水界位，严防回流带水。

（5）塔顶压力上升时，可增开空冷风机，塔顶瓦斯去加热炉燃烧时，防止瓦斯带油造成加热炉火嘴漏油着火，紧急情况将瓦斯直排入低压瓦斯系统。

（6）含水量增大时，塔底有吹蒸汽的应关小或暂停。

（7）在特殊情况下，原油含水量过大可采取紧急停原油泵措施。

34 影响初馏塔和常压塔塔顶温度、压力变化的原因有哪些？

初馏塔和常压塔塔顶温度和压力是控制产品质量的重要参数，当塔顶温度、压力变化时，不做调节会引起塔顶产品质量变化。

（1）原油炉出口温度升高时，塔内汽化量增大，会引起塔顶压力、温度变化，应加大回流量，适当提高塔顶温度，保证产品质量。

（2）原油和初馏塔塔底油性质变轻时，塔顶压力升高，应适当提高塔顶温度；原油变重时塔顶压力降低，应适当降低塔顶温度。

（3）进初馏塔原油含水量增大，常压塔汽提蒸汽量增大，导致塔顶温度压力会升高，应适当降低塔顶温度，但注意控制塔顶压力不继续上升，如压力继续上升不可再增加回流量。

（4）塔顶回流带水，塔顶温度大幅度下降，塔顶压力上升。

（5）塔进料流量增大，塔顶压力上升，液位过高，如发生装满冲塔，塔顶压力温度将急剧上升。

（6）注意塔顶瓦斯排放管路是否畅通，如作低压瓦斯燃料应检查火嘴，火嘴不畅通，瓦斯排放受阻，塔顶压力会上升。产品罐因仪表指示失灵或抽出油泵故障，未及时将罐中油品送出，造成产品罐装满，也会引起塔顶压力升高，应迅速采取将罐中油抽出送走措施，使塔顶压力恢复正常。

（7）塔内汽化量增大、汽提蒸汽量或压力增大，塔顶压力升高；汽提蒸汽量减少，塔顶压力下降。

35　引起初馏塔塔底液位变化的原因有哪些？

初馏塔直径小，单位体积流率高，原油流量有小的波动，将会引起初馏塔塔底液位变化。引起初馏塔塔底液位变化的原因：

（1）初馏塔进料流量、初馏塔塔底泵抽出流量变化；提降处理量或调节初馏塔塔底液位时，进出塔流量没有平衡好。例如，进入塔的流量大，抽出塔的流量小，液位将升高。

（2）原油性质变化将引起塔底液位波动。例如，原油变重，塔底液位上升；原油变轻，塔底液位下降。

（3）初馏塔进料温度变化，塔顶温度没有及时调节时，进料温度高液位降低；进料温度低液位升高。

（4）塔顶压力温度高低影响塔底液位变化。塔顶温度低压力高，塔内油汽化率降低，塔底液位升高；塔顶温度高压力低，塔底液位降低。

36　影响初馏塔进料温度变化的原因有哪些？

初馏塔进料温度变化由原油换热温度变化引起，影响原油换热温度变化原因：

（1）与原油换热的热源流量波动，如减压塔塔底渣油、塔侧线产品油、中段回流油，各流量的变化都影响换热温度，某些热油流量中断使换热温度降低，热源油流量增大，换热温度升高。其中尤以渣油流量对换热温度影响最为明显。

（2）与原油换热的热源热量变化，主要受两台加热炉出口温度高低影响，加热炉出口温度高，与原油换热的热源油热量大，原油换热温度升高。加热炉出口温度低，原油换热温度降低。

（3）原油中含水量多少影响换热温度。原油中含水增大，水汽化需要多吸收热量，使换热后的油温度降低。

（4）原油流量变化影响换热温度。原油流量突然增大，短时间内增大的原油量不能成为稳定的各热源流量，因此换热温度下降，变动原油流量时，不能大幅度调节。

37 为什么要设置初侧线？

开设初馏塔侧线，即从初馏塔拔出一部分馏分送入常压塔与其馏分接近的塔板上。开设初侧线不仅减轻了常压炉的热负荷，还有利于处理量和常压一线油收率的提高。

38 初馏塔侧线油颜色变深的原因有哪些？如何处理？

初馏塔侧线油在抽出量过大时，即拔得多偏重时，会使重组分油馏出，可造成侧线油颜色变深，此时应降低侧线油抽出流量。

初馏塔底油液位过高，气相介质携带重组分油引起侧线油颜色变深，如果抽出量没有变化应检查塔底液位是否控制在正常的位置，将过高的油液位降低，油颜色可以恢复正常。

当初馏塔进料含水大时，水汽量增大，气相负荷变化，也可以携带重组分油引起侧线油颜色变深。

原油加工量过大或操作不正常，发生冲塔都可引起侧线油颜色变深，严重时会出黑油。初馏塔侧线油送常压塔一中段回流进入常压塔，应小心操作，否则变颜色的油会污染常压塔侧线油，影响常压塔产品质量。如处理量过大，应降低处理量，操作不正常造成冲塔时，应立即关闭初馏塔侧线，污染的油应改送进不合格油罐。

39 蒸馏塔怎样做到平稳操作？

蒸馏塔操作是常减压蒸馏装置最重要的操作环节，对全装置平稳运行起着重要作用，并关系到主要产品的质量，蒸馏塔应该做到平稳操作减少波动，为此要做到：

（1）稳定各塔进料、出料流量。出料流量除塔底泵抽出流量外，要注意各侧线油抽出量的变化，这些流量调节幅度要小，并依据各自产品质量及收率进行调节。

（2）应稳定各物料的温度。当温度有变化时应及时依据产品质量合理地调节。

（3）初馏塔、常压塔和减压塔是依次串联操作的蒸馏塔，前面一个塔操作不稳，塔底油性质发生变化，必然对后继塔的操作产生影响，在操作中应密切注意。当原油性质变化时，应先从初馏塔调整操作，然后对常压塔、减压塔依次进行必要的操作调整。

（4）在塔的操作中塔底液面稳定、汽提蒸汽量稳定是各塔稳定操作的重要条件。

（5）塔的操作压力发生变化时，各线抽出温度也要相应发生变化，应及时予以调整，保证产品质量，减压塔塔顶真空度对减压塔的拔出率及馏分切割影响很大，应力求保持压力稳定。

（6）原油含水量的变化对初馏塔影响很大，当含水量有较大变化时，应及时调整操作。

40　在生产操作中，如何取中段回流流量比较合适？

中段回流与塔顶回流及顶循环回流共同取走常压塔的过剩热量，塔顶回流无论采取冷回流或热回流都是控制分馏塔塔顶温度的重要手段，因此顶回流量不能任意调节，顶循环回流和中段回流量则可以根据分馏塔气液负荷分布均匀情况，利用分馏塔热量情况进行调节。随着对装置节能工作的日趋重视，无论在新设计装置或老装置改造中，都设法提高下部中段回流取热量比例，以利于换热回收热量，使塔顶冷凝冷却负荷随之降低。但是对中段回流入口处的塔板而言，中段回流是过冷液体，在循环回流的换热板上，主要起换热作用以及部分气相冷凝进入液相的单向传质作用，分馏效果比较差。换热板上的分馏效率只有普通塔板的30%~50%。中段回流上部塔板回流比相应降低，上部分离效果下降。

因此在生产操作中，对一个塔原则上应适当增大高温位中段回流流量，具体增大多少，要以塔顶产品和侧线产品质量合格为前提，在调节塔顶温度时，比较灵敏而又稳定，可认为中段回流取热与塔顶回流取热比例较为合适。

循环回流取热量小，塔顶回流流量大，塔顶分馏效果好，塔的热量利用率低，顶循环回流流量大，对塔上部分馏效果有利，但不如多取下部高温位中段回流能更好利用热量。一中段回流流量大，对常压塔塔顶油，常一线油产品影响较大，产品容易变轻，收率降低，二中段回流流量大，影响常二线油、常三线油分馏效果。

41　在生产操作中，使用塔底吹汽要注意哪些问题？

在生产中，常压塔塔底和微湿式减压塔塔底，都吹入一定量过热蒸汽，目的是降低分馏塔内油气分压，提高油品汽化率。为了防止蒸汽冷凝水进入塔内，所以吹入的蒸汽经加热炉加热成为过热蒸汽，温度约为380~450℃。

过热蒸汽压力一般控制0.3~0.4MPa，因该压力比常压塔操作压力略高，两者压差小，汽提流量容易调节。

启用汽提蒸汽前应放尽冷凝存水，开蒸汽阀时要缓慢，并要注意塔内压力变化和塔底液位变化。减压塔在确定吹入蒸汽量时，一方面考虑到有利于油品汽化，另一方面要考虑吹汽量过大造成真空度下降，反而降低了油品汽化率，这时就不能再增大吹入的蒸汽量了。有的因其他原因引起真空度下降，且无法恢复，当塔底吹汽量又较大时，还可采用适当关小塔底吹汽量来维持较高的真空度。

要控制好过热蒸汽压力平稳，波动范围小于0.015MPa。

42　塔顶回流油带水有什么现象？如何处理？

塔顶回流油由塔顶回流油罐抽出，如果回流油罐油水界位控制不好或失灵，水界位高过正常范围，超过回流油抽出管水平面位置时，回流油将带水，或者塔顶水冷却器管束腐蚀穿孔，大量冷却水漏进回流油罐来不及脱水，也可造成回流油带水。原油含水量高，电脱盐脱水罐操作不好，电气系统跳闸，也可能造成初馏塔顶回流油罐水多，脱水不及时，造成回流油带水。带水的回流油进入塔顶部，由于水的汽化热比油品汽化热大4倍以上，水蒸气体积比油品蒸气体积大10倍，因此造成塔顶压力上升塔顶温度下降，随后常一线温度下降，塔上部过冷，侧线不来油发生泵抽空现象或常一线油带水，处理不及时塔顶压力会急剧上升冲塔，安全阀可能会跳开。

当发现塔顶温度明显降低，常一线馏出温度下降，一线泵抽空时，可初步断定回流油带水，应迅速检查回流罐油水界位控制是否过高，在仪表控制阀下面打开放空阀，直接观察回流油是否含水就可以准确判断。

回流油罐水界位过高造成回流油带水应采取如下处理办法：

（1）排除仪表控制故障，开大脱水阀门或副线阀门，加大切水流量，使水界位迅速降低。

（2）如是冷却器管束泄漏，停止使用，及时检修。

（3）适当提高塔顶温度，加速塔内水的蒸发。

（4）塔顶压力上升可启动空冷风机，关小塔底吹汽阀门，降低塔内吹汽流量。

（5）如电脱盐罐电气运行不正常，原油含水过大进入初馏塔，造成初馏塔塔顶回流带水，应停止原油脱盐罐注水，排除电脱盐罐电气故障，尽快送电，可根据脱水情况增加原油破乳剂注入量，有利于电脱盐罐操作。

遇到回流油带水时，首先要及早判断迅速处理，把油中水脱除，就能很快恢复正常操作，发现迟处理慢会对安全生产带来严重威胁。

43 常压塔侧线油颜色变深的原因是什么？

正常生产时，设备损坏或塔底液位过高，操作没有处理好会引起常压塔侧线油颜色变深。

（1）换热器损坏。换热器管程和壳程油品相互渗漏，称换热器内漏，如常压中段回流与原油换热漏进中段回流中，换热器外观无异常现象，污染的中段回流油进入常压塔引起中段回流入塔处上下两个侧线油颜色变深。在操作中，发现上部侧线油颜色变深，下部侧线油颜色正常或稍有变化，例如常一线油颜色变深，常二线油颜色没变或轻微变化，可确定是一中段回流油换热器内漏，应立即停止使用常一中段回流油与原油换热的换热器，将变色油品改送至不合格产品油罐。

产品换热器内漏时，可在泵出口和出装置采样口分别采样，对比观察油品颜色是否相同，如泵出口油品颜色正常，出装置采样口颜色异常，则表明该侧线换热器有内漏，应停止使用有内漏的换热器。

设有塔顶回流和顶循环回流与原油换热工艺流程的装置，当发生换热器内漏时，可引起塔顶石脑油颜色变深，发现及时，下部侧线油品颜色可能正常，应立即停止使用有内漏的换热器，否则会引起整个塔产品颜色变坏。

（2）塔底液位高可引起产品颜色变深。塔底液位过高，气相介质携带重组分油，可造成下部侧线油如常三线油颜色变深。有时塔底液位控制失灵，塔下部装满油，引起自最下部侧线油品颜色向上部侧油品颜色变深变差，应该立即采取降低塔底液位措施，并校正仪表液位指示。

（3）操作不当。常压塔底吹汽量过大，汽化量和蒸气负荷增大，气速高，可将重组分油携带至侧线油中，此现象多出现在下部侧线油品颜色变深。应当降低塔底吹汽量，设有将初馏塔侧线油抽出送至常压塔一中段回流进常压塔的工艺流程，初馏塔侧线油颜色变深，将直接影响常一线油的颜色，如发现常一线油颜色变化，应检查初馏塔侧线油品的颜色，初馏塔侧线油颜色不正常，应停止初馏塔侧线油抽出，关闭该侧线。原油含水量大，在初馏塔未全部脱除，水进入常压塔，水汽化后，气相负荷增大，气速高，可将重组分携带至侧线油中，引起侧线油变颜色，为此应严格搞好原油的脱水工作。侧线油品拔得过重，即将过多颜色深的重质油拔出，侧线油品颜色变深，此时按产品规格调整拔出量。分馏塔超负荷操作，由于气速过大，分馏效率降低，发生油品颜色变深，生产不出合格产品。

44 用塔顶回流量调节塔顶温度，有时为何不能起到很好的调节作用？

正常操作情况下，塔顶温度是由塔顶回流流量大小来调节，在塔顶负荷过大时，将会发生塔顶回流不能很好起到调节塔顶温度的作用。

塔顶负荷过大的原因：

（1）原油性质变轻。尤其石脑油组分增高或原油含水量大。

（2）原油加工量大。分馏塔在上限负荷操作，中段回流量偏小，原油含水量过大。

由上述原因引起塔顶超负荷时，会出现塔顶温度升高，提高回流流量，降低塔顶温度只能在短时间起到作用，不久塔顶温度会再次出现升高，继续增大回流流量时，不仅塔顶温度不能降低，还会导致塔顶回流罐中石脑油的液位突然增高，如不及时采取增加油品出装置流量措施，降低罐中液位，会使回流罐装满，产生憋压。

上述现象发生的原因是塔顶回流进入塔内汽化后，又增大了塔顶负荷，形成恶性循环，回流不能很好起到调节控制塔顶温度的作用。

遇到上述情况，应该设法降低塔顶负荷，降低回流温度，增加中段回流流量，减少塔底汽提流量。如果是原油加工量过大，或是原油中轻组分过多，可降低原油加工量，原油含水过高要搞好电脱盐脱水工作。

45 正常生产操作中分馏塔板结盐垢堵塔有什么现象？

原油中含的盐类（主要是氯化物）经过电脱盐装置处理，仍有少量残存盐进入分馏塔内，为防止氯盐水解对设备进行腐蚀，生产中采用了"一脱三注"工艺。塔顶注氨后，会生成铵盐，随塔顶回流油返回塔内，可沉积在降液管中。原油中的含氮化合物在高温下分解，生成铵盐。原油中混入泥沙杂物，也可沉积在分馏塔板上。鉴于上述原因，生产操作中原油分馏塔板容易出现结盐垢堵塔的情况。分馏塔板结盐垢堵塞塔板有下列现象：

（1）结盐实际使塔板开孔率降低，油品气液相传质传热作用变差，塔顶温度、侧线馏出温度易出现规律性波动，用回流量调节塔顶温度作用迟缓，塔顶压力波动，由于气相负荷分布不均，塔顶压力经常发生突然变化。

（2）塔的分馏效果变差。各侧线油质量变重，馏程重叠，产品油不合格，严重时出黑油。

（3）分馏塔板压降增大。测定压降增大的位置，可以判断分馏塔板结盐的大体位置。

46 分馏塔板结盐垢如何进行不停工处理？

塔板上结的盐垢一般都溶于水，所以正常生产中，可以采用水洗的方法，利用塔顶回流泵将新鲜水打入塔顶，新鲜水进入塔内，盐即溶于水中，含盐的水可经某一侧线馏出口，进入该侧线，从泵出口送至不合格油管线抽出。对分馏塔进行水洗，需做好以下工作：

（1）确定塔内结盐部位。

（2）降低原油处理量为正常处理量的60%~80%。

（3）提高中段回流流量及塔顶回流流量。将塔顶温度降低，使顶回流量调节温度不起作用，用顶回流泵抽水往塔内打水时，塔顶温度一定降低至100℃，防止水汽化使塔顶压力超高，水流量不得过大，将温度压得过低，水向下流动到没结盐的塔板上，对操作影响过大。

（4）水进入塔顶后，在侧线泵排污水放空口放样，观察洗塔板来水情况，用塔顶泵给水量大小严格控制侧线馏出口温度在103~105℃，温度过高水汽化，排不出水洗不掉盐，温度过低，水向下流到抽出口以下的塔板上，污染其他塔板。

（5）侧线泵放空口放样见到水即开始分析水样中Cl^-含量，直到水样中Cl^-不再明显降低，排水清洁，水洗塔板完毕。

（6）水洗塔板完毕后可以恢复正常操作，将水缓慢停止并逐步扩大回流流量，使塔内温度逐渐上升，升温速度不要过快。然后将其他操作条件逐渐按正常工艺指标控制，恢复正常生产。

47 分馏塔发生冲塔的原因是什么？

分馏塔正常操作中气液相负荷相对稳定。当气液相负荷都过大时，气体通过塔板压降$\Delta P_板$增大，会使降液管中清液层高度$h_液$增加；液相负荷增加时，出口堰上液面高度增加。当液体充满整个降液管时，上下塔板液体连成一片，分馏完全被破坏，即出现冲塔。

形成塔内气液相负荷过大的诸因素都可引起冲塔，如原油处理量、原油进塔含水量、塔底吹汽量、塔顶回流量过大等。在塔内塔板结盐或降液管堵塞时，气液相负荷不均匀也会造成产品变颜色。

发生冲塔时因塔内分馏效果变坏，破坏正常的传质传热，致使塔顶温度、压力、侧线馏出口温度、回流温度均上升，塔底液位突然下降，馏出油颜色变黑。

48 分馏塔发生冲塔后如何处理？

处理冲塔的原则是降低气液负荷，即降低原油处理量，如原油含水量大造成冲塔，要加强原油电脱盐脱水工作，减少原油中含水量。当处理量大时，分馏塔在满负荷的情况下操作，要注意塔底吹汽流量不可过大，塔顶回流流量应适当。

油品颜色变坏时，应及时改送不合格油罐，防止影响合格油品罐的质量。发生冲塔时，产品罐顶瓦斯应立即停止做加热炉燃料，防止罐内油品随同瓦斯带进加热炉燃烧，影响加热炉正常燃烧或发生火嘴漏油造成火灾。

49 在生产中怎样控制好汽提塔液位？

侧线汽提塔吹入过热蒸汽汽提，目的是汽提出产品中轻馏分，从而提高该侧线的闪点、初馏点和10%点馏出温度。

如华北原油常三线生产变压器原料油时，汽提与不汽提产品性质变化见表6-4。

表6-4 某油品汽提前后情况对比

油品性质	汽提前	汽提后
初馏点/℃	271~280	295~312
10%/℃	312~320	322~327
50%/℃	342~350	341~350
350%/℃	45~79	50~80
汽提蒸汽流量/(kg/h)		~500
油品流量/(t/h)	10	10

可以看出，产品经汽提以后初馏点提高20~30℃，效果十分明显。

在原油性质和常压塔进料温度未发生变化的情况下，出现汽提塔液位低，泵抽出量小，产品闪点偏低的现象，此时要检查吹入的蒸汽量是否过大，使汽提塔压力过高，如压力等于或大于分馏塔该侧线馏出口处压力时，将发生主塔不来油的现象，油品得不到汽提。

减压汽提塔处于负压下操作，当汽提塔吹汽量过大时容易造成汽提塔真空度低，不仅影响产品质量也影响到收率的提高。要发挥汽提塔作用，应控制汽提塔液位一定的情况下吹入过热蒸汽，若无液位，轻组分没有被汽提挥发即被泵抽走，初馏点低，闪点低，满塔液位操作易发生携带，两者汽提效果都不好。

汽提量过大，主塔不来油，可采用关小吹汽阀门，降低吹气流量的办法。汽提塔油位装满，应控制主塔来油量，控制汽提塔液位。

50 在生产中怎样判断物料是否处于平衡状态？

生产上物料必须处于平衡状态，即进入装置的原油量应等于各侧线产品出装置流量的总和。物料处于平稳状态表现生产是否平稳，即各塔底液位是否稳定，各侧线出装置流量是否稳定，各部位温度是否稳定。温度不稳定，流量尽管平稳，因温度变化影响油品性质、组成和密度变化，物料也相应会发生变化。

有时因仪表指示错误，如指示的是低液位，实际液位不低，若增大进塔物流，就破坏了物料平衡。因此在操作中要寻找由稳定状态向不稳定状态变化的原因，才能排除假象给操作带来的干扰，使生产正常进行。

由平稳状态向不平稳状态变化时，能够迅速找出变化原因，根据出现的原因采取对策是非常重要的操作方法，如有变化就调节，不找出原因，有可能发生错误操作。

51 生产操作中如何及时发现仪表控制的工艺参数是否正确？

现代化炼油装置各工艺参数如温度、压力、液位、流量都已由仪表控制，炼油仪表自动化控制水平越来越高度集中，使用了集散型，计算机控制等。一旦仪表控制失灵，将给操作带来非常大的麻烦，如果不能及时判断发现失灵的控制仪表，会给平稳操作带来很大影响，或者引起不良后果，所以能够正确及时发现仪表控制的工艺参数失灵乃是对操作人员的基本要求。

使用仪表操作首先要相信仪表指示的工艺参数是正确的，在正常操作中要掌握正确无误的仪表控制调节规律及反映出的现象，一旦仪表控制失灵必然与正常控制调节规律不同，掌握差异是判断仪表控制是否好用的关键。其次在发现或怀疑仪表控制有问题时，可以采用试验调节法和对比分析法，确定仪表指示的正确性。

（1）试验调节法：在仪表自动控制流量参数回路中，使用这种方法最容易找出流量控制是否正确。具体做法是在正常控制的指标下，人为地给定一个细小的调节变化，观察调节回路立即执行这一变化，测量单元测定只需几秒钟便能反映出来，这个自动控制流量回路是好用的，随后可去掉细小的调节变化。数秒钟细小的调节对整个系统平稳操作不会带来影响，尤其在外温较低，较重油品易凝固，仪表有可能失灵的情况下，采用上述调节方法可以随时找出有否失灵的仪表。

（2）对比分析法：对仪表自动控制参数回路不便使用上述方法的温度、压力、液面诸参数可采用对比分析法。

利用这种方法，也必须掌握正常仪表控制时各部位的工艺参数，各操作点的工艺指标，必要时可利用生产操作记录数据。因为各工艺操作参数不是孤立的，它们之间有相互关系，其中一个指标有变化，必然带来一系列变化，影响其他指标随其变化。

例如，加热炉出口温度偏离指标升高，仪表失灵没反映出来，但可以从分馏塔操作的参数观察出来，如分馏塔进料温度、馏出口各点温度、塔底温度均升高，就可以查找加热炉出口温度是否有偏高的问题。

分馏塔底液位失灵指示不变，实际液位在升高或降低，可以采用试验调节法，实际提降一下液位，看是否变化，但液位细小调节变化较慢，加速变化又带来调节幅度大，造成操作不平稳，所以采用对比分析法较好，即观察平稳的液面操作中，在各侧线馏出流量、温度稳定的情况下，分馏塔的进料流量、塔底抽出流量有没有变化，其中一个有变化，塔底液位应该有与其对应的变化，如对应规律不符，例如进料流量有所增大，塔底液位没有升高的变化，就可以判断液位仪表指示有问题。

压力仪表控制参数同样可以使用这两种方法判断仪表控制的参数是否正确。

52　塔顶空冷风机突然停车有什么现象？

运转的塔顶空冷风机，风速增加了空冷器传热速率，提高了冷却效果，一旦风机由于电气或机械故障可引起突然停车，由于风速减小只依靠对流通风，传热速率降低，空冷器冷却负荷不够，冷却温度上升，大量油气未冷凝，负荷增加，引起空冷系统压力上升，导致塔顶压力明显上升，塔顶温度升高内回流量增大。

在其他各部位工艺参数均正常，进塔原料不带水的情况下，发生塔顶压力上升、温度上升、冷却温度上升，应检查空冷风机运转是否正常，如停车可开风机，此时压力会立即恢复正常，塔顶压力随即由较高降低到正常指标，有可能因压力突然降低，塔内油品汽化量增大携带重组分，侧线油颜色变深，启动风机后要及时检查侧线产品油颜色是否正常，颜色不好要将油改进不合格油罐。

53　进装置原油突然中断应如何处理？

进装置原油突然中断的原因：

（1）原油罐油位低，原油泵抽空。

（2）原油罐切换操作时，因罐区操作人员改错阀门或阀门本身故障，冬季外界气温低原油凝固在管线内不能畅通，都可以造成原油泵抽空。

（3）原油泵本身机械电气故障停车。

当发生原油突然中断时，进塔原料停止，塔底抽出泵照常抽出物料，所以塔底液位急剧降低，如不及时处理，初馏塔底油泵抽空后，将发生加热炉进料中断，加热炉出口油温度急剧上升等不良后果。

遇原油中断应紧急处理，尽快恢复原油进料，如联系油罐区换高液位油罐供装置加工，详细检查换罐阀门管线是否有问题。机泵故障紧急启动备用原油泵等。因原油流量大，塔内存油停留时间短，原油中断后，必须降低塔底油抽出流量，加热炉减少火嘴降温，做好熄火准备工作。原油中断时间长，装置改循环。

54　塔顶油水分离罐装满油有什么现象？如何处理？

塔顶油水分离罐液位控制失灵或出装置管线堵塞，石脑油送不出，塔顶温度过高馏出量过大，塔顶油出装置泵电机跳闸未及时发现等原因，可引起塔顶油水分离罐装满油，造成塔顶压力突然直线上升，罐内油品可通过油水分离罐顶至加热炉低压瓦斯线，进入加热炉燃烧，导致加热炉膛温度急剧上升，加热炉烟囱冒黑烟，火嘴下面漏油着火引起火灾等。

发现塔顶油水分离罐装满油时，首先关闭加热炉燃烧的低压瓦斯阀门，将油改进低压瓦斯系统，立即加大出装置油流量，如后路不通则改进不合格油罐，尽快降低罐内石脑油液位，如果机泵故障，迅速启动备用机泵，降低塔顶温度，减少汽油馏出量。

待操作恢复正常，放净低压瓦斯罐内存油，加热炉重新使用低压瓦斯作燃料。

55 正常生产时如何判断玻璃板液位计指示的液位是否正确？

玻璃板液位计是利用流体 U 型管原理，两个管子中液位保持同一水平面，因此塔内的液位与玻璃板指示的液位一致。

正确使用玻璃板液位计，关键是玻璃板上下两端与塔容器连接口应保持畅通，有一端连接口堵塞，都将影响玻璃板液位计正常指示。冬季气温低，保温不佳会引起重质油凝固；轻质油会有铁锈等杂物堵塞，都可能引起液位计指示失灵，造成假象。

使用玻璃板液位计要与仪表控制的液位相对照，发现玻璃板液位计指示的液位有异常要进行检查，伴热是否良好，指示是否灵敏，可将液位或界位提高或降低以考察玻璃板液位指示是否真实。

56 常减压装置产品质量不合格有哪几种？如何调节？

产品质量不合格，概括起来主要有：头部轻、尾部重和头轻尾重三种。

头部轻，即初馏点低、闪点低，说明轻组分未充分蒸出。这样不仅影响本侧线油品的质量，还影响上方侧线油品的收率。调节方法：提高上方侧线油品的抽出量，使向下的液相回流减少，温度提高，或者加大本侧线油品的汽提量，均可使轻组分含量降低，解决头部轻的问题。

尾部重，即干点高、凝点高，说明与下方侧线油品之间分离精度差，重组分被携带上来。这样不但本侧线产品质量不合格，而且影响下方侧线馏分的收率。调节方法：降低本侧线油品的抽出量，使回流到下层去的液相回流量增大、温度降低，回流比适当增大，或者减少下一侧线油品的汽提蒸汽量，均可以减少重组分被携带上来的可能性，解决油品尾部重的问题。

头轻尾重，说明塔的分馏效果差，油品中的轻组分没能充分蒸出，重组分又被携带上来。应综合上述两种方法进行调节。

57 塔顶石脑油终馏点变化是什么原因？如何调节？

石脑油终馏点受塔顶温度和压力、进塔原料温度、进塔原料轻重变化、中段回流流量温度变化、侧线产品流量变化、塔底吹汽压力流量大小、塔顶回流油是否带水及塔板结盐堵塞情况的影响。塔顶回流量过少，内回流不足，分馏效果变差，会使石脑油终馏点发生变化。

塔顶温度是调节汽油终馏点的主要手段，当塔顶压力降低时，要适当降低塔顶温度，压力升高时，要适当提高塔顶温度。

进塔原料变轻时，石脑油终馏点会降低，应当提高塔顶温度。中段回流流量突然下降，回流油温度升高，使塔中部热量上移，石脑油终馏点升高，应稳定中段回流流量。常一线馏出量过大，内回流油减少，分馏效果不好，可引起石脑油终馏点升高，应稳定常一线馏出量。塔底吹汽压力高或吹汽阀门开度大吹气量大，蒸汽速度高，塔底液位高，会使重组分携带引起各侧线变重，塔顶石脑油终馏点会变重。回流油带水可引起塔顶石脑油终馏点升高，要切实做好回流油罐脱水工作。塔板压降增大结盐垢，应洗掉盐垢，提高分馏效果。塔顶回流量过少，内回流不足，可使塔顶石脑油终馏点升高，应适当降低一二中段回流量，增大顶回流或顶循环回流流量，改善塔顶的分馏效果，使塔顶汽油终馏点合格。

进初馏塔原油含水量增加时，虽然塔顶压力增大，但由于大量水蒸气存在降低了油汽分压，塔顶石脑油油终馏点也会提高，应切实搞好电脱盐脱水工作。

58　侧线产品闪点低的原因是什么？如何调节？

闪点是油品安全性的指标。油品在特定的标准条件下加热至某一温度，当由其表面逸出的蒸汽刚好与周围的空气形成一可燃性混合物，以一标准测试火源与该混合物接触时即会引起瞬时的闪火，此时油品的温度即定义为其闪点。闪点愈低愈危险，通常愈是轻质的油品闪点愈低，反之愈高。

侧线产品的闪点由其轻组分含量决定的，闪点低表明油品中易挥发的轻组分含量较高，即馏程中初馏点和10%点温度偏低。通常说馏程头部轻。调节方法：

（1）若有侧线汽提塔吹入过热蒸汽的装置，可以略开大吹气量，使油品的轻组分挥发出来，提高了闪点。

（2）提高该侧线馏出温度，使油品中的轻组分向上一侧线挥发，提高馏出温度时也会使终馏点即尾部变重，因此采取这种调节手段必须在保证终馏点合格的前提下进行。

（3）适当提高塔顶温度，可以使产品闪点有所提高。

59　产品终馏点高怎样调节？

产品终馏点是由油品中的重组分含量决定的，终馏点高表明油品中重组分含量增加，即馏程中90%点和终馏点温度偏高，通常说尾部重。

塔顶产品终馏点高，可采用降低塔顶温度使塔顶产品终馏点降低。

侧线产品终馏点高，可降低该侧线馏出量，使产品变轻、终馏点下降，可采用降低该侧线馏出口温度来降低产品终馏点，也可通过降低上一侧（或塔顶）馏出温度或馏出量来影响该侧线的馏出口温度，进而影响产品终馏点。

60 如何调节产品之间的脱空和重叠？

油品在分馏塔进行分馏，目的是将产品按规格需要，从轻的至重的分离清楚，要求轻的产品中不含或少含重的组分，重的产品中不含或少含轻组分，从分馏目的本身出发，各产品之间最好都脱空，以表明塔的分馏效率高，但脱空过多则表明物料平衡没搞好，或塔板设置过多。常压塔顶石脑油与常一线之间能做到脱空，常一线与常二线之间不大容易实现脱空，减压重质馏分油之间几乎不能脱空。考察较重质油产品时，只考察重叠越少或产品馏程范围宽窄，越窄表明分馏效率越高。

相邻产品重叠意味着降低了轻组分收率又影响其质量，表明分馏精确度较差，要实现产品之间脱空，就要以提高分馏塔分馏精确度入手。当塔的压力不大时（即中等负荷以下操作时），可适当增大塔顶回流流量，降低一中段回流流量搞好各侧线的物料平衡。如下一侧线馏出温度升高或馏出量过大，会使上一侧线尾部组分进入下一侧线头部，造成重叠。

塔内气液相负荷过大，塔板型式结构不好，长周期运转塔板损坏，塔板结盐都可能引起产品重叠。如塔内负荷过大可降低处理量，选择高效分离的塔板型式，停工时仔细检查塔板检修安装质量，在一个开工周期内要求塔板无损坏，在塔板压降增大结盐时，及时洗除盐垢。

减压塔由于塔板比常压塔少，所以各馏分油之间无法实现脱空，为减少产品间的重叠，要有较高的真空度，使减压塔内有较多的内回流，不仅是提高拔出率的需要，而且是提高产品质量的需要，只有油品汽化多，内回流多，分馏效果才能提高，才有可能获得窄馏分。在不影响真空度前提下，可适当增加塔底吹汽流量。

61 常压塔顶压力变化对产品质量有什么影响？

塔顶压力升高，油品汽化量降低，塔顶及其各侧线产品变轻；塔顶压力降低时，油品汽化量增大，塔顶及其各侧线产品变重。塔顶压力变化调节手段不多，改善塔顶冷却条件可使塔顶压力下降。

塔顶压力变化时，塔顶温度应相应进行调节，以稳定产品质量。例如塔顶压力升高，可适当减少塔顶回流，提高塔顶温度及各侧线的馏出温度。

在塔顶温度不变条件下，压力升高各侧线收率将有所下降。

62 常顶石脑油颜色变化的原因是什么？

（1）冲塔；

（2）雾沫夹带；

（3）常顶换热器泄漏。

63 常一线如何生产窄馏分产品？

常一线生产分子筛脱蜡装置原料或其他产品时，要求产品馏分较窄，例如，初馏点不低于 185℃，98%点不高于 238℃，这种产品馏程范围仅有 53℃，需要认真操作才能生产出来，主要调节方法：

（1）产品馏分窄收率低，一线流量不能过大，尽量提高常二线以上塔板分馏效率，要适当降低常一中段回流流量，为塔顶至常一线之间提供充分的液相回流。

（2）初馏点受塔顶温度影响，为适应较高初馏点需要，应提高塔顶温度。

（3）98%点受常一线馏出流量影响，出装置流量大，98%点升高，依据其98%点控制出装置流量。

（4）适当对常一线汽提塔吹入过热蒸汽，将轻组分汽提出去，可有效地提高初馏点。

（5）设有初馏塔侧线随同一中段回流打回常压塔的流程，因初馏塔侧线油初馏点低，馏分宽会影响常一线初馏点，因此应降低初馏塔侧线油流量或停开初馏塔侧线。

64 如何调节喷气燃料产品质量？

喷气燃料使用在飞机上，对其质量规格有严格要求，有的原油如大庆原油用直馏方法生产喷气燃料，操作难度较大。不同情况的调节方法如下：

（1）喷气燃料的馏程 98%点、冰点均高。其原因是常压塔顶压力低温度高，常一线馏出温度高，常一线油出装置流量大。调节时应稳定常压塔压力，降低常压塔顶温度，降低常一线馏出温度和出装置流量。

（2）喷气燃料初馏点高，馏程 90%点或终馏点低，冰点低（所谓头重尾轻）。其原因是常压塔顶温度高，常一线油出装置流量小，调节时应稳定常压塔压力，降低常压塔顶温度，提高常一线油出装置流量。

（3）喷气燃料初馏点低，馏程 90%点或终馏点高，冰点高（所谓头轻尾重），其原因是常压塔顶温度低，常一线油出装置流量大。调节时应提高常压塔顶温度，降低常一线油出装置流量。

（4）喷气燃料密度、冰点与馏程互有矛盾。例如密度低，冰点低，终馏点高时，不能采用提高常压塔顶温度和增大常一线油出装置流量的做法，这样虽可提高密度和冰点，但终馏点会更高。密度低、冰点高、终馏点低时，也不宜采用提高塔顶温度和减少常一线油出装置流量的做法，这样有可能造成闪点不合格及收率低。遇有上述情况，应设法从提高塔的分馏效率入手，如适当降低常一中段回流流量，增大塔顶回流流量，塔负荷不大的情况下，增加塔底吹汽流量，吹汽如过大为防止气速过高携带重组分也可关小吹气量，检查常二线油出装置流量是否过大，或常二线汽提塔吹气量过大。降低初馏塔顶产品终馏点，有利于常一线油冰点降低，为此应综合各影响因素进行调节。

（5）搞好常一线油汽提，生产喷气燃料时，不允许直接吹进蒸汽，大都设热虹吸的再沸器，搞好热虹吸再沸器的操作，增大进出口温差，可以提高喷气燃料初馏点、闪点，有利于产品质量的控制。

65　用某些原油生产喷气燃料时，塔顶回流为什么要进行碱洗？

塔顶回流油进行碱洗是为了除去油品中含硫物质，防止这些物质经塔顶回流途径存在于喷气燃料中，进而在使用时对燃油泵镀银零件的腐蚀。

某些原油中含有较多硫化物（如单质硫、硫醇），进行银片腐蚀试验，如银片腐蚀试验评为 1 级合格时，表明喷气燃料中的硫醇硫含量 $<10\mu g/g$，单质硫 $<0.5\mu g/g$。

塔顶回流采用碱洗的目的是除去回流油中含硫物质，利于后部精制生产，保证喷气燃料银片试验腐蚀合格。

原油性质变差如含硫物质成分增多，加热炉油出口温度偏高，塔顶回流碱洗效果不好，都会给后部精制生产带来困难，造成银片腐蚀试验不合格。如发生精制后喷气燃料银片腐蚀不合格，应搞好塔顶回流油碱洗操作，严格常压加热炉出口油温度，按偏低下限指标温度控制，为后部电化学精制提供较好精制原料。

66　常压蒸馏装置为其他二次加工装置提供原料时有哪些要求？

蒸馏装置生产的一部分直馏产品，这些产品都有详细的质量指标，容易引起重视，另一部分生产二次加工装置原料，质量指标较少不易引起重视。其实搞好二次加工原料的生产对全厂生产有着重大意义。

搞好二次加工装置生产原料，关键是提高分馏塔产品的分馏精度，产品分馏精度提高后可使产品馏分变窄，产品颜色变浅，各重质成分如残炭减少等。例如在提供铂重整原料时，除原油性质因素影响铂重整原料中的砷含量外，还与原油被预热的温度有关系，预热温度过高会使砷含量增大。因此，要控制作为重整原料的初馏塔塔顶石脑油的馏程和杂质含量。

减压馏分油主要为润滑油、加氢裂化、催化裂化提供原料，渣油为焦化、氧化沥青、丙烷脱沥青提供原料等，这些原料应能满足各自装置对其要求。

如提供润滑油原料的馏分油，除有合格的黏度外还应有合适的馏分范围，为酮苯脱蜡装置提高结晶过滤速度以利于该装置的操作。为催化裂化装置提供蜡油时，残炭不能过高，否则催化裂化装置催化剂生焦率增加，再生器超温影响催化裂化装置正常生产。以减压馏分油为原料的加氢裂化装置要求其原料的馏程在需要范围内，以期控制铁、钒等重金属的含量。以常压重油为原料的重油催化裂化装置除了对其原料的馏程有要求外，还要求控制 Na^+ 含量 $<1\mu g/g$。

67　怎样在产品质量合格的前提下获得较高的产品收率？

提高收率必须以产品质量合格为前提才有意义，为此要努力提高塔的分馏效果去寻找提高收率的途径。例如产品质量变重，能否利用不降低馏分油出装置流量采用加大内回流油量，改善分馏效果，使较重馏出油中含有的残炭减少，使产品颜色改善，只要精心改善塔的操作状况是完全能够办到的。

在常压塔能够拔出来的，尽量拔出不应让这部分油进入减压塔，这样保证了常压拔出率不致减少。此外，这部分较轻的油品进入减压塔增大了塔的负荷，从节能角度来分析是不利的。

在加热炉出口油温度固定后，塔底吹汽量是提高拔出率的有效措施，但吹气量增大要以塔的负荷允许为限度，尤其减压塔顶真空度。吹气量增大，真空度不下降是最理想的提高收率的有效手段。

要提高某一侧线油收率时，可采用降低该侧线上一侧线流量，提高该侧线油收率，这样的调整结果会使该侧线初馏点变轻，馏分增宽。

68　如何提高装置拔出率？

从操作方面看，提高装置拔出率应从以下几个方面着手：

（1）优化产品结构

不同的常减压蒸馏装置的工艺设备状况不同，都有适合于本装置的生产方案和产品结构。如有些装置生产乙烯原料，有些生产航煤，有些生产溶剂油，有些生产直馏柴油。生产方案选择得好，产品结构比较合理，产品收率就高。不能局限于当初设计所定的产品结构，要进行不断的摸索和总结，优化产品结构。要根据装置的工艺和设备特点筛选适宜的加工方案，不可盲目照搬别人的经验。

（2）合理分配中段回流

合理分配中段回流量就是为了平衡塔内负荷和提高塔的分馏精确度。调整回流的原则，一个是要提高高温位的回流取热比，另一个就是要使塔内气液相负荷分布得较为均匀，这样有利于提高全塔的处理能力和分离精确度，提高塔的轻油收率。

（3）调整塔底吹汽，提高提馏效果

塔底吹汽量的大小应根据实际操作情况而定：过小起不到提馏效果，过大则装置蒸汽用量上升，塔内气速增大，气相负荷增加，塔顶冷却负荷增加，能耗升高。

观察分析常压塔底吹汽量是否合适主要看如下几个方面：

① 根据常压塔的进料温度和塔底温度差来判断，如果温差很小，说明提馏效果差，应开大塔底吹汽量。

② 如果常压塔最后一个侧线量少（根据原油评价数据计算），而减压塔上部侧线馏出量较多，则可以判断塔底吹汽过小。

③ 如果减压塔进料段真空度下降，减压炉出口温度比以往相同条件低，炉膛温度升高（柴油汽化），也有可能是常压塔底吹汽量小。

④ 根据常渣馏程数据，350℃以前馏分大于5%，可以加大常底吹气量。

⑤ 根据侧线馏程数据，如果石脑油干点低，而各侧线产品的馏程重叠程度较大，需进行掐头去尾，则应适当开大常底吹气。反之，应关小常底吹气量。

第七章　减压蒸馏及其操作

1 为何要采用减压蒸馏？

原油是沸程范围很宽的复杂混合物，对我国多数原油来说，沸点在 $350 \sim 500℃$ 的馏分约占总馏出物的 50%。油品在加热条件下容易受热分解而使油品颜色变深、胶质增加，生产喷气燃料时炉出口温度一般不高于 $365℃$，生产汽油、柴油时炉出口温度一般不高于 $370℃$，常压总拔出量相当于实沸点蒸馏 $350 \sim 370℃$ 的总馏出量。对于 $350 \sim 500℃$ 的馏分在常压条件下难以蒸出，而这部分馏分油是生产润滑油和催化裂化原料油的主要原料。因为油品的蒸气压随温度降低而降低，或者说沸点随系统压力降低而降低，因此可以采用降低压力的方法进行蒸馏，这些重质馏分可以在 $2.67 \sim 8.0kPa$、$380 \sim 400℃$ 条件下蒸出，故而一般炼油装置在常压蒸馏之后都继之配备减压蒸馏过程。表 7-1 为常压沸点为 $500℃$ 的烃类的沸点与压力的关系。

表 7-1　常压沸点为 500℃的烃类的沸点与压力的关系

压力/kPa	101. 325	13. 23	2. 37	0. 4
沸点/℃	500	407	353	300

2 什么情况下减压蒸馏需要深拔操作？

减压深拔操作应根据减压渣油的加工流向，合理确定减压拔出深度。减压渣油和最重侧线馏分全部进行催化裂化加工，则不必进行深拔操作；减压生产润滑油料时，深拔受侧线产品质量限制；减压渣油生产沥青，特别是生产高等级道路沥青时，拔出深度要考虑沥青质量的要求；对于硫含量高、金属含量高的原油，其减压渣油很难直接用催化裂化装置加工，这种渣油一般只能用溶剂脱沥青或焦化的方法。如果进入催化裂化装置，则需进行渣油加氢预处理，而渣油加氢装置的投资和操作费用都很高。在这种情况下，减压拔出率和拔出的馏分质量对全厂的经济效益就会有重大的影响。

3 减压深拔操作渣油切割点确定的依据是什么？

所谓深拔是指减压渣油的实沸点切割点在565℃以上。目前国外常减压装置的标准设计是将减压渣油的切割点定在565℃，有些国外常减压装置的实沸点切割点已经达到600℃以上，而国内多数常减压装置的实沸点切割点都在540℃以下，有些常减压装置的实沸点切割点还在520℃以下。在减压拔出率问题上，目前国内常减压装置的技术水平和国外存在较大的差距。

减压拔出率的确定，主要是依据原油性质的不同而有所不同。原油中镍和钒等金属含量虽与原油的属性有关，但不同的原油，重金属在馏分中的分布是相似的，90%以上金属存在于胶质和沥青质中，呈高度非线性的分布，加氢裂化蜡油（HVGO）切割点的小变化会极大地影响其金属含量。减压蜡油尾部金属分布直接关系到减压深拔的设计和深拔操作，应根据不同原油的特性决定拔出深度。对于轻质低杂质原油，如布伦特油或高硫阿拉伯轻质原油，切割点可以达到607.2～635℃；对于重质原油，一般情况下，Ni+V含量在565℃沸点范围有一个急剧的提高，切割点宜控制在565℃左右。如美国Alaska原油，API度为27.1，Ni含量12.44μg/g，V含量30.58μg/g，343.3～565℃馏分，API度为20.3，Ni含量0.43μg/g，V含量0.53μg/g，而565～704.4℃馏分，API度为6.0，Ni含量急剧上升到61.0μg/g，V含量上升到151.0μg/g。胜利原油500℃以上的减压渣油，重金属的含量很高，Ni为49μg/g，V为15μg/g，Fe为56.8μg/g，很难用催化裂化的方法加工。通过窄馏分分析，胜利减压渣油的重金属主要集中在600℃以上的重质馏分中，600℃以前的各馏分金属含量低，氢含量在12%以上，经过适当的加氢精制后，是很好的催化裂化原料，根据金属杂质含量和分布情况，胜利原油减压渣油的实沸点切割点可以达到600℃，而胜利减压渣油中500～605℃馏分占原油的收率达14.31%，因此实施深拔的经济效益是十分显著的。

4 湿式减压操作与干式减压操作有什么不同？

湿式减压操作即塔底吹入过热蒸汽，减压炉对流转辐射炉管或出口炉管处也设有注入蒸汽的称湿式减压蒸馏，对减压系统任何部位不注蒸汽的称干式减压蒸馏。

干式减压蒸馏大都由原湿式减压蒸馏改造建成，还保留有可实现湿式操作的措施，有时因干式减压操作遇到一些麻烦，产品质量不够理想，为改善产品质量，降低真空度，向塔内吹入一定量蒸汽，成为干式减压操作向湿式减压操作的转变（吹入的蒸汽量较原湿式小）。停止吹入蒸汽，即恢复干式减压操作，成为湿式减压操作向干式减压操作的转变，原湿式减压蒸馏没有进行干式减压蒸馏技术改造的装置，或新设计建成的干式减压蒸馏，由于装置没设置湿式措施，都不能进行两种操作的转换。

5 湿式减压操作与干式减压操作如何相互转换？

（1）湿式转向干式操作时：

① 减压炉出口温度按 20℃/h 速度降至干式操作指标内。

② 关闭减压炉炉管注气。

③ 投用减压塔顶增压喷射器，工作正常后关闭增压器副线阀门。

④ 逐渐关闭减压塔塔底吹汽阀门，调整好操作。

（2）干式转向湿式操作时：

① 向减压炉管注气，注汽前一定放净蒸汽冷凝水。

② 向减压塔底吹入适当蒸汽。

③ 将减压塔顶增压喷射器副线阀门打开，逐渐关闭增压器。

④ 减压炉出口温度逐渐升高至湿式操作指标，调整好操作。

6 干式减压蒸馏有何优点？

（1）减少了蒸汽用量，不再使用汽提蒸汽和炉管注气，降低了抽真空系统的冷却负荷，有效降低装置总能耗。

（2）高真空度，提高了装置拔出率。

7 带汽提的微湿式减压蒸馏有什么优点？

减压装置的工艺类型简单地可以分为干式、湿式和微湿式三种类型，湿式工艺由于塔顶真空度低、操作成本高，已不是选择方案。干式减压工艺进料为一次闪蒸过程，实际生产中汽化段达不到理论上的平衡，因此以平衡模型为基础确定的干式减压工艺，难以达到切割点的设计要求，实际运行需要较大幅度提高加热炉的出口温度。

微湿式又分为带汽提的和不带汽提的两种工艺类型，汽提工艺是引入少量过热蒸汽，有效降低汽提段油气分压，实现汽提段多级平衡分离，渣油汽提所蒸发的油品沸程比加热炉汽化的油品沸程范围小，由于金属的非线性分布，因此蜡油产品金属含量要低得多。实践证明，采用带汽提的微湿式操作模式，减压收率最高，蜡油残炭、Ni、V 含量最小，蜡油质量最好，而对于给定的蜡油切割点和工艺蒸汽负荷条件下，加热炉出口温度最低。

8 减压深拔操作，为什么要控制常压重油的 350℃前馏分含量？

减压原料为常压重油，其组成直接影响减压塔气相负荷的大小，350℃前馏分含量高，不仅不利于减压塔真空度和减压拔出率提高，而且造成油品质量损失，增加装置能耗和投资。8Mt/a 常减压装置，模拟结果，常压重油 350℃前馏分含量为5.0%（体积分数）时，减压塔改造最大塔径采用9.0m，即可满足加工要求，而常压重油350℃前馏分含量达到7.0%时，减压塔最大直径需采用9.4m。塔径增大相应地填料床及相关配件（液体分布器、集油箱等）均必须增加，投资上升，同时常压重油350℃前馏分含量增加1个百分点，减压炉的燃料消耗费用每年将增加约100万元。因此为更好实现减压深拔，实现装置节能降耗，常压重油350℃前馏分含量需控制≤5%（体积分数）。

9　对于一定的原油，影响减压拔出深度的因素有哪些？

　　对于一定的原油，减压拔出深度必然取决于炉子出口温度、减压塔进料段压力和汽提段的条件。要提高拔出率，需要提高操作温度、降低压力、增加汽提蒸汽量，这三者的作用是相辅相成的。

　　减压塔操作压力，一是控制塔顶压力必须尽可能地低。目前大部分减压塔均将塔顶压力设定在15~20mmHg（1mmHg＝133.322Pa），塔顶压力越低对减压塔的分离效果越有利。但要求塔顶压力太低，将大大增加真空系统的投资和操作费用。二是控制减压塔进料口处的压力必须尽可能地低，以使原料入塔后轻组分能实现最大限度地闪蒸。由于减压塔进料口几乎就在塔底，要求进料口处的压力低，实际上就是要求减压塔的全塔压降要低。目前深拔减压塔一般要求全塔压降在25~30mmHg，而大多数深拔减压塔实际上将全塔压降控制在20mmHg以内。

　　减压塔的操作温度通常是指常压渣油经减压炉加热后进入减压塔的温度。这一温度越高，越容易使原料中所含的蜡油蒸发出来，也越容易实现深拔，但是高温操作也有相当的负面影响。其一是对减压炉的要求提高；其二是原料易在减压炉管内以及减压塔内的洗涤段处结焦，大大减少减压塔的连续操作时间。工业实践表明，在减压塔塔顶压力为20mmHg，全塔压降为20mmHg、减压炉的出口温度应在400~410℃。

　　此外，影响减压深拔的因素有：常压拔出深度，抽真空系统能力，塔底渣油停留时间，转油线压降、进料段气液分离程度、汽提段及洗涤段的效果好坏等。

10　减压塔为什么设计成两端细中间粗的形式？

　　减压塔上部由于气液相负荷都比较小，故而相对的塔径也小。减压塔底由于温度较高，塔底产品停留时间太长容易发生裂解、缩合结焦等化学反应，影响产品质量，而且对长期安全运行不利，为了减少塔底产品的停留时间，塔的汽提段也采用较小的塔径。绝大多数减压塔下部的汽提段和上部缩径部分的直径相同，有利于塔的制造和安装。

　　减压塔的中部由于气液相负荷都较大，相应选择了较大的直径，因此构成了减压塔两端细中间粗的外形特征。

11 怎样开停间接冷却式蒸汽喷射器？如何进行减压塔气密实验？

启动蒸汽喷射器前要先对减压塔顶各级水封罐加水，保持水封作用，给冷凝冷却器、一级冷却器、二级冷却器通上冷却水，冷却器是空气冷却器的可开风机，末级冷却器排空阀门应该打开，待蒸汽喷射器启动后将减压系统的空气不凝汽排出。设有增压喷射器的暂时不开，将其副线阀门打开，全空冷系统第三级空冷和塔顶水封罐放空管线保持畅通，所有阀门要打开。

为使真空度逐渐升高先开二级或三级喷射器蒸汽阀门，使塔内真空度达到 80kPa(600mmHg)以上，后开一级喷射器蒸汽阀门，使塔内真空度达到 93kPa(700mmHg)左右，有增压喷射器的再开增压器蒸汽，增压喷射器工作正常时逐步关闭副线阀门。

停用蒸汽喷射器时，先打开增压喷射器副线阀门，关闭增压器蒸汽阀门，后逐渐关闭一级喷射器蒸汽阀门，依次关闭二级三级喷射器蒸汽阀门。

进行减压系统气密试验时，首先减压系统必须先经蒸汽试压符合要求后进行。

一切按照蒸汽喷射器要求做好准备工作，减压塔要关闭各侧线馏出口抽出阀门、中段回流返塔阀门、汽提蒸汽进塔阀门、塔底油抽出阀门和减压炉进塔阀门，方可开始抽真空，当减压塔真空度达到 96kPa(720mmHg)时，关闭末级放空阀门，关闭蒸汽喷射器蒸汽阀门，注意关闭水封罐顶放空阀门，进行气密试验 24h，真空度下降速度在 0.2~0.5kPa/h(2~4mmHg/h)时，气密试验合格。

12 减压塔真空度是如何控制的？

减压塔真空度采用多级蒸汽喷射泵的串接运行来获得，蒸汽压力的改变将明显影响真空度。因此，在应用蒸汽喷射泵时，一般要在蒸汽管线设置压力调节系统，以保证最佳蒸汽压力。

对于蒸汽系统管网压力偏低的炼油厂，若设置压力调节系统反而降低蒸汽压力，在此情况下，就不设或不投用蒸汽压控系统。

13 真空度的影响因素有哪些？

（1）塔顶油气量；
（2）蒸汽压力；
（3）冷却设备的冷却能力；
（4）抽空器的运行状况；
（5）不凝汽的后路是否畅通；
（6）减顶罐的运行状况；
（7）减压塔的泄漏。

减压塔操作中,维持真空度的稳定,对塔的平稳操作、产品质量合格、提高产品收率起着决定性作用。真空度下降时,仪表真空度指示下降,塔底液位升高,有可能发生中段回流泵抽空、侧线汽提塔液位下降、侧线泵抽空等现象。真空度下降的主要原因:

(1)蒸汽喷射器使用的蒸汽压力不足,影响喷射器的抽力,这是常见的影响真空度下降的主要原因之一。应及时调整蒸汽压力,通常蒸汽压力为 0.8 ~ 1.1MPa,节能型喷射器使用低压蒸汽抽真空的也要稳定压力。

(2)塔顶冷凝器和各级冷凝冷却器冷却水温度高或水压低,造成各级喷射器入口压力升高,影响真空度下降,设置空冷器的各级冷凝冷却器,外界气温升高或空冷风机电气系统跳闸,都会引起各级喷射器入口压力升高,使真空度下降。应设法降低水温,提高水压,提高冷却效果,也可以采用工业风定期吹扫,防止水结垢,提高冷却效率,降低各级喷射器入口压力。

(3)减压塔顶温度控制过高使气相负荷增大,进入冷凝冷却器油气量增加,增大了冷凝冷却器负荷,冷后温度升高,使真空度下降,处理时可增大中段回流或顶循环回流流量,尽量降低塔顶温度。

(4)减压炉出口温度升高或减压塔进料组成变化,轻油组分油过多,使塔顶气相负荷增加,塔顶冷凝冷却器因负荷大冷不下来,或冷后温度升高,使真空度下降,应检查引起减压炉出口温度变化的原因,稳定在操作指标范围内,检查常压系统操作条件、产品质量控制是否有异常,防止过多轻油组分油带到减压系统。

(5)塔底汽提蒸汽量过大,或炉管注气及汽提塔汽提量过大,吹汽量大虽然有利重质馏分油汽化,有利于提高拔出率,但由于水蒸气量增大,增加了塔顶冷凝冷却器负荷,使冷却后温度上升,增大喷射器入口气相负荷,影响真空度提高,因此应控制塔内吹入的蒸汽量,不能过大。

(6)减压塔底液位过高,进塔物料大于出塔物料时会使真空度下降,在塔底液面控制失灵时会出现此现象,应迅速降低塔底液位。

(7)减压塔塔顶油水分离罐油装满,塔顶不凝汽管线堵塞不畅通,造成喷射器背压升高,使真空度下降,处理时应检查油水分离罐,控制液位在正常范围,不凝汽放空或去加热炉低压瓦斯管线畅通。

(8)蒸汽喷射器本身故障,如喷嘴堵塞、脱落,影响正常工作。应与减压系统隔断或停工检查。

(9)减压塔塔顶油水分离罐水封破坏或减压系统设备管线有泄漏,使空气进入减压系统,喷射器入口增大了空气量,增大了喷射器的负荷,可使真空度下降。在开工试压或气密试验时，应做好设备密封检查，防止出现空气漏进减压系统。

15 减压塔真空度高低对操作条件有何影响？

减压塔的正常平稳操作，必须在稳定的真空度下进行，真空度的高低对全塔气液相负荷大小、平稳操作影响很大。

在减压炉出口温度、进料流量、塔底汽提蒸汽流量及回流量均不变的条件下，如果真空度降低，相应油品分压增高，会使油品沸点升高，汽化率和收率降低，在操作上，由于汽化率下降塔内回流减少，各馏出口温度上升。因此在把握馏出口操作条件时，真空度变化除调节好产品收率，也要相应调节好馏出口温度，当真空度高时，馏出口温度可适当降低，真空度低时，馏出口温度要适当提高。

16 减压塔塔顶压力的高低对蒸馏过程有何影响？

减压塔主要是利用抽真空的方法来降低塔的操作压力，从而获得润滑油馏分和催化裂化的原料，塔压的高低直接关系到产品质量的好坏和能耗的高低。

对于润滑油型减压塔，为了保证馏分油的质量，塔板数较多、全塔压力降较大。为提高塔顶真空度，在相同拔出率的前提下则可以适当地降低炉出口温度，减少油品的分解，实现"高真空、低炉温、浅颜色、窄馏分"改进产品质量的目的。因此多数润滑油型减压塔塔顶残压维持在 5.3kPa，炉出口温度降至 390℃ 左右。由于抽真空一般采取三级冷凝两级抽真空的方法，如果要求更低的残压，在一级冷凝温度相同的条件下，水的饱和蒸汽压也保持不变，那么进入一级抽空器的水蒸气量增大，相应也需要增加喷射器喷射的工作蒸汽量和二级冷凝器的负荷，必然使装置的能耗上升。

对于生产催化裂化原料的减压塔，为了节约能耗，多数炼油厂都改造成干式减压蒸馏装置。由于塔内没有汽提水蒸气，闪蒸段油气压力的降低只有依靠深度减压才能达到。一方面采用阻力降小的填料，另一方面塔顶采用 1.3～2.6kPa 低的残压，为此必须采取三级抽真空的方式才能实现。

提高减压塔的真空度既有好的效果，也有一些不利的因素。因此减压塔最佳压力的选择，必须通过不同方案经济效益的比较方可求得。

17 减压塔试抽真空时真空度上不去如何处理？

减压塔试抽真空时，真空度抽不上去的原因比较多，首先应检查蒸汽压力是否偏低，冷却水压力是否偏低，使用循环水的装置水压差是否偏小，冷却系统流程是否正常，大气腿水封是否建立，塔顶挥发线上注氨、注缓蚀剂阀门是否已关闭，大气腿是否畅通，以上这些如均正常，可再检查第三级冷凝冷却器不凝汽出口是否正压，如正压则放空线不通。经过以上检查如再未发现问题，那么以下情况还影响真空度，导致真空度上不去。

（1）抽真空系统出现了试压时未能发现的漏点。如抽真空系统出现泄漏点，则可重新试压检查泄漏点。

（2）抽空器本身故障。抽空器本身故障常见的有：喷嘴是否有堵塞的现象；喷嘴口径是否符合设计要求；喷嘴安装是否对准中心；若安装偏离真空度也抽不上去。

18 影响减压塔顶温度变化有哪些原因？

减压塔顶温度是减压塔控制热平衡的一个重要手段，塔顶温度变化有如下原因：

（1）减压炉出口温度变化。当炉出口温度升高时，油汽化量增大，塔顶温度升高，应将减压炉出口温度稳定地控制在指标范围内。

（2）塔顶回流、各中段回流流量增大，取热量增大，塔顶温度降低，各回流流量减小，取热量少时塔顶温度升高，应控制塔顶回流流量不要过大，调节好各中段回流流量，以利于减压塔热量利用，使塔顶温度稳定。

（3）塔底汽提吹气量变化。如吹气量增大，真空度若下降，塔顶温度上升。

（4）减压塔进料流量变化。当进料流量增大时，或进料油性质变轻，侧线馏出量没有提高，拔得相对较轻时，塔内回流量增加，使塔顶温度下降。当进料减少或进料油性质变重，侧线馏出量没有降低，拔的相对较重，内回流量减少，塔顶温度升高。

（5）某一个减压侧线油泵抽空较长时间没有处理好。减压塔顶的热负荷加大，使减压塔顶温度上升。

（6）塔顶填料设施损坏。如安置好的填料被吹乱，回流油分配喷嘴堵塞。填料型减压塔中部设有洗涤和喷淋段，该段的喷淋器喷嘴堵塞或各自过滤器堵塞，会导致塔内该冷凝的气相未冷下来并上升至塔顶，造成塔顶温度升高。判断这些现象均应仔细观察，喷嘴堵塞大体都有一个变化过程，应仔细检查这些部位温度变化及喷淋系统油压力变化（如喷淋过滤器前后油压差的变化），发现问题应尽快处理，处理不及时，堵塞加剧将影响开工周期。

19 减压塔底液位是如何控制的？

减压塔底渣油又黏又稠，操作温度高，要求停留时间短，又是真空系统，所以一般液位测量仪表均不能满足要求，实践中几乎都采用内浮球液位调节器来控制塔底的抽出量，保证塔底液位在限定的范围内波动。

塔底液位调节阀采用气关式，调节器为反作用。

20 引起减压塔底液位变化的原因有哪些？

维持减压塔底液位稳定，是保证减压塔物料平衡和平稳操作的重要手段，塔底液位的波动必将引起渣油流量变化，影响原油换热温度变化，给整个装置带来影响，因此平稳减压塔底液位对整个装置的稳定操作起着重要作用，主要影响因素如下：

（1）真空度发生变化。当真空度低时，塔内油汽化量减少，塔底渣油增加，液位上升。

（2）减压炉出口温度变化或各侧线馏出量变化。如减压炉出口油温度升高，塔内油品汽化率增加，塔底液位下降。侧线馏出油减少时，塔底渣油增多，液位上升。

（3）减压塔进料油流量变化或组成变化。如进料油流量增大或组成变重，会使渣油增多液位升高。

（4）塔底汽提量变化。当增大吹气流量但真空度不变时，提高了塔内油品汽化率，会使液位下降。

（5）仪表控制失灵。塔底机泵故障如油泵抽空，渣油出装置不畅通（如换罐阀门没有开好），渣油出装置冷后温度过低，黏度大输送困难，均会影响减压塔底液位变化。

21 减压塔塔顶油水分离罐如何正常操作？

减压塔塔顶油水分离罐在减压操作中，一是将喷射器抽出介质冷凝，在该罐中分离成油和水，二是利用该容器的结构，使容器内产生一定高度的水面，对大气腿进行水封，防止空气进入抽真空系统，破坏真空度并产生爆炸危险。

在操作中水界位的高度应特别注意控制好，水界位过高时，水会溢流到分油储油罐（池）内，造成外送减压塔塔顶油带水，水界位过低时油水来不及分离，排水会带油，给处理污水带来负担。控制水界位一般用仪表控制或设有破坏虹吸的倒 U 型管装置，要检查倒 U 型管顶部阀门是否打开与大气连通，真正起到破坏虹吸作用，否则倒 U 型管一旦产生虹吸作用，会将容器内水界面自动放掉，造成严重后果，要经常检查实际的油水界位高度与仪表控制的是否一致，防止出现假界面。

22 减压馏分油收率低如何调节？

减压塔进料是原油中较重的部分，采用减压蒸馏就是从较重的油中拔出馏分油，无论提供蜡油作催化裂化原料或作润滑油原料，馏分油在满足各自规定质量的前提下，应该尽量提高收率，提高收率应以质量合格为前提。

（1）提高塔的真空度。可降低减压塔塔顶各级冷凝冷却器冷后温度，设有多级多台喷射器的可增开台数，对有的喷射器工作情况不好（如有窜气现象），努力调整好，使其发挥正常工作能力。

（2）适当提高减压炉出口温度，增大塔底汽提蒸汽量，提高油品汽化率。

（3）控制好产品的分布及中段回流取热比例，不使塔内局部塔板压降过高，使汽化段真空度提高，从而增加馏分油收率，搞好塔的分馏效果，提高产品收率。

23 填料型减压塔各填料段上部气相温度怎样控制？有什么作用？

为保证减压塔产品质量合格，提高收率，便于调节操作，在各填料段上部及上一侧线集油箱下部空间均设有气相温度控制点，用上段回流油或洗涤油流量来调节该点温度。

回流油流量减少或洗涤油流量降低，可引起该段上部气相温度升高，导致上段产品质量变重，收率提高。如回流油流量增加或洗涤油流量提高，会使上段产品质量变轻，收率降低。

影响该点气相温度变化的因素：真空度变化，减压塔进料流量变化，其他填料段上部气相温度变化，上段集油箱液位高低变化等。

由于填料型减压塔的温度是分段控制，当外界条件影响塔顶温度变化时，调节效果迟缓，可用调节各填料段上部气相温度，使塔顶温度较快稳定下来。

24 在生产操作中，塔底吹汽量和炉管注气量的调节应注意什么？

（1）调节以不影响真空度为前提。气量大，抽真空器负荷就大。

（2）调节以不影响产品质量为前提。气量过大，会将渣油液滴携带到塔的上部。

（3）不管湿式减压还是干式减压，当炉管的冷油流速低于 $1.6 \sim 1.8 \text{m/s}$ 时，炉管注气必须投用。

（4）对于减压深拔操作的减压塔，炉管注气量受炉管内流体流型及油膜温度的限制。

25 如何判断减压系统有泄漏？

由于减压塔内压力低于大气压力，因此减压系统有泄漏难以发现。一旦设备或工艺管线有泄漏，看不见有漏油痕迹，空气被吸入塔内，漏入的少量空气一般不会对减压系统产生影响，但大量漏空气时，会使真空度降低，应认真仔细查找泄漏点。

一般泄漏点很小时，听不到空气通过泄漏点振动尖叫声，当泄漏处增大时，可以听到大量空气通过泄漏处高速流通产生的振动噪声，因此通过泄漏点空气流通噪声可以判断并寻找泄漏处。

还可以通过减压塔顶瓦斯气体分析数据推断是否有泄漏，正常情况减压塔顶瓦斯气体中 N_2 含量较低，各装置情况不一样有所差异，大约在 3%~5%，有时会更高达到 10% 以上。当减压系统有泄漏时，例如转油线处有一长约 10mm，宽约 1~5mm 泄漏孔，漏进许多空气，能听到刺耳的尖叫声，分析减压塔顶瓦斯气体中 N_2 含量明显增高，达到 35%~36%，漏处堵好，减压塔顶瓦斯气体中 N_2 含量恢复正常。

26 当减压塔塔底浮球式仪表液位计故障不能使用时如何维持正常操作？

减压塔塔底油温度高，处于负压，只能安装浮球式仪表液位计，一旦液位计故障不能使用一般应停工处理，为了不停工继续生产，可以采用在减压渣油泵入口安装一块真空表，参考其真空度维持生产。

减压塔塔底液位正常生产时，塔底泵入口压力可以通过塔底液位与油泵入口油柱高度计算出来，当液位高度为 10m 时，忽略管线阻力真空度约为 30kPa（220mmHg），液面每升高 1m，真空度约下降 7.2kPa（54mmHg），利用真空度下降值可初步判断液位高度。

减压渣油泵入口一般无处安装真空表，可将备用泵出口阀门关闭，入口阀门打开，出口压力表改为真空压力表，并搞好备用泵的预热，防止指示失灵。

27 减压塔回流油喷嘴头堵塞有何现象？如何处理？

减压塔填料上方有回流油或洗涤油，为使填料均匀地工作，要求获得均匀的喷淋密度，因此要求回流油或洗涤油入塔喷嘴头工作正常，才能保证液相油品分布均匀，使填料正常工作。

当回流油或洗涤油喷头有堵塞现象时，回流油或洗涤油入塔压力升高，回流油或洗涤油流量逐渐降低，并提不起量，侧线馏出温度升高，产品质量变重，颜色不好。

造成喷头堵塞的原因：因焦粉沉积过滤器过滤网，使油通过受阻；细焦粉长时间沉积于喷头或喷头分配器内，因温度较高，沉积结焦堵塞喷头。

为避免喷头堵塞，一定要保证回流油或洗涤油正常流量。流量小管内流速低易造成焦粉沉积，发现过滤器前后压差增大需及时清洗过滤器，检修时选择安装性能好结构合理的喷头，使其能在生产中长时间使用不堵塞。

28 减压塔汽化段上部塔板或填料发生干板会造成什么后果？

减压塔进料汽化段上部塔板或填料无内回流时称干板（当减压塔汽化段上部填料上的内回流油不足时也称干板）。

减压塔汽化段上部通常处于塔的最高温度下操作，若较长时间在干板下操作，会造成塔板或填料结焦，使该处塔板或填料压降升高，严重时塔无法操作。

造成干板主要原因是塔板或填料上无内回流，或填料回流油过轻，流量过低，当减压塔拔出率过高，减压塔过汽化率小时，也可导致干板，最后一个侧线采用全馏出也会导致干板。

因此减压操作，板式塔必须保证有较充足的回流和内回流油，填料塔必须保证喷淋密度和汽化段上一个侧线的馏出量，方可避免汽化段上结焦。

29 减压塔进料温度过高会引起哪些不良后果？

减压塔进料温度过高主要由减压炉出口油温度过高引起，其次由于拔出率过高或最后一个侧线油采用全抽出操作，使过汽化油全部馏出。

当减压塔进料温度过高，会使侧线油变重，蜡油终馏点升高，残炭升高，引起过汽化油中炭粒焦粉增多，易于堵塞喷头和过滤器。渣油中炭粉增多，易于堵塞换热器影响传热效果。加热炉出口温度过高，油品有部分裂化也引起减压塔顶负荷增大，冷却负荷大导致真空度下降，裂化严重时减压塔底油密度变小，有时会出现塔底泵抽空现象。作润滑油原料馏分油时，有裂解出现会使馏分油中不饱和烃组分增多，不利于成品油安定性，润滑油料颜色会变深。

30 在减压塔内如何合理地使用破沫网？

减压塔从汽化段到最下抽出侧线之间设置了塔板或填料，其目的是降低最下抽出侧线馏分油的残炭和重金属含量，这一段一般称为洗涤段。为保证馏出油的质量要求，在洗涤段的上方还设有破沫网，以除去气流中夹带的液滴。破沫网的操作状态有湿态和干态两种，湿态操作的破沫网上淋洒着冲洗油，冲洗油一般是从最下抽出侧线产品一起抽出，然后部分返回塔内的油品，其喷淋密度在 $550 \mathrm{kg/m^3}$ 左右。湿态操作的破沫网洗涤效果好，主要缺点是阻力降大。干态的破沫网主要依靠气体中的液滴冲击金属丝，随之被附着并流至交叠两根金属丝的接触处，当聚集到一定的体积后液滴自行下落达到破沫的目的。

塔内破沫网多半是采用分块砌装的，原先多采用平丝网，效果不够理想。把丝网压成波纹状重叠安装，这种破沫网分离效果好而且阻力降小，压降在 0.133kPa 以下。当丝网厚度在 100～150mm，气速在 1～3m/s 时，对直径大于 $5\mu m$ 液滴的分离效率可达 99%。

由于丝网长期处于高速气流冲刷之下，其材质的选择十分重要。当处理酸值及含硫量较高的原油时，应按加工高硫原油重点装置主要管道设计选材导则进行选择。

114

31 减压塔塔顶回流、中段回流和侧线产品质量是如何控制的？

减压塔塔顶回流量是由减压塔塔顶温度控制，而中段回流一般采用流量调节系统，侧线产品控制方案设置是根据装置产品方案确定。

产品方案为燃料型时，产品主要是作为催化裂化和加氢裂化装置原料，产品质量要求主要是控制重金属含量，残炭值尽可能低，而馏分的组成要求是不严格的。侧线产品采取全抽出操作，从减压塔中部集油箱抽出，由集油箱液面控制流量大小，集油箱抽出的另一物流返塔作为中段回流，减压塔内除汽化段上面几层塔板上有回流量外，其余塔段里基本上没有内回流，生产操作要求在控制侧线产品中的残炭、重金属含量的前提下，尽可能提高拔出率。

产品方案为润滑油型时，主要是为后续加工过程提供润滑油原料，要求侧线产品黏度合适、残炭值低、色度好，馏程要窄，对润滑油型减压塔的分馏精度要求较高，与原油常压分馏塔差不多两个侧线之间一般设置 3~5 块塔板，并保持适当的内回流，各侧线抽出温度为该板处油分压下侧线产品的泡点温度，侧线抽出量的大小根据质量要求进行调节。为保证侧线产品的闪点满足要求，润滑油型减压塔还设置减压汽提塔。

32 蜡油作为裂化原料时有何要求？

减压蜡油在炼油厂中一般作为加氢裂化和催化裂化装置的原料。加氢裂化装置对减压蜡油要求控制残炭、重金属含量等指标，同时要观察颜色和分析密度，一般残炭要求在 0.2% 以下。如果蜡油残炭不高，而颜色深、密度大，说明减压分馏不好，需改进减压分馏的设备或操作。馏分过重密度大，金属含量就增加，在生产过程中易造成催化剂中毒，使催化剂失去活性。若蜡油含水大于 $500\mu g/g$，易造成加氢裂化催化剂失活和降低催化剂的强度，因而增加了催化剂的损耗，使操作费用增加、能耗增大。

减压蜡油残炭过大时，催化裂化生焦量会过多，使再生器负荷过大，甚至会造成超温。但残炭过小时，又会使再生器热量不足，造成反应热量不够，需向再生器补充燃料。减压蜡油中的重金属在催化裂化时会沉积在催化剂上，使催化剂失活，导致脱氢反应增多，气体及生焦量增大。因此各厂对催化裂化原料油的质量都有一定要求。

当催化裂化采用掺炼渣油的工艺时(如重油催化裂化工艺)，减压蜡油的残炭、重金属含量等指标主要影响渣油掺入量。若减压蜡油残炭、重金属含量低，则可掺炼较多的渣油；若减压蜡油残炭、重金属含量高，则只能掺入较少的渣油。因此重油催化裂化工艺对原料油的残炭和重金属含量也是有一定要求的。

33 减压侧线馏分油残炭高、颜色深、终馏点高、重金属含量高是由什么引起的?

最容易引起减压侧线馏分油残炭高、颜色深、终馏点高及重金属含量高的是减压塔最下一个侧线油,燃料型减压塔一般为减三线,润滑油型减压塔为减四线或减五线。

在干式减压塔中,轻、重洗涤油量太少或洗涤油返塔泵长时间抽空,洗涤效果不佳可引起重组分进入馏分油中,使残炭高、颜色变深、重金属含量高。馏分油本身拔得过重,减压炉出口温度升高、中段回流量较小、填料上部气相温度高、真空度太高、塔底液位过高等都可以导致馏分油产品质量变坏。

湿式减压塔中,塔底吹汽量过大或减压塔气相负荷过大时,也会导致馏分油产品质量变坏。

设备损坏也会使馏分油质量变坏,如塔板腐蚀穿孔加大了开孔率,金属破沫网结焦堵塞或吹翻,塔内填料冲翻,回流油或洗涤油分配器发生故障,侧线馏分油换热器管束泄漏,原油串入馏分油等,都可使产品质量变坏。

如不是设备原因导致馏分油产品变坏,可以通过调节洗涤油的流量来获得合格的产品。例如,提高轻洗涤油的流量,即馏分油本身也就是热回流,作用十分明显,但要降低馏分油本身收率,还可以提高中段回流的流量,降低填料上部气相温度,使产品变轻。控制好减压炉出口温度和塔底液位,这些因素对馏分油质量的影响是很重要的。

34 减一线油凝点过高的原因是什么? 如何调节?

减一线油有时可作为柴油的组分油,要求其凝点不能过高。

当常压系统拔出率没有明显变化时,减一线油馏出量大,凝点升高,应根据需要稳定其出装置馏出量。

减一线集油箱下气相温度升高时,减一线油变重;填料上气相温度升高,也可能造成减一线油凝点升高,应用回流油量控制该点温度,可以稳定减一线油的凝点。

减压塔塔顶温度升高会使减一线凝点变高,减压塔塔顶温度变化较小时,对减一线凝点影响不大。

35 减压渣油 500℃馏出高的原因是什么? 如何处理?

(1) 可能原因:

① 减压炉出口温度低。

② 真空度低。

③ 侧线拔出量少，最下方侧线往下溢流。

④ 换热器泄漏，含有较多轻组分的原油或拔头油漏入渣油侧。

⑤ 封油量过大。500℃馏出高的最多原因就在于此。

（2）处理原则：

① 稍提炉温。

② 努力提高真空度。

③ 甩漏换热器。

④ 减少最下方中段回流流量，提高该侧线抽出量。

⑤ 减少封油量。

36 生产润滑油原料馏分油时，减压侧线油黏度如何控制？

用油品的黏度指标控制减压侧线馏分油，是因为减压侧线馏分油在各后序装置加工最终形成成品润滑油过程中，黏度自始至终是一个主要考核指标。如润滑油的黏度比、黏温性质等都以黏度为基础，而油品黏度与油品的化学组成密切相关，因此从减塔生产的侧线馏分油也用黏度来控制。

（1）各侧线油馏出量小，各中段回流量大，塔内回流油多各侧线油黏度就小。各侧线油馏出量大，中段回流量小，各侧线油黏度就大。

（2）上一侧线馏出量过大，使下层塔板内回流量减少，下一侧线轻组分减少，其产品黏度升高。因此调节某一侧线馏出量时，应考虑到可能对下一侧线产品产生的影响。

（3）侧线馏出温度高，产品黏度大，可在一定范围内调节中段回流流量，中段回流量的调节要先保证热平衡，即全塔操作平稳为前提，改变馏出口温度主要是通过侧线馏出量来调节，馏出量大馏出温度升高。

（4）真空度高，重质馏分才能汽化，馏出油黏度升高；真空度下降，馏出油黏度降低，为获得同样黏度的油品就必须升高馏出口温度，所以在真空度发生变化时，为得到相同黏度的侧线油，馏出口温度不会相同。

（5）塔底吹汽量增大，减压炉出口温度升高，都使塔内油品汽化量升高，重质馏分油汽化量增大，这样容易造成靠下面侧线油黏度升高，塔上部侧线由于汽化量增大，内回流增多，使塔的分馏效果提高，黏度有可能不会上升。

（6）有的减压塔侧线馏出口有两个，可通过改变上下馏出口位置调节黏度，如黏度太大可改开上面馏出口，黏度低则改开下面馏出口。

37 生产较理想的润滑油原料馏分油为何要采用高真空、低炉温的操作条件？

高真空才能使油品汽化率提高，油品较高的汽化率，在塔内能有较多的内回流油，一方面为生产润滑油原料提供了较理想的分馏效果，另一方面可有较高的收率。

提高汽化率的另一途径是提高减压炉出口油温度，但减压炉出口油温度愈高，油品裂解程度愈大，裂解的油品对润滑油原料产生不利的影响，因此减压炉出口油温度不应过高，目前各装置大都将温度控制在395~400℃。

为了提高润滑油原料馏分的质量和收率，应尽量提高真空度，适当降低减压炉出口温度。

38 减压侧线馏分油使用仪表冲洗油时对产品有什么影响？

减压侧线馏分油都是凝点较高的油品，为保证冬季仪表正常使用，除有保温伴热外，仪表使用的隔离液有的是采用连续注入少量凝点低的轻质油品。如常二线油或者更轻的油品，这些轻质油的凝点低于冬季外界温度，很好地起到仪表隔离液作用，但是注入量过大时，会使侧线油品的初馏点降低。因此，所生产的馏分油在要求馏分范围窄时，不宜采用连续方式注入冲洗油。

特别是仪表维护人员，为保证仪表好用，经常将冲洗油量调大，这样做会影响馏分油的产品质量，应加强对仪表维护人员的技术指导。也可采用灌注防冻液体做隔离液的办法，避免冲洗油影响产品油质量。

39 润滑油馏分油如何实现窄馏分？

为向脱蜡装置提供较好的蜡油，以便加快脱蜡结晶过滤速度，保证其原料馏分是非常必要的，即蒸馏装置必须提供一个窄馏分的减压侧线油品。

为此，首先要搞好减压塔的平稳操作，要在较高的真空度情况下，搞好各侧线间的物料收率，保证塔内回流的均匀分布，即气液相负荷均匀。对中段回流取热控制恰当的比例，中段回流取热过多时，会使中段回流下部负荷增大，中段回流上部负荷变小，都不利于提高分馏效果。

其次稳定汽提塔的液位，并在汽提塔底吹入适当的过热蒸汽，将油品中较轻组分蒸发出来，可以提高馏出油的初馏点，使馏分油头部变重。

为保证塔内回流，在不影响真空度的前提下，可适当增大塔底吹汽流量，增大汽化率，以保证塔内有足够的回流油。

40 开减压部分时常遇到的问题是什么？如何处理？

（1）真空度抽不上去。此时首先要根据渣油出装置情况严格控制好原油量，确保减压塔塔底液面不高且平稳正常。其次要稳定好常压部分的操作，控制好常压重油350℃前馏分含量。再就是要控制好减压塔塔顶温度，一般控制在90~110℃为宜，并且尽可能将各中段回流多打一些，这样对真空度有好处。若真空度仍上不去，则要考虑减压塔塔顶抽真空系统是否有泄漏，或抽空器本身的故障、水封状况、放空是否畅通，还要检查冷却水压力、冷却水量是否正常等。

（2）减压塔塔顶温度猛然上升。这是开启抽空器太快所致，因此开启抽空器一定要缓慢，并且在开减压部分前就必须先将减压塔塔顶回流建立起来。

（3）减压塔塔顶产品输出困难。减压塔塔顶产品不能及时打出去，应及时相互联系，检查后路是否畅通。

（4）减压侧线泵不易上量，处理方法同常压侧线泵抽空的处理方法一样。

41 停工过程中加热炉何时熄火？注意事项是什么？

停工过程中当常压炉出口温度降至250℃，减压炉出口温度降至300℃时，加热炉开始熄火。装置可根据情况留一个瓦斯火嘴不熄火，以保持炉膛温度，方便炉管扫线。

熄火的火嘴要及时扫线，加热炉全部熄火后，要及时扫燃料油线。

加热炉熄火后，应关闭烟道挡板、一两次风门，进行焖炉，控制炉膛温度下降速度，有利于炉管吹扫和退油，并向炉膛适当吹气，以溶解炉管外壁上的结盐。特别注意，凡是用陶瓷纤维衬里的加热炉不能向炉膛内吹蒸汽，因为陶瓷纤维吸水性能特别强，大量吹汽会损坏陶瓷纤维衬里。

42 抽真空系统包括哪些设备？各自起什么作用？

减压蒸馏塔塔顶抽真空系统包括塔顶冷凝器、蒸汽喷射器、中间冷凝器、后冷凝器、受液罐等相应设备和相应的连接管线。

抽真空系统的作用是把减压蒸馏塔塔顶馏出物料中可冷凝组分冷凝为液体加以回收，把常温常压下不可冷凝的气体组分从塔顶压力升高到略大于大气压力后排入低压火炬线，或引至加热炉火嘴，从而稳定地保持工艺要求的塔顶真空度。

湿式减压蒸馏塔塔顶馏出物由不可凝气体（裂解产生的小分子烃和漏入的空气）、减压塔塔顶油和水蒸气组成。它们首先在减压塔塔顶冷凝器中被冷却，冷却终温随冷凝器结构型式和冷媒的温度而变，通常小于35℃，在此大部分水蒸气和减压塔塔顶油气被冷凝为液体，由大气腿流入受液罐。未凝的水蒸气和减压塔塔顶油气以及不可凝气体，被蒸汽喷射器抽吸并升压，因此减压塔塔顶冷凝器的作用是减小蒸汽喷射器的吸入量，降低吸气温度。

蒸汽喷射器一般由一级蒸汽喷射器、中间冷凝器和二级蒸汽喷射器组成。它的作用是把被抽吸各组分的压力提高到略大于大气压力，并把抽吸的可凝组分和一级蒸汽喷射器的工作蒸汽在级间压力下冷凝为液体，由大气腿流入受液罐。

第二级蒸汽喷射器的排出物压力已大于大气压力，通过后冷凝器冷却，排出物中绝大部分的水蒸气被冷凝为液体，由大气腿流入受液罐。未凝组分基本上是减压蒸馏塔顶排出的不可凝组分，内含有硫化氢有毒气体，应进行脱硫后引入加热炉燃烧。

三个冷凝器排出的液体流入受液罐，在此进行油水分离，分出的油即为减压塔塔顶油，可作为重柴油组分，用泵送到工厂罐区，分出的水为含油含硫污水，送入污水汽提装置处理。

43　蒸汽喷射抽空器的工作原理是什么？

蒸汽喷射抽空器工作原理：工作蒸汽通过喷嘴形成高速度蒸汽压力能转变为速度能，与吸入的气体在混合室混合后进入扩压室。在扩压室中速度逐渐降低，速度能又转变为压力能，从而使抽空器排出的混合气体压力显著高于吸入室的压力。

每一级喷射器所能达到的压缩比，即排出压力（绝压）与吸入压力（绝压）之比，具有一定的操作限度。如果需要的压缩比较大，为单级喷射器不能达到时，则可采用两级或多级喷射器串联操作，串联的多级喷射器和级间冷凝器组成蒸汽喷射器抽空器组。单级喷射器的压缩比通常不大于 8，对湿式减压蒸馏，塔顶压力不小于 2.67kPa（绝）（20mmHg）的一般工况，大多采用两级喷射器和一级冷凝器组成的喷射抽空器组。

喷射器的最适宜工作介质为水蒸气，因为它提供的能量大而且可以在级间冷凝器中冷凝为水被排走，不会增加后一级喷射器的吸入量，工作蒸汽的压力随工厂系统的条件而异，一般采用 0.784~1.079MPa（绝）。工作蒸汽的温度应超过相应压力下的蒸汽饱和温度 30℃，并要在工作蒸汽管线上靠近喷射抽空器设置蒸汽分水器，确保进入喷嘴的蒸汽不携带水滴，避免湿蒸汽在高速下对喷射抽空器严重侵蚀。

44　蒸汽喷射抽空器有几种结构型式？

典型的蒸汽喷射器的装配类型和各零部件的名称如图 7-1 所示。

喷射器的结构型式根据喷嘴数量可分为单喷嘴型和多喷嘴型两种。采用多喷嘴，每个喷嘴的尺寸较小，加工比较容易。但整装比较严格，往往由于组装精度未达到设计要求而影响效率。此外，由于每个喷嘴的喉部直径较小，很容易被蒸汽管道中的杂物堵塞而失去抽真空的作用。与此相反，单喷嘴型的蒸汽喷射器，虽然喷嘴的长度较大，加工比较困难，但组装比较方便，效率比较高，而且由于喉部直径较大，不容易被杂物堵塞。因此，除非喷嘴的尺寸过大，一般宜采用单喷嘴型。目前我国的减压蒸馏装置多采用单喷嘴型蒸汽喷射器。

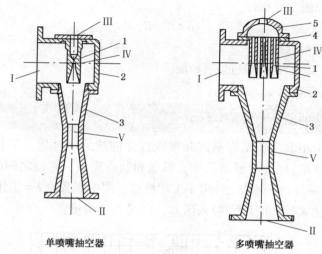

单喷嘴抽空器   多喷嘴抽空器

图 7-1　典型蒸汽喷射器结构

1—喷嘴；2—吸入室；3—扩压管；4—喷嘴安装板；5—蒸汽箱

Ⅰ—吸入口；Ⅱ—排出口；Ⅲ—工作蒸汽入口；Ⅳ—喷嘴喉部；Ⅴ—扩压器喉部

45　影响不凝汽量的因素有哪些？

　　蒸汽喷射器的抽气量，在吸入温度相同条件下，随不凝汽量呈正比例增加。所以减少不凝汽量是减少抽气量、提高真空度的重要措施。影响不凝汽量的因素：

　　（1）减压炉温度。减压炉温度愈高，油品的裂解程度愈大，裂解产生的小分子烃量愈大，以加工大庆原油为例，在炉管量和减压炉进料量相同的情况下，炉出口温度从 403.5℃ 上升至 410.5℃ 时，裂解气量增加约 6.0%（质量分数）。

　　（2）漏入空气量。现有装置运行中的漏入空气量基本上是不变的值，它的量很小。只要减压系统设备和管线的密封状况良好，漏入空气量就很小，又基本不变，所以对塔顶真空度的影响不大。

　　（3）减压渣油的温度及其在减压塔底的停留时间。高温减压渣油在减压塔底的停留时间过长，可能出现裂解，生成小分子量的裂解气，成为不凝汽，因此要防止渣油温度过高，停留时间过长。渣油温度主要决定于炉出口温度，但也受汽提蒸汽温度的影响。汽提蒸汽的温度不宜高于 420℃，否则会促进渣油的裂解。渣油在塔底的停留时间应控制在 1min 以内，以减少裂解和结焦。

46　喷射系数的定义是什么？

　　蒸汽喷射器的吸入气体流量与工作蒸汽流量质量比，叫喷射系数。它是衡量蒸汽喷射器性能的主要指标。

$$\mu = G_A / G_S$$

式中　μ——喷射系数；

　　G_A——21℃，当量空气量，kg/h；

　　G_S——工作蒸汽量，kg/h。

47　喷射系数的影响因素有哪些?

　　喷射系数大小取决于工作蒸汽和吸入气体的热力学性质，工作状态（压力、温度、湿度、流量）以及喷射器尺寸、形状和制造质量。它们之间的关联式比较复杂，推荐图7-2（维利杰尔法）用于工厂核算。图中膨胀比 E=工作蒸汽压力/吸入压力，压缩比 K=排出压力/吸入压力。由图7-2可见：

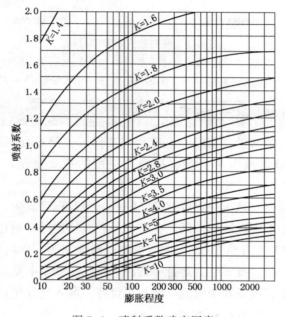

图7-2　喷射系数确定因素

　　（1）在同一膨胀比下，压缩比愈大喷射系数愈小，反之亦然。在现有装置上，工作蒸汽压力稳定的情况下，工作蒸汽的流量也是稳定的，如能减少吸入气量即降低喷射系数，就能增大压缩比，降低吸入压力，提高真空度。

　　（2）在吸入气量基本稳定的情况下，提高工作蒸汽压力，即增大膨胀比 E，在一定范围内可提高压缩比，提高真空度。但要注意，在现有装置上，提高工作蒸汽压力将增加工作蒸汽流量，降低喷射系数，增加能耗，当工作蒸汽压力增加到超出喷射器的设计值过多时，压缩比将不会有什么变化。

122

（3）用低压瓦斯抽气火嘴将后冷凝器排出的不凝汽抽送去加热炉燃烧，不仅减少了大气污染，而且能使最后一级蒸汽喷射器的排出压力从约106.74kPa（绝）（800mmHg）降低到约84kPa（绝）（630mmHg）。由于降低了排出压力，因此减少了蒸汽喷射器组的总压缩比，在现有装置上，可提高喷射系数，即允许适当降低工作蒸汽压力，减少工作蒸汽用量。

48 提高真空度的关键因素是什么？

提高真空度的关键因素是在保持工作蒸汽压力稳定的前提下，努力降低塔顶冷凝器出口温度，即喷射器的吸入温度，以减少吸气量。

49 为什么干式蒸馏要用增压器？湿式蒸馏不用增压器？

干式减压蒸馏塔的塔顶压力一般要求小于1601Pa（12mmHg）（绝），塔顶馏出物由不凝汽和减压塔塔顶油气组成，没有水蒸气。当吸入压力小于2668Pa（20mmHg）时，应采用三级喷射器，而常规湿式减压蒸馏装置上大多只有两级喷射器，达不到所要求的真空度。为此湿式改为干式时，塔顶在冷凝器前加设增压器。所谓增压器，原理与蒸汽喷射器相同，其作用是把塔顶馏出物的压力提高到在常规冷媒（如循环冷却水或空气）所能达到的冷却温度下，塔顶馏出物和增压器的工作蒸汽能够被冷凝为液体的压力。通常增压器的压缩比为6~8。采用增压器后塔顶压力不再受塔顶冷凝器冷凝温度的限制，能达到干式蒸馏的要求。

干式减压蒸馏的原理是通过增加蒸汽喷射器的级数并改造减压塔内件，使减压塔进料段的总压小于常规湿式减压蒸馏条件下的烃分压，从而取消炉管注气和塔底的汽提蒸汽，实现干式操作。只有在减压塔压力降较小，取消的炉管注气和塔底汽提蒸汽量大于增设的增压器所需要的工作蒸汽量时，干式操作在经济上才是合理的。

如果减压塔压力降较大，即使采用增压器把塔顶压力降低了，但减压塔进料段的压力未降到小于常规湿式减压蒸馏条件下的烃分压，则仍需在塔底注入汽提蒸汽维持湿式蒸馏操作。此时注入减压塔的汽提蒸汽全部从塔顶流出，成为增压器的吸入气体，大大增加了增压器的负荷，因此要相应地加大增压器的工作蒸汽量和增压器尺寸。这种情况下，增压器的工作蒸汽量必然大于减压塔底汽提蒸汽量的减少值，使减压蒸馏系统总的蒸汽用量增加，但又不能提高减压拔出率和提高分馏效率，因此是不合理的，这就是湿式减压蒸馏不用增压器的原因。

50 蒸汽喷射器的串汽现象是怎样造成的？

正常使用的蒸汽喷射器抽力足，响声均匀无噪声，当蒸汽喷射器工作不正常时，蒸汽喷射器发生串汽现象，声音不均匀有较大噪声，抽力下降，真空度降低。

引起蒸汽喷射器不能很好地工作，发生串汽可能由如下原因引起，操作中应根据产生串汽原因进行调整。

（1）同级几台蒸汽喷射器并联操作抽力不同，抽力高的喷射器吸入口压力低，抽力低的喷射器入口压力高，气体由高压向低压流动，产生互相撞击，会引起不均匀的串汽现象。

（2）冷凝冷却器冷后温度升高，蒸汽喷射器入口负荷过大，真空度降低，超过蒸汽喷射器设计的压缩比时，也可引起不均匀的串汽现象。

（3）喷射器末级冷却器不凝汽体排空管线不畅通，使喷射器后部压力升高可引起串汽现象。

51　减压塔塔顶冷凝器有哪几种形式？它们都有什么优缺点？

减压塔塔顶冷凝器、级间冷凝器和后冷凝器有三种类型可供选用，一为直接水冷凝器，二为管壳式水冷凝器，三为增湿空气冷却器。三者的优缺点比较如下：

直冷式的优点：冷却水与塔顶气体直接接触，冷后气体温度（即喷射器的吸入温度）与冷却水入口温度的差值最小。在冷却水温度相同的情况下，它所能达到的真空度略高于管壳式，而且冷后气体温度稳定，因而真空度稳定。此外，直接水冷凝器的设备尺寸小，可以挂在减压塔塔体上，不用安装框架，占地面积小。直冷式缺点：冷却水全部变为含油污水排至含油污水系统，或需单独建设这一种水的循环水冷系统，因此污水量大，如果把污水处理设施所需的投资计算在内，则其投资和占地面积都比管壳式大得多，基于上述缺点，装置早已不采用直冷式。

管壳式的优点：冷却水与塔顶气体间接传热，冷却水不受油品污染，因此它的投资、操作费用和占地面积比直冷式冷凝器（加上污水处理设施）小得多。管壳式的缺点：冷凝效果受水质的影响大，水质差，水压不足，使水的流速过小（小于1m/s）时，积垢快，传热速率迅速下降，因此常常出现在装置检修后开工初期，塔顶真空度较高，随时间的推移，真空度逐渐下降的现象。此外，我国南方的一些炼油厂夏季的循环冷却水温度高达34~35℃，使塔顶冷凝器的冷后温度高达40℃，所以塔顶压力约为9340~10674Pa（70~80mmHg）（绝），减压蒸馏拔出率较低。为了克服这些缺点，有的炼油厂增设减压塔塔顶冷凝器冷却水的升压泵，保持水压，加大流速，并在冷凝器管程水侧设立反冲洗的管线，同时加注防垢剂，减缓积垢。

湿式空气冷却器不但具有管壳式水冷凝器的优点，而且由于不用循环冷却水，所以不存在管壳式的上述缺点。湿式空冷器的缺点：①占地面积较大，在老装置改造时往往成为限制因素。②在室外气温低于-10℃时，易发生管内冻结、管子破裂的故障，影响真空度的稳定。

52 抽真空系统设备和管线安装时应注意什么?

(1)蒸汽喷射器宜垂直放置,吸入室在上,扩压器在下。如果喷射器尺寸过长,或受高度限制不能垂直放置时,也可以水平放置,但吸入口必须向下,避免吸入室积存冷凝液。

(2)冷凝器的设置高度,应使冷凝液出口法兰与受液罐最高液面之间的高度差大于冷凝器内压力与当地大气压力差值所相当的水柱高度(约1m)。如果冷凝器冷凝液排出管线(俗称大气腿)在布置中出现水平管段,则此水平管段与受液罐最高液面之间的高度差,也应大于冷凝器内压力与当地大气压力差值所相当水柱高度加1m,见图7-3。

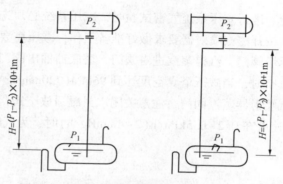

图7-3 冷凝器设置高度要求(注 P 绝压/atm)

(3)同一级多台冷凝器和喷射器并联操作时,应避免吸入气体物流逆向撞击,损失能量,降低真空度。

(4)为防止喷射器喷嘴被杂物堵塞或被蒸汽凝结水冲蚀,当喷嘴喉部直径小于10mm时,应在工作蒸汽管线上靠近喷射器安装Y型过滤器,在开工初期经常打开检查,并且要安装蒸汽分水器,分出冷凝水。

(5)后冷凝器排出的不凝汽体中含有排出温度下的饱和水蒸气,它在排放管线中会进一步冷凝为水,不凝汽体无论直接排大气或引至加热炉抽气火嘴,如果排放管线的布置出现"液袋",冷凝水在"液袋"中逐渐积累,会使排气管道渐渐减小以至完全被堵死,造成喷射抽空器组的背压渐渐升高,当背压超过最后一级喷射器极限反压强时,将破坏喷射器的抽真空性能。所以不凝汽的排放管线布置应严格避免出现"液袋",并应有排凝设施。

53 什么叫极限反压强?

所谓极限反压强就是抽空器的最大排气压强,极限反压强曲线就是抽空器的最大排气压强与抽气量的关系曲线。极限反压强是抽空器的一个很重要的参数,实际运转中决不允许任何一级抽空器实际出口压强高于它的极限反压强，否则会使该级抽空器的工作不稳定，甚至产生倒流现象，并将导致前级抽空器直至第一级抽空器过载，从而破坏整个真空系统的形成。

54　如何进行正压试验及负压试验？

（1）正压试验。减压塔要关闭各侧线抽出阀门、中段回流返塔阀门、汽提蒸汽进塔阀门、塔底油抽出阀门，水封罐 U 型管处加盲板。由减压炉入口给气，当水封罐放空线见气后，关闭放空阀，当塔顶压力上升到 0.12MPa 时，关闭给气阀，蒸汽试压 30min，检查减压塔的气密性，如遇到紧急情况可由塔顶及水封罐放空泄压。

（2）负压试验。进行减压系统气密试验时，减压系统必须先经蒸汽试压符合要求后进行。一切按开蒸汽喷射器要求做好准备工作，减压塔要关闭各侧线抽出阀门、中段回流返塔阀门、汽提蒸汽进塔阀门、塔底油抽出阀门，减压炉转油线加盲板。开始抽真空时，当减压塔真空度达到 96kPa（720mmHg）时，关闭末级放空阀门，关闭蒸汽喷射器蒸汽阀门，注意关闭水封罐顶放空阀门，进行气密试验 24h，真空度下降速度在 0.2~0.5kPa/h（2~4mmHg/h）时，为气密性试验合格。

第八章　轻烃回收

1　吸收稳定系统在生产中的作用？

吸收稳定系统一般会包括吸收塔、解吸塔、再吸收塔以及稳定塔，再吸收塔和解吸塔通常会作为一个塔的上下两段。再吸收塔的吸收剂一般用柴油，因此，再吸收塔也称为柴油吸收塔。吸收稳定的作用是把分馏系统压缩过的富气分离为干气、液化气和稳定汽油等合格产品。

2　吸收原理是什么？

吸收是根据分离气体混合物中各组分在液体中溶解度的不同进行分离的，被液体溶解的组分称为溶质，溶解气体的液体称为溶剂或吸收剂，吸收了溶质的吸收剂称为溶液。当溶剂吸收溶质时，随着吸收量的增加，溶质在溶剂中的浓度增加，一直达到饱和浓度，吸收就停止了，这个饱和浓度就是该溶质在此溶剂中的溶解度。饱和压力与它在气相中分压相等，即达到了相平衡状态。

3　吸收过程的推动力是什么？如何提高推动力？

气体吸收的推动力是组分在气相主体的分压与组分在液相的分压之差，此差值只有在平衡时才等于零。传质的方向取决于气相中组分的分压是大于还是小于溶液的平衡分压。根据这一特点，在操作中可采用较低的吸收剂温度、选择对目标气体溶解度大的吸收剂或使用化学吸收、提高吸收操作的压力，都能够增加吸收推动力，提高吸收效果。

4　吸收过程与蒸馏过程有哪些异同点？

吸收与蒸馏的区别在于前者是利用混合物中各组分在溶剂中的溶解度不同而达到分离目的；而后者是利用混合物中各组分的挥发度不同而达到分离目的。吸收与蒸馏的共同点是二者都属于气液两相间的平衡问题。但从质量交换来看，吸收过程只包括被吸收组分自气相进入吸收剂的传质过程，而蒸馏过程则不仅有气相中的重组分进入液相，还有液相中的轻组分转入气相的传质过程。因此，吸收过程是单向传质，蒸馏过程则是双向传质。

5 吸收塔为什么要设中段回流?

吸收过程是一个放热过程,吸收过程中产生的热量主要有:被吸收组分与吸收剂混合时产生的混合热,气体溶解时转为液态而放出的冷凝潜热以及化学反应热等。正因为吸收过程放出相当热量,为了取走吸收过程放出的吸收热,保证吸收在较低操作温度下进行,吸收塔需有中段回流。一般吸收塔设有两个中段回流,就是从上一层塔板上抽出液体经冷却后打入下一层塔盘。

6 为什么在吸收之后还要配合解吸?

混合气体经过吸收后,有部分不希望被吸收的组分也被吸收下来(如 C_2 组分),因此,必须将这部分过度吸收的溶质组分从吸收剂中分离出来重新送回吸收塔中,这样就需要配置与吸收操作相反的解吸操作与设备。

7 什么是稳定塔?

稳定塔是使油品变得稳定的塔。稳定塔的主要作用就是将吸收后的石脑油进行精馏,将石脑油中小于 C_4 的不凝汽成分脱除掉,塔顶得到液化气,塔底得到稳定汽油。注入常顶气压缩机出口水冷器入口的常顶石脑油利用气体混合物中各组分在液体吸收剂中的溶解度不同,将气体混合物中溶解度大的 C_3、C_4 组分大部分吸收,C_2 以下组分则去焦化装置。由于该过程是物理吸收,推动力是该组分在气相的分压与组分在液相中的分压之差,此差值在达到平衡状态时为零吸收。如果将此工况下的富吸收油送至罐区或下游装置,当操作条件发生改变时,C_3、C_4 会从富吸收油中解吸出来,影响下游装置生产及造成安全隐患。

8 稳定塔由哪几部分组成?

稳定塔是完整的精馏塔,由塔中部进料,进料段以上为精馏段,塔顶有冷却系统、回流罐,并有冷回流。塔顶回流的目的是补充塔板上的轻组分,使塔板上的液相组分保持稳定,保证精馏操作连续稳定地进行。进料段以下为提馏段,塔底有再沸器,塔底重组分一部分作为产品,另一部分经再沸器加热后送回塔内,为精馏操作提供一定的量的连续上升的蒸汽气流。

9 什么是重沸器?重沸器分哪几种类型?

重沸器(也称再沸器)是使液体再一次汽化,是一个能够交换热量,同时汽化液体的一种特殊换热器。重沸器一般分为釜式和热虹吸式两种。

10 热虹吸式重沸器的原理是什么?

热虹吸式重沸器原理是依靠重沸器安装位置低于塔底标高,而形成一定的位差，使塔底液体自动流出，流入重沸器。在重沸器内，部分液体被加热汽化，成为气液混合物，密度显著变小，从而在重沸器人方和出方产生静压差，工艺流体不用泵就可以自然循环回塔，完成操作过程。卧式热虹吸重沸器结构实际上就是普通换热器，只是壳程折流板间距较大（通常采用600mm），以降低压降。

11 热虹吸式重沸器与釜式重沸器有何区别？

（1）热虹吸式重沸器体积小。

（2）热虹吸式重沸器中油品经加热、升温，部分要汽化相变，但重沸器内没有汽化空间，不能进行气液分离。釜式重沸器本身有蒸发空间，可以进行气液分离，相当于塔的一块理论塔盘。

（3）热虹吸式重沸器由于是沸腾传热，传热系数很大，因而虽然传热面积较小，但加热负荷较大。

（4）热虹吸式重沸器与塔的高度差较大，釜式重沸器与塔的高度差相对较小。

12 稳定塔有几个进料位置？进料位置不同有何影响？

一般来说，稳定塔都设有上、中、下三个进料口。进料位置靠上，提馏段塔板数增加，有利于塔底产品蒸汽压控制；进料位置靠下，精馏段塔板数增加，不利于塔底产品蒸汽压控制。生产中可以根据塔底产品及塔顶液态烃的质量要求决定采取哪一点进料。

13 稳定塔回流比对液态烃及稳定汽油质量有何影响？

塔顶回流比过小，精馏效果差，液化气会带大量重组分，质量超标。回流比增大，可以提高液态烃质量，但回流量增加，塔顶温度降低，将不能拔出所有轻组分而导致塔底稳定汽油饱和蒸汽压升高。回流量过大易造成稳定塔内部循环负荷增大，塔顶液化气冷凝器负荷增大，冷凝效果降低，液化气产量减少，同时塔底需提供更多热源，如果热源不足，将不利于汽油蒸汽压的控制。一般回流比控制在3~6之间。

14 稳定塔为何要控制一定回流比来控制产品质量而不是采用控制顶温的方法？

采用适宜的回流比来控制质量是稳定塔操作的一个特点。稳定塔首先保证塔底产品蒸汽压合格，剩余的轻组分从塔顶蒸出。塔顶液化气是多元组分，组成的微小变化从温度上反应不够灵敏。因此，稳定塔不适宜采用控制塔顶温度的方法而是控制一定回流比来控制产品质量。

15 液态烃 C_5 含量怎样控制？

可以通过调节稳定塔底温度来控制液态烃 C_5 含量。如果液态烃中 C_5 含量超标，则可通过降低稳定塔顶的温度、提高稳定塔顶回流量、改善稳定塔顶的回流质量等方法来调节。

16 稳定塔调整原则是什么？

当进料量变大时，要注意塔顶压力的变化。当压力上升时，要及时将塔顶空冷投用，启用喷淋水泵，同时将热旁路关闭。反之，则反向操作。如果原油性质变轻，稳定塔进料量过大，要防止石脑油出装置温度过高，如果石脑油出装置温度控制阀全开，温度仍然降不下来，此时应联系调度降原油量。

17 什么叫轻关键组分？什么叫重关键组分？

在分离过程中起着关键作用的组分成为关键组分。因为要反映出一个分离过程，所以关键组分必定有两个。有些组分经过分离不全部或大部分进入塔顶产品中，这些组分中最轻的就是轻关键组分；经过分离全部或大部分进入塔底产物的组分中，最重的是重关键组分。

18 稳定塔为什么上细下粗？

稳定塔上细下粗主要根据液化气和汽油负荷，提高塔顶压力，改变塔内气液相分离效果。塔径变细后气相流速增大，同时塔板上液相流经塔盘的时间也相应缩短了，可以保证塔顶馏出物质量合格，同时这样可以减少投资成本。

19 稳定塔工艺操作对各产品质量的影响是什么？

稳定塔主要工艺参数有塔顶温度、塔顶压力、塔底温度及回流量等，因两产品质量有十分直接的联系，某个参数或条件变化均会影响全塔气液、物料和热量平衡，进而影响产品质量控制。

（1）塔顶温度的影响。稳定塔塔顶温度是液化气 C_5 含量的主要控制参数，可通过塔顶回流量和回流温度共同控制。当回流量不变，回流温度上升，塔顶温度上升，较重组分跟随轻组分一起被蒸发出去，塔顶馏出物料增多，液化气 C_5 含量上升，稳定汽油饱和蒸汽压下降。当回流温度不变，回流量增加，顶温下降则不能分出所有轻组分，塔顶液化气 C_5 含量下降，塔底稳定汽油饱和蒸汽压升高。反之，回流量下降，使顶温升高，携带重组分和轻组分一起蒸发出去，塔顶液化气 C_5 含量上升，塔底稳定汽油饱和蒸汽压下降，同时稳定汽油收率降低。

（2）塔顶冷后温度。液化气冷后温度高，会导致液化气无法全部冷凝，不凝汽量就大，不凝汽排入火炬造成后路火炬压力高的同时降低液化气的收率。冷后温度受气温、冷却器冷却面积、冷却器污垢等因素影响。

（3）塔顶压力的影响。塔顶压力正常情况下由塔顶压控阀控制，保证液化气在冷却温度下完成冷凝。当塔顶压力升高，油品的挥发度下降，重组分难以蒸发，则塔顶液化气 C_5 含量降低，塔底稳定汽油饱和蒸汽压升高；反之塔顶压力下降，油品中的一些重组分蒸发混入轻组分当中，则塔底稳定汽油饱和蒸汽压下降，塔顶液化气 C_5 含量上升。塔顶压力以控制液化气（C_3、C_4）完全冷凝为准，也就是使操作压力高于液化气在冷却后温度下的饱和蒸汽压，否则，在液化气的泡点温度下，液化气不易保持全凝，会有不凝汽排出，存在风险；稳定汽油饱和蒸汽压随塔顶压力升高而上升，生产中要维持全塔操作平稳，其他相关参数也需相应调整，液化气 C_5 含量影响因素较多，单塔顶压力升高对液化气 C_5 含量变化趋势影响不明显。

（4）塔底温度的影响。当稳定塔塔底温度低，大量轻组分汽化不出去，则稳定汽油饱和蒸汽压高；当稳定塔底温度高，重组分的汽化率增加，易造成液化气 C_5 含量超标，同时会影响稳定汽油收率。控制合理的塔底温度，可以保证塔顶、塔底产品质量，减少不必要的消耗和损失。

（5）进料温度的影响。进料温度直接影响稳定塔精馏操作，温度高气相量大且重组分含量增多，重组分易进入塔顶轻组分中，降低精馏效果，使液化气 C_5 含量升高。由于汽油进料与塔底稳定汽油换热来加热，当进料温度发生变化，如进料温度上升，造成重组分含量增加时，在稳定塔底温度不变的情况下，可采取增加进料流量或降低稳定汽油流量等措施调整。

（6）进料性质的影响。进料性质主要指进料轻重组分含量的变化，如进料中轻组分含量较多，蒸汽压易上升，需控制好塔底温度，同时增大回流比，保证液化气 C_5 含量不超标，稳定汽油饱和蒸汽压也下降；如进料中重组分含量多，蒸发出的轻组分量较少，在其他条件不变的情况下，可适当提高塔底温度或降低塔顶压力，保证液化气 C_5 含量不易超标，同时稳定汽油蒸汽压也降低。

20 稳定塔工艺操作与产品收率的关系？

较好地控制稳定汽油饱和蒸汽压和液化气 C_5 含量，还可以保证稳定汽油及液化气收率。通常液化气 C_5 含量上升，液化气收率上升，稳定汽油收率下降，当稳定汽油饱和蒸汽压越高，稳定汽油收率越高。实际生产中可根据市场需求，寻找最优操作工况，在保证产品质量合格前提下卡边控制，实现装置经济效益最大化。

第九章　能量回收

1　常减压蒸馏装置的节能有何重要意义？

炼油厂加工所消耗的能量占原油加工量的 4%~8%，而常减压蒸馏装置能耗是炼油企业的能耗大户，约占炼油厂综合能耗的 15%左右。20 世纪 80 年代以前建设的常减压蒸馏装置，装置能耗普遍较高。原油换热终温一般只有 250~260℃，加热炉效率一般在 80%~85%。侧线产品基本上直接冷却出装置，蒸馏装置平均能耗在 25kgEO/t 原油，个别装置能耗高达 30kgEO/t 原油。

从 20 世纪 80 年代末开始，我国开展了蒸馏装置大规模的节能降耗活动，取得了巨大成就。

通过优化工艺流程和工艺参数合理分配蒸馏塔取热比例，控制最佳回流比和过汽化率，降低工艺总用能；采用"窄点"技术优化换热流程，提高换热终温；采用"干式"或"微湿式"减压蒸馏技术，减少蒸汽用量；改进加热炉设计，加强加热炉运行管理，提高加热炉热效率；采用耦合技术或电机变频调速技术以及新型保温材料，提高转换效率降低损失；与下游装置的热联合，充分利用低温余热，提高热回收率等措施，原油蒸馏装置能耗明显降低。2018 年装置综合能耗平均降到 8.66~8.852kgEO/t 原油。

由此可见，常减压蒸馏装置的节能具有特殊的意义，它不仅给炼油厂带来良好的经济效益，而且为能源紧张的我国提供更多的燃料。

2　装置能耗由哪几部分构成？

装置能耗主要是工艺过程必须消耗的燃料、水蒸气、电力、水等所产生的能量消耗。其中燃料能耗比例最大，达 60%~85%；其次是电和蒸汽，均占总能耗的 10%~15%；水的能耗占总能耗的 4%左右，见表 9-1。

从表 9-1 中看出，燃料占能耗 74.6%，是常减压装置最主要的能量消耗，所以千方百计要从降低燃料消耗着手，节约能源。

表 9-1　2001 年中国石化常减压蒸馏装置能耗构成

项　目	燃料	电	蒸汽	水	热输出	合计
能耗/（kgEO/t）	8.84	1.79	1.19	0.32	0.29	12.43
比例/%	74.6	15.1	10.0	2.7	-2.4	100

3　怎样计算装置能耗？

常减压蒸馏装置的能耗是生产过程中所消耗的燃料、蒸汽、电力、耗能工质（各种水、压缩空气）的能量的总和，通常用单位能耗来表示，即加工 1t 原油平均消耗的能量。

单位能耗的计算公式如下：

$$E_p = E_f + E_s + E_e + E_w + E_x + E_h$$

式中　E_p——装置能耗，MJ/t 原油；

　　　E_f——装置燃料能耗，MJ/t 原油；

　　　E_s——装置蒸汽能耗，MJ/t 原油；

　　　E_e——装置电力能耗，MJ/t 原油；

　　　E_w——装置各种水的能耗，MJ/t 原油；

　　　E_x——装置其他能耗工质的能耗，MJ/t 原油；

　　　E_h——装置与界外交换的有效热量，MJ/t 原油。

上述各分项能耗，可用实物消耗量与相应的换算系数的乘积计算出来。公式如下：

$$E_i = G_i A_i$$

式中　E_i——分项能耗，MJ/t 原油；

　　　G_i——实物消耗量，t（或 kw）；

　　　A_i——各种实物的换算系数，见表 9-2。

表 9-2　各种能耗工质的能耗换算系数

序号	能源或能耗工质名称	换算系数	
		MJ	kg 标油
1	燃料油/t	41868	1000
2	燃料气/t	39775	950
3	催化烧焦/t	39775	950
4	新鲜水/t	7.12	0.17
5	循环水/t	4.19	0.1
6	软化水/t	10.47	0.25

序号	能源或能耗工质名称	换算系数	
		MJ	kg 标油
7	除盐水/t	96.3	2.3
8	除氧水/t	385.19	9.2
9	凝结水(蒸汽透平)/t	152.8	3.65
10	凝结水(加热设备)/t	320.3	7.65
11	电/kW	10.89	0.26
12	蒸汽 3.5MPa/t	3684	88
	蒸汽 1.0MPa/t	3182	76
	蒸汽 0.3MPa/t	2763	66
13	低温余热*/MJ	0.5	0.012

* 即输出、输入规定温度以上的 1MJ 低温余热量时，折半按 0.5MJ 计入能耗。

　　装置与界外交换的有效热量的取值规定如下：装置热进料或热出料只计算高出规定温度部分的热量。汽油的规定温度为 60℃，柴油为 80℃，蜡油(催化裂化原料)为 90℃，渣油为 130℃。装置输出热量计为负值，输入热量计为正值。

4 影响常减压装置能耗有哪些客观因素？

　　影响常减压装置能耗的客观因素较多，主要有以下几个方面：

　　(1)原油性质对能耗的影响。原油性质对能耗的影响比较复杂，轻质原油汽化率高，工艺总用能多，轻质原油的产品大部分在常压塔蒸出，常压部分的工艺总用能多，但减压部分的加热用能相应减少。因此，原油的轻重究竟对能耗有多大影响，必须在一定约束条件下才能通过理论计算进行比较。

　　(2)产品方案对能耗的影响。装置的能耗随产品方案不同而变化，同一装置相同原料出喷气燃料比出分子燃料需要的分离精度高，因此，需要提高塔顶回流量，而不得不降低可回收取热量，使能耗稍高。更明显的例子是减压系统，出润滑油料与出催化原料相比，前者对产品分割有严格的要求，分离精度较高，这就必须有较高的过汽化率，以确保一定的塔内回流量，此外还必须增加保证产品质量所需的汽提蒸汽(塔底吹汽及侧线吹汽)和减顶冷凝冷却系统的冷却负荷，所以减压系统的能耗较大。因此润滑油型常减压蒸馏装置比燃料油型多耗能量。

　　(3)装置处理量对能耗的影响。一般来说低负荷运转会使装置的能耗上升，这主要有以下几种原因：

　　① 换热器在降低流速后结垢速率增加。

　　② 分馏塔盘在较低的气速下易漏液，从而降低塔板效率。

③ 当处理量下降时，没有降低加热炉供风量，造成过剩空气量上升。

④ 电动泵的效率离开最佳点，造成效率下降。

⑤ 散热损失并不因处理量减少而减小。

⑥ 加热炉降低热负荷时，冷空气漏入量并不因此而降低，致使效率下降。

⑦ 分馏塔的中段回流量未加调整，不必要地提高了分馏精度，造成能量浪费。

⑧ 抽空器并不因处理量降低而少用蒸汽。

⑨ 燃烧器的雾化蒸汽并不因此而降低。

上述原因可以分成两类，一类包括降低处理量所造成的设备效率降低（①、②项）以及操作没有及时调整（③、⑦项）所带来的能量损失。这类原因所影响的能耗称为"可变能耗"，其能耗随负荷的变化而变化，其他原因属于第二类，这类原因所影响的能耗称为"固定能耗"，能耗值不随负荷的变化而变化。据统计原油蒸馏装置的"固定能耗"约占装置总能耗的 13%。防止装置低负荷运转时单位能耗上升的主要措施就是降低"固定能耗"，具体做法：搞好保温以及减少散热损失；减少或取消较长距离的高温管线；采用调速电机，避免大马拉小车；配置与处理量相适应的动力设备等。

（4）装置规模对能耗的影响。规模小的装置加工能耗较高，其原因除了小设备、小机泵可能效率较低外，主要是散热损失大。粗略计算一个年处理能力为 50×10^4 t 的常减压蒸馏装置，其单位散热面积一般为年处理能力 250×10^4 t 同类装置的 2.4 倍以上。因此规模小的装置，其"固定能耗"占的比例比规模大的装置大，这是小型炼油厂在技术经济上的致命弱点。

（5）气候条件（或地区差别）对能耗的影响，冬季（或北方）比夏季（或南方）散热损失大，但冷却水消耗及空冷器电耗较小，为防冻防凝所需的伴热蒸汽和采暖蒸汽则纯属因季节（或地区）变化增加的能耗项。总的来说，冬季（或北方）的能耗比夏季（或南方）稍高一些。

（6）运转周期中不同时期的能耗。一般来说常减压装置的能耗在运转末期要比运转初期高，这是因为一些传热设备如加热炉和换热器积灰、积垢导致传热效率降低造成的。

5　常减压装置节能主要从哪几方面着手？

（1）改进工艺流程。

（2）提高设备效率。

（3）优化操作。

（4）采用先进的自动控制流程。

（5）加强维修管理。

6 怎样降低燃料消耗?

降低燃料消耗归根结底,就是在保证产品收率和质量的条件下,减少加热炉有放热负荷和提高加热炉效率。加热炉热负荷通常包括加热常压塔和减压塔进料及蒸汽所需热负荷。

(1)减少加热炉有效负荷的主要措施:

① 优化换热网络,提高常压炉进料温度。

② 降低加热炉出口温度。

③ 优化各塔的操作,提高初馏塔、常压塔的拔出率,降低常压炉、减压炉的热负荷。

(2)提高加热炉热效率的主要措施:

① 回收烟气余热,降低排烟温度。

② 提高燃烧器燃烧效率。

③ 优化及自动控制加热炉各操作参数(如烟气含氧量、炉膛负压、排烟温度等)。

④ 应用新型隔热材料,减少加热炉热损失。

7 提高原油换热终温的主要措施有哪些?

先进的工艺设计和高效的换热设备,辅以优化的操作控制,可以优化提高原油换热终温,降低常压炉燃料消耗。

(1)采用窄点分析技术,优化原油换热程序。近几年随着窄点分析软件的推广应用,原油换热程序的设计水平大为提高。在工业运行中,由于原油品种的较大变化和产品方案的调整,原油换热程序中热流温位和流量也有较大变化,采用窄点分析技术对不同的原油和产品方案进行核算,及时调整换热程序,提高换热终温。

(2)采用高效换热器,提高换热效率。目前新型换热器不断出现,如螺旋式换热器、折流杆式换热器、双弓板式换热器、波纹管式换热器等。采用高效换热器,是投入少、见效快提高原油换热终温的措施。

(3)优化常压塔和减压塔的操作,在保证各侧线馏分质量的前提下,尽可能增加高温位的中段回流取热比例,既可减少低温位的冷却排弃能,又能有效提高换热终温。

(4)推广使用阻垢技术。目前常减压蒸馏装置的运行周期不断延长,随着运行周期延长,原油换热器结垢增加、热效率下降。其中加注阻垢剂可以有效减缓结垢的形成,阻垢剂的加入应在换热器结垢形成之前。

8 在保证产品收率和质量的前提下怎样降低加热炉出口温度?

加热炉的任务是把原油或常压重油加热到某一温度,使它们在该温度下的总热量大于蒸馏所需要的进料总热量，进料总热量的计算通式：

$$Q_{塔} = \sum G_i^{\text{V}} q_i^{\text{V}} + G_i^{\text{L}} q_i^{\text{L}}$$

式中　G_i^{V}——塔内进料段以上各产品量(包括过汽化油量)，kg/h；

　　　q_i^{V}——进料段以上各产品(包括过汽化油)在进料段温度下的气相焓值，kJ/kg；

　　　G_i^{L}——塔底产品量，kg/h；

　　　q_i^{L}——塔底产品在进料段温度下的液相焓值，kJ/kg。

G_i^{V} 和 G_i^{L} 各产品量是由原油性质和产品收率及质量要求决定的。因此要减少蒸馏塔进料总热量，必须减少各产品的焓值，也就是说必须降低塔进料段的温度。

由原油或常压渣油的平衡汽化曲线图知道，为达到某一规定的汽化率，要想降低温度，必须降低烃分压。当然如果能在不影响产品质量的前提下减少过汽化油量，即减小汽化率，则可明显减少塔进料总热量，降低进料温度。

如果忽略转油线的散热损失，则加热炉出料的总热量等于塔进料的总热量。炉出料总热量的计算通式为：

$$Q_{炉} = G_{\text{V}} q_{\text{V}} + G_{\text{L}} q_{\text{L}}$$

式中　G_{V}——炉出口处气相流量，kg/h；

　　　q_{V}——炉出口温度下气相部分的焓值，kJ/kg；

　　　G_{L}——炉出口处液相流量，kg/h；

　　　q_{L}——炉出口温度下液相部分的焓值，kJ/kg。

由上式可知，由于 q_{V} 大于 q_{L}，所以在总热量一定的前提下，汽化量愈大则对应温度愈低。怎样提高炉出口处的汽化量呢？改造转油线，减小转油线的压力降从而降低炉出口处的压力是行之有效的方法。根据同样的理论推导，适当扩大辐射室汽化段炉管的直径，减少炉管压力降，降低炉管内压力，加大炉管内的汽化率，也可以有效地降低炉管内的温度。

综合起来，降低炉出口温度的措施：合理减少过汽化率，努力降低塔进料段的烃分压，改造转油线减少转油线压力降，降低炉出口处的压力。

9　降低分馏塔过汽化率的主要措施是什么？

过汽化率是过汽化油量与进料量之比。所谓过汽化油量是分馏塔内从进料段上方第一块塔盘流到塔底的内回流油。维持适当的过汽化油量是保证进料段上方最下侧线油品质量所必需的，过汽化油量太少，则最下侧线抽出口下方各塔板的液气比太小，甚至成为干板，失去分馏能力，使最下侧线的油品质量变重不合格。过汽化油量太大，则不必要地提高了塔进料段温度，增加了炉子负荷，浪费能源。在进料段上方设集油箱，把过汽化油引出塔外，测量它的流量后即可计算出过汽化率，或根据塔的物料平衡和热量平衡，计算出实际过汽化率，根据过汽化率及时调整炉出口温度，实现节能。

10 如何提高常压塔的分离效率？

对常减压装置来说，提高塔的分离效率，可以有效地降低保证产品质量所必需的塔内回流量，一方面可以降低过汽化率，另一方面可以提高高温位取热比例，两者对节能都十分有利。提高塔的分离效率主要有以下几种方法：

（1）提高塔盘效率。提高塔盘效率的措施除了采用高效塔盘外，主要是对现有塔盘进行改进。提高塔盘效率的另一个切实可行的技术措施，是设法增加塔盘上气液两相间的接触面积和液相的停留时间。近几年国内开发了几种新型高效塔盘，新建装置或老装置大改造时可以考虑采用，但对大多数蒸馏装置来说，较经济的做法是对现有塔盘进行改进。

（2）提高理论塔板数。在规定的塔盘型式、产品纯度和操作压力下，分馏塔能达到的分离效率是塔盘数与回流比的函数。因此在塔盘效率相似的情况下，只有增加塔盘数，才能降低回流比，达到节能的目的。对新建或扩改建的常减压蒸馏装置应增加常压塔的塔板数，特别是常压塔下部的塔板数，以改善常压塔的分馏精度。目前常压塔的发展趋势是塔板数不断增加，塔板效率不断提高。新设计的常压塔，其精馏段的塔板数不应少于 50 层。适当增加塔板数投资增加不多，得到的效益却非常显著。

（3）降低塔的操作压力。由于低压能够改善分馏塔内所分离组分的相对挥发度，因此降低塔内操作压力可以减少回流比，也能达到同样的分离效率。另外降低塔压还能在较低的炉出口温度下达到相同的汽化分率。但实际上，降低塔压可能受到各种因素的限制，如常压塔有可能受到塔顶冷凝系统（例如空冷器）能力的限制，而减压系统则可能受到抽空器的能力、效率以及塔盘压降的限制。

（4）提高汽提段和侧线汽提塔的汽提效率。常压塔汽提段汽提效果直接影响到常压塔塔底重油的 350℃ 前的馏分含量；侧线产品汽提塔的汽提效果，则直接影响到该侧线产品的轻组分携带量，要及时根据原油品种和产品方案的变化，调整优化汽提蒸汽用量，提高汽提效果。

（5）应用先进控制（APC）技术。在生产运行中，不同的班组和操作人员，有不同的分馏精度和产品收率，反映出工艺操作的重要影响，应用以多变量预估控制技术（RMPCT）为主要内容的 APC 技术，可有效提高操作水平。

11 降低分馏塔进料段的烃分压有哪些主要措施？

降低进料段烃分压可以降低进料段温度，减少加热炉出料的热量，从而节能。进料段的烃分压计算式如下：

$$p_{烃} = \frac{\sum \dfrac{G_i^{v}}{M_i}}{\sum \dfrac{G_i^{v}}{M_i} + \dfrac{G_s}{18}}(p_{顶} + \Delta p)$$

式中　$p_{烃}$——进料段烃分压(绝)，MPa；

　　　G_i^{v}——进料段上方各产品(包括过汽油)流量，kg/h；

　　　M_i——进料段上方各产品(包括过汽化油)的相对分子质量；

　　　G_s——塔底汽提蒸汽量和炉管注入蒸汽量，kg/h；

　　　$p_{顶}$——塔顶压力(绝)，MPa；

　　　Δp——塔进料段至塔顶的压力降，MPa。

由上式可知，降低进料段烃分压的办法有三个，逐一分析如下：

（1）降低塔顶压力。对于常压塔，塔顶压力取决于塔顶不凝汽体的流程。如果不凝汽体引入火炬或引至加热炉用低压抽气火嘴燃烧，则塔顶压力较低。如果不凝汽要引至水洗塔洗涤后再经压缩回收轻烃，则塔顶压力较高。但不管采用哪种流程，常压塔塔顶压力都是比较稳定的。

对于湿式蒸馏减压塔，塔顶压力(或真空度)决定于预冷凝器的冷后温度，冷后温度愈低塔顶压力也愈低(真空度愈高)，显然减压塔塔顶压力的可调范围也很小。

（2）降低塔进料段至塔顶的压力降。在塔的加工量及回流流程确定之后，塔的压力降取决于塔的内构件及塔盘形式。对常压塔，全塔压力降只占塔进料段的压力的15%左右，因此降低塔压力降对降低塔进料段压力的作用不大。

对于减压塔，在湿式蒸馏的条件下，全塔压降的占进料段压力的30%～40%，因此采用高效低压降的传质传热内件(如网孔塔盘或新型填料)很有意义。

（3）增加汽提蒸汽量可以明显降低烃分压，引入少量过热蒸汽，有效降低汽提段油气分压，实现汽提段多级平衡分离，可以有效提高油品的拔出率。但如果蒸汽量过大，会使塔顶冷凝器超负荷，增大塔顶冷凝系统的压力降，导致塔顶压力升高，而且易使塔内气体超负荷造成严重雾沫夹带，降低油品分离效率，此外增加汽提蒸汽量也使装置能耗加大。

近来不少炼油厂对减压蒸馏系统进行了"微湿式"蒸馏改造：一是增设增压器，使塔顶压力不再受顶冷凝器冷后温度的限制，可降低到 1.334～2.0kPa；二是用各种新型填料代替塔板，使全塔压力降减至 1.334～2.0kPa；三是在炉管和塔底适当注气，实现微湿式减压蒸馏操作。实践证明减压蒸馏采用带汽提的微湿式操作模式，减压收率最高，蜡油残炭、Ni、V 含量最小，蜡油质量最好，在给定的蜡油切割点和工艺蒸汽负荷条件下，加热炉出口温度最低。

12 常压蒸馏塔的回流取热分配对节能有何影响？

常压蒸馏塔进料带入塔的热量减去各产品离塔带出的热量所得的差值叫常压蒸馏塔的回流热。它被塔顶冷回流和各中段循环回流取出，完成塔内的传热和传质。回流热从塔的什么部位取出对节能有较大的影响。从产品分离过程看，以塔顶回流的形式取出全塔回流热虽然有利于提高产品分离精度并减少塔板数，但使塔气液负荷沿塔高自上而下由大变小，极不均匀，塔顶第一板下方的负荷最大。此外由于塔顶温度低，回流热量难以回收，绝大部分需用空冷器或水冷器取走，使装置能耗大幅度上升，而满足产品分离精度所要求的回流比远比这种回流方式所产生的回流比小。为此工业上采用适当增加塔板数和中段回流数的办法使全塔负荷沿塔高趋于均匀，既满足各侧线产品之间分离度的要求，又使大部分回流热以较高温位的中段回流取出，以利回收。显然在原油加工量和产品产率及性质确定之后，全塔总回流热是个常数，在塔顶及塔上部低温位回流取热量比例增加的同时，必然减少高温位回流取热的比例。

从热量利用角度看，应努力提高常压塔下部高温位中段回流的取热比例，以提高装置热回收率。但是在生产操作中，应维持全塔各段有适当的回流量，以满足塔顶油与常一线喷气燃料之间的分离要求，提高轻质油收率，防止水蒸气在塔顶部冷凝引起冲塔，因此应寻找出优化的操作条件。

应该指出，塔的优化操作对提高装置热回收率，降低装置能耗是大有可为的。

13 采用预闪蒸流程有什么优点？常用的预闪蒸流程有哪几种？

（1）在原油蒸馏系统采用预闪蒸流程的优点有以下几点：

① 减少因原油含水量的波动而影响常压塔的操作。

② 当处理轻质原油时可以降低常压塔的负荷。

③ 使原油中轻质馏分及水分尽量在入常压炉前汽化，以减少常压炉热负荷。

④ 充分利用装置内占比例较大的中、低温热源与较低温度的原油换热，使大部分换热设备具有较高的传热温差。

⑤ 使原油中的轻质馏分尽量在换热器中汽化以提高传热系数，减轻结垢。

⑥ 降低原油系统的总压降。

⑦ 有利于换热网络的反馈调整。

（2）常用的预闪蒸流程有以下几种：

① 预闪蒸塔顶不打回流，闪蒸油气在较低温度下（一般比常压炉出口低140～170°）进入常压塔闪蒸段，没有上述①、②项优点。

② 预闪蒸塔顶不打回流，闪蒸油气导入常压塔上部。没有上述①、②项优点。

③ 预闪蒸塔顶打回流，原油多路并联换热，换热器至闪蒸塔管线按转油线设计，轻质组分在换热器内汽化分率大（大于25%），有利于传热。没有上述⑦项优点。

上述几种流程所能节约的能量，取决于汽化的轻质油量，①、②的流程适用于原油含水不多、波动不大或已经电脱盐脱水，以及常压塔顶部负荷不是卡脖子因素的装置。③的流程适于处理原油中轻质馏分含量较高的装置。

14 减少加热炉负荷的措施是什么？

（1）对于不设初馏塔的装置，可考虑设闪蒸塔，闪蒸气体直接引入常压塔进料段或其他部位，闪蒸塔底油再用泵经常压炉送入常压塔，这样可以降低常压炉进料量。

（2）常压塔过汽化油全部以常压侧线的形式抽出，直接导入减压塔，可以降低减压炉进料量。

15 如何提高减压塔的拔出率？

减压塔拔出率的提高，常减压蒸馏装置能耗也增加，所以应根据减压渣油的加工流向，合理确定减压拔出率。减压渣油和最低侧线产品全部进催化裂化加工，实施深拔在经济上不合理；减压生产润滑油料时，深拔受侧线产品质量限制；减压渣油生产沥青，特别是生产高等级道路沥青时，拔除深度要考虑沥青质量的要求；当减压渣油进入燃料型沥青装置、延迟焦化装置或直接调燃料油时，提高减压拔出率无论在加工方案优化上，还是在经济上，都有重大影响。

（1）提高减压塔顶真空度。提高抽真空系统效率、减少减压系统泄漏、防止减压进料的过热裂化、减少常压重油中350℃前馏分含量，都可以提高减压塔真空度。

（2）降低汽化段压力。在塔顶真空度不变的情况下，汽化段到塔顶的总压降越小，汽化段的压力越低，有利于提高减压的拔出率。分馏段采用高效低压降规整填料，取热段采用空塔喷淋取热技术，可以有效降低总压降。合理的减压炉和转油线设计，对汽化段压力也有极大影响。

（3）提高汽化段温度。通过改进减压炉和转油线设计，燃料型减压塔汽化段温度可以达到415℃，减压炉的运行周期仍可达3年。操作中要以不结焦和不过热裂化为上限，尽可能提高炉出口温度和汽化段温度。

（4）采用强化蒸馏技术。强化蒸馏技术是通过在原料中加入强化剂，改变造成蜡油滞留在渣油中物质的极性，并降低蜡油逸出的表面张力，阻止自由基链聚合，消除雾沫夹带，提高减压拔出率。

（5）应用减压塔分段抽真空技术。

16 加热炉烟气余热回收有哪些流程？优缺点如何？

我国常减压装置烟气余热回收流程主要有以下几种：

（1）冷进料流程。原油的一小部分出电脱盐罐后引入加热炉对流段的顶部，回收烟气余热，一般预热到200~230℃，与脱后换热的原油合并入初馏塔。也有个别炼油厂把全部原油都作为冷进料预热后，返回脱后换热流程继续换热。采用冷进料流程时，一般辅以用中、低温产品热源来预热炉用空气。而这部分空气的预热负荷往往接近于烟气被冷进料所回收的热量，因此这种流程相当于一个间接空气预热器。采用冷进料流程的关键是确定合适的冷进料入炉温度，应选择稍高于露点温度，避免露点腐蚀。冷进料流程的排烟温度较高，一般在200℃左右。这一流程的优点是用常规材质的设备，避开了烟气和空气直接换热时可能产生的露点腐蚀和积垢问题。因此同一目的热载体预热空气流程少了一套热载体循环系统，所以改造工作量和投资都比较低。缺点是因受冷进料温度的限制，排烟温度较高。

（2）预热空气流程。预热空气流程一般采用固定管式空气预热器，固定管式的材质有普通钢管、耐腐蚀玻璃管、铸铁管、搪瓷管等。由于烟气与低温空气换热，所以排烟温度较低，最低的仅120℃左右，对提高炉效率十分有利。如果空气预热器采用不耐腐蚀的材料，则应考虑露点腐蚀问题，需将空气预热到适当温度后再与烟气换热。

（3）发生蒸汽（废热锅炉）流程。烟气余热发生蒸汽的流程在我国应用很少，此流程的优点是发生了装置需要的蒸汽，可减少装置用汽的输送损失。缺点是热效率较低，系统较复杂，投资较高。

（4）预热锅炉给水流程。这种流程的应用也很少，因为该流程虽然能显著降低排烟温度，但从有效能利用的角度看，可供软化水预热的低温热源很多，如无特殊理由，没有必要用以回收较高温度的烟气余热。

以上几种流程各有优缺点，从能量利用角度分析，烟气余热最好的利用途径是增加对流段加热面积加热工艺物流，其次是预热空气，最后才考虑发生蒸汽。

17 加热炉采用 CO 控制有什么优点？

加热炉使用氧化锆分析仪检测氧含量的优点是价格低，反应时间短，维护量小，但氧分析仪检测存在一定的缺点。一方面，当加热炉漏风时，仅分析氧含量无法区分是正常供风还是漏入的空气，因而不能根据此调节供风量；另一方面，由于不同的燃料需要不同的过剩氧含量值，因而仅根据烟气氧含量无法将供风量调节得恰到好处。采用 CO 控制却正好能克服上述缺点。用 CO 调节燃烧控制的优点：在各种不同的燃料以及加热炉存在漏风的情况下都能将供风量调节到最佳值。其原理是 CO 是不完全燃烧的产物，过剩空气量越少，烟气中 CO 含量越高。当烟囱刚开始冒黑烟时，烟气中 CO 含量为 $600\sim800\mu g/g$，当烟囱冒出很浓的黑烟时，烟气中 CO 含量可达 $2000\mu g/g$ 以上。而当过剩空气量较大时，烟气中 CO 含量可低至 $25\mu g/g$ 以下。烟气中 CO 含量随过剩空气量的变化规律：过剩空气从大变小时，CO 含量从低变高；当过剩空气量较大时，CO 含量的变化较慢；当过剩空气量减少至燃烧接近最高效率时，CO 含量开始很快增加。一般将 CO 含量控制在 $100\sim300\mu g/g$，可以使燃烧达到最高效率。目前最佳的控制方案是综合 CO、O_2 及炉膛负压三个参数来进行控制。

18 加热炉加强管理的节能措施有哪些？

加热炉加强运行管理的节能措施有以下几个方面：防止空气漏入加热炉；控制过剩空气量；管理好燃烧系统；清理炉管表面积灰；加强保温，使用陶纤炉衬，减少炉体散热损失。

（1）防止空气漏入加热炉。加热炉炉膛均为负压操作，因而空气会从任一缝隙处（如炉门、看火孔、弯头箱、闲置不用的燃烧器等）漏入炉内，一部分热量白白地用来加热漏入的冷空气，而使加热炉效率降低。空气漏入量与炉内负压和漏点的大小多少有关，可由图 9-1 求得。

（2）控制过剩空气量。过剩空气量的控制，对于自然送风的加热炉是调节风门和炉内负压的控制。对于强制送风的加热炉是靠近风道挡板的调节和炉内负压的控制，通过烟道挡板的调节，维持正常燃烧的情况下，将炉内负压控制到最小，以减少进入炉内的空气量。减少过剩空气系数有以下效果：节约燃料用量；减少烟气流量；减少烟气流动压降；降低排烟温度（由于燃料用量减少）因而提高炉效率。但过剩空气量减少过低，会导致燃烧不完全，烟气中尘灰急增，使对流室积灰严重，增加烟气流动阻力，同时会使炉管表面受热强度不均匀，因此对于不同的燃料（油、或气）应控制适当的过剩空气系数。

（3）管理好燃烧系统。燃烧不好会影响热效率，燃烧不好的原因有很多，诸如所用燃料及其压力、温度、黏度、灰分、硫含量；所用雾化蒸汽的压力、温度以及是否含有水分；所用燃烧器的容量，喷头大小；燃料与蒸汽是否充分混合；燃烧空气是否足够，是否与燃料充分混合；燃烧管路是否处于良好状态等。为了有效燃烧，燃料油以合适的温度、黏度和压力送往燃烧器。喷头前油温及其黏度会影响雾化质量、雾化蒸汽消耗量及焰型。油压会影响空气/燃料比，而空气/燃料比又直接影响消耗。压力过高，则燃料流量增加，在炉内及烟囱就会冒黑烟。

污垢往往穿过过滤器小孔进入燃烧器将喷头堵塞，影响雾化效果，因此要定期清扫喷嘴。

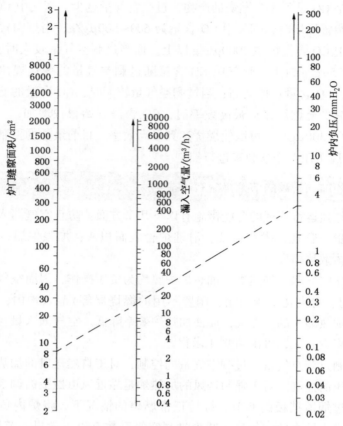

图 9-1　从炉门缝隙漏入的空气量

$1mmH_2O = 9.806Pa$

（4）清理炉管表面积灰。炉管表面积灰影响传热效率，因此在燃烧过程中应使用吹灰器经常吹灰，也可在停工期间使用蒸汽、压缩空气或热水冲洗炉管表面。从表 9-3 可以看出炉管清灰（人工刷拭和鼓风吹扫）后热效率提高数据。

表 9-3　炉管清扫效果

项目	设计	清扫前	清扫后
负荷/%	100	100	100
排烟温度/℃	240	330~350	230~250
热效率/%	87	82	86~87

（5）使用陶纤炉衬，减少炉体散热损失。炉墙表面温度应定期测定，根据测定的结果安排计划进行炉衬，以减少表面散热损失，其散热量可从图 9-2 查出。目前使用最多的为陶纤衬，贴陶纤后，炉壁散热损失减少 47%~52%，加热炉效

率可提高 1%~1.5%。

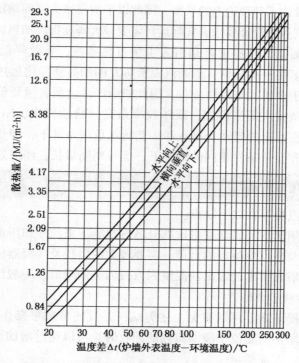

图 9-2　加热炉炉墙表面散热与表面温度的关系

19　如何减少装置蒸汽用量?

(1) 减少抽空器工作蒸汽的用量。

(2) 减少减压塔的汽提蒸汽用量。

(3) 采用大型高效火嘴,减少加热炉的燃料雾化用蒸汽。

由于常减压装置所用蒸汽,大部分在常压塔和减压塔塔顶以较低温度和压力排出,它的热量难以回收,因而常常用水冷却器或空气冷却器使其冷凝,耗用大量冷却水或风机电能,所以降低蒸汽用量,对降低装置能耗有较明显的作用。

20　为什么采用微湿式减压蒸馏能节能?

传统的湿式减压蒸馏为了降低闪蒸段的油气分压,在塔底注入大量蒸汽,既浪费了能量,又加重了抽空系统的负荷,还要多消耗大量的冷却水。而干式减压采用了低压降的填料或塔盘以及高效抽空器,在闪蒸段实现了高真空以满足所需的油气分压,克服了湿式减压蒸馏的弊病,因而蒸汽耗量大大低于湿式减压蒸馏,塔顶抽空系统的冷却负荷也较小,另外在拔出率相同的情况下,干式减压的炉出口温度比湿式减压的炉出口温度低。但干式减压工艺进料为一次闪蒸过程，实际生产中汽化段达不到理论上的平衡，因此以平衡模型为基础确定的干式减压工艺，难以达到切割点的设计要求，实际运行需要较大幅度提高加热炉的出口温度。

微湿式减压蒸馏，汽提工艺是引入少量过热蒸汽，有效降低汽提段油气分压，实现汽提段多级平衡分离，渣油汽提所蒸发的油品沸程比加热炉汽化的油品沸程范围小，由于金属的非线性分布，因此蜡油产品金属含量要低得多。实践证明采用带汽提的微湿式操作模式，减压收率最高，蜡油残炭、Ni、V 含量最小，蜡油质量最好，在给定的蜡油切割点和工艺蒸汽负荷条件下，加热炉出口温度最低，在其他工艺和设备条件相同的情况下，运行周期最长，经济效益最显著。

21　如何改进传统的蒸汽汽提？

传统的蒸汽汽提存在以下缺点：

（1）既需耗用蒸汽又需增加将这部分蒸汽冷凝下来的冷却用水。

（2）增加塔及塔顶冷凝器的负荷，需要较大的塔径及冷凝器传热面积。

（3）从汽提塔底出来的馏出油温度因汽提闪蒸而降低，一般约比主塔馏出口低 10℃左右，不利于换热。

采用重沸汽提基本上可以避免上述弊端，并且还带来了操作灵活性的好处，即当操作中需要增加高温位中段回流热的回收时，可以通过增加汽提的热负荷来调节塔内回流比，保证质量。

22　如何改进减压塔抽空器？

减压塔抽空器一般由于设计负荷高于实际需要量，存在着蒸汽耗量大、效率低的缺点，改进的方法一是按实际负荷采用合适的抽空器；二是在装置的原油处理量波动很大或原油性质变化频繁，不凝汽量变化幅度很大的情况下，采用两组或三组不同抽气能力的抽空器并联操作，以便在不同的负荷下实现最优组合。

如减压塔塔顶抽空系统设计为每一级抽空器三台并联的措施，其中 60% 容量一台，20% 容量两台，则装置可在 20%、40%、60%、80% 及 100% 五种不同工况下进行操作。另外传统的蒸汽喷射抽空器效率很低，一般最高只有 20% 左右，而且由于抽空器排出的低压蒸汽所含有的能量非但无法利用，还需消耗冷却水来冷却，因此相对驱动蒸汽来说，其效率更低（按实际所做功除以所耗的能量计算低于 2%）。因此在条件适合的情况下，用机械真空泵取代热气喷射抽空器是提高抽空系统效率的好方法。虽然由于蒸汽喷射抽空器具有无活动件、安全、可靠、廉价、几乎不需维修等优点，仍然在炼油厂得到广泛应用，但随着燃料价格不断上涨，环境保护的要求日益严格，以及机械真空泵使用可靠性的不断改进，减压塔塔顶抽空系统将必然会较多地采用机械真空泵。

23 减少装置用电量的主要措施有哪些？

（1）合理选用机泵。

① 按实际负荷合理选用电动机。

② 对于负荷变化较大的机泵，可采用变速电机或液力耦合器等。

③ 在背压蒸汽有合理用途时，用背压透平代替电动机。

④ 对于功率较大的机泵，可根据生产实际需要，更换叶轮或按实际处理量更换成小泵。

（2）降低电脱盐罐用电量。降低电脱盐罐用电量可以从两方面考虑，一方面是改进电脱盐罐工艺（如将三层电极板改为两层），选择适宜的罐体尺寸、电极板间距和电极板形式等，另一方面是从工艺操作条件着手，减少注水量，选择适宜的油水界面等。

这里需要指出，上述节电措施必须在满足电脱盐工艺要求。即满足原油脱后含盐、含水指标的基础上实施，切不可为节电而降低脱盐指标。

（3）降低空冷器用电量。

① 采用调角风机，根据介质的冷后温度及时调整风机角度或停止供风，采用自动调角风机约可比常规风机减少用电量 1/3。

② 采用玻璃钢叶片的风扇，可使同型号风扇配套电机功率由 40kW 降到 22kW（轴功率由 27kW 降为 16kW）。

③ 采用增湿空冷。

④ 用引风式空冷器代替送风式空冷器。

⑤ 最先进的方法是采用调速电机，用改变电机转速的方法来调节空冷器冷后温度。

24 降低水的能耗有哪些主要措施？

（1）减少循环水用量。

① 搞好低温位热量的利用，减少全装置冷凝、冷却的负荷。例如，把侧线产品与原油及其他需加热的介质换热至出装置的温度，取消相应的循环水冷却。

② 循环水二次利用，减压渣油用其他侧线产品水冷却器排出循环热水冷却，可大大减少装置的循环水用量。

③ 用空气冷却器代替水冷却器，用空气代替循环水作冷却介质，可大幅度降低循环水用量。空气冷却器尤其适用于夏季循环水温高，冬季气温不太低，不必采取热风循环防冻措施的炼油厂。

（2）减少污水排放量。

① 降低汽提蒸汽及抽空器蒸汽用量，这些蒸汽都在塔顶经冷凝冷却，油水

分离后排出，是装置含硫含油污水的主要来源，本书有关章节已经阐述了如何降低其用量的措施。

② 降低机泵冷却水的排放量，机泵冷却水应尽可能回收至循环水系统，循环使用，全部排入含油污水系统是不合适的。

③ 降低电脱盐排水量，对有两级电脱盐的装置，应采用第二级电脱盐罐排水作为第一级电脱盐的注水。

④ 减压塔塔顶不采用直冷，如采用直冷，将使含油污水大量增加。

⑤ 塔顶注水采用塔顶回流罐的排水。

（3）减少软化水用量。

① 减少电脱盐注水。有两级电脱盐装置，采用二级脱盐罐的排水作为一级脱盐的注水，可使注水量降低一半左右。此外也可采用经污水汽提后的净化水作为电脱盐注水。

② 减少湿式空冷器用水。湿式空冷器用水量一般由工作介质决定，但在选择湿式空冷器时，应合理选定用水量，不宜过多。此外操作中可根据工作要求及季节的变化，能不喷水就尽量不开湿式冷空器的水系统。

③ 机泵冷却水尽可能采用循环水，不用软化水。

25　如何表示装置的热回收率？

所谓热回收率通常是指回收的热量与需要回收的热量的比值，一般用百分比表示。热回收率有许多不同的表示方法，且各具特点，为了使各常减压蒸馏装置能在相近的基础比较，同时反映装置热量回收的水平，常用的热回收率的表示方法：回收热量（包括原油换热及其他介质换热）占装置所提供热量（回收热加冷却热量）的百分比。显然该定义下的热回收率极限值为100%。

例题：某常减压蒸馏装置，各物料与原油换热的热量为205.4GJ/h，用于发蒸汽的热量为13GJ/h，空冷热量为39.9GJ/h，水冷热量为4.3GJ/h。问该装置的热回收率是多少？

解：回收热＝205.4＋13＝218.4（GJ/h）

冷却热＝39.9＋4.3＝44.2（GJ/h）

热回收率＝回收热/（回收热＋冷却热）

$\quad\quad$＝218.4/（218.4＋44.2）

$\quad\quad$＝0.832

$\quad\quad$＝83.2%

答：该装置热回收率为83.2%。

提高换热终温是降低加热炉负荷，减少燃料消耗的最直接方法。原油换热终温若提高 5℃，则可降低燃料消耗 0.3kg/t 原油，降低能耗 0.3 个单位以上。优化换热网络设计是提高换热终温的前提，由于常减压装置冷热物流数较多，常减压装置换热网络设计是一个非常复杂的工作。20 世纪 70 年代，主要是启发探试法，80 年代以后，Linnhoff 等提出了窄点的概念和窄点技术合成换热网络的方法。

窄点技术是指在冷热物流的热回收过程中，有一最小传热温差处即窄点，它决定了最小的加热和冷却公用工程用量，并由此引出若干换热匹配规则，从而可设计出投资和能耗操作费用最小的换热网络。窄点技术已成功地在世界范围内取得了显著的节能效果，采用这种技术对新厂设计而言，比传统方法可节能 30%～50%，节省投资 10% 左右；对老厂改造而言，通常可节能 20%～35%，改造投资的回收年限一般只有 0.5～3 年。窄点技术有如此高的节能效益主要因为以下几点。

（1）在网络设计之前确定最优的设计目标。在常减压蒸馏装置换热网络设计中，应用窄点技术可以求得窄点位置，求得不同窄点温差下的原油换热终温与所需换热面积的关系，并通过优化计算求得使投资与操作费用最小的换热网络设计目标，从而得到优化的定量设计目标。而传统设计方法只能是做几个方案进行比较，取其优者，难以达到最优的设计目标。

（2）应用窄点技术指导换热匹配，可达到优化设计目标。窄点技术的匹配原则：窄点上不能有冷却公用工程，窄点下不能有加热公用工程，不能有跨过窄点的换热匹配等。利用该准则分析原换热网络，可将违反窄点原则的匹配纠正过来，使冷热物料匹配更加合理，使原油换热终温提高。

（3）利用总组合线判断多级别公用工程的应用，按能级利用热量。换热网络的总组合线，表示换热网络窄点以上所需加热公用工程和窄点以下所需冷却公用工程与温度的关系，这样可大大减少冷却公用工程用量，更合理地利用余热。

提高换热器的效率主要是指提高换热器的传热系数，只有在高传热系数前提下，进一步减小换热的温差才是经济的。而温差越小，回收热量就越多，有效能损失也越少。因此努力减小传热过程阻力，提高传热系数是一条重要的节能途径。提高传热系数通常有以下三个方法：

（1）合理地选择管程、壳程介质，采用精确的壳程计算方法。

目前我国常减压装置的换热网络平均传热系数与国外先进水平相比仍有一定

的差距，应从换热器的结构系列设计及精确的壳程计算方法着手，进行研究开发，赶上国际水平。

（2）强化传热。

① 在壳程传热系数远低于管程的场合下，广泛使用波纹管或其他型式高效扩面管。

② 在管程传热系数较低的情况下，采用螺旋槽管、横槽纹管、缩放管等强化管内传热元件及采用管内插入物等。

③ 在有相变的情况下采用单面纵槽管或工形纹翅片管等。

（3）加强换热器的监测清洗。

在实际使用中换热器管内外会结垢使传热系数降低，特别是在开工末期更为严重。因此对换热器定期监测，查出传热系数降低较多的应及时进行清洗，是提高换热器效率的有效方法。

28　常减压装置节能方面有哪些先进的自动控制流程？

采用先进的自动控制流程，不仅可以减少操作工紧张频繁的劳动

而且操作调整迅速、安全、可靠，能使操作达到最优化，取得较大的节能效果。另外采用先进的自动控制流程，还能增加收率，严格控制质量，取得显著的经济效益。对常减压蒸馏装置节能有用的自控流程目前主要有以下几种：

（1）先进控制技术。采用先进控制技术，能在产品质量、收率及节能方面指导操作。当原油性质变化时，计算机可以针对不同的原油-产品生产方案确定最佳操作方式。应用计算机的关键是要有可靠的硬件和完善的软件。通过计算机控制达到节能效果的在线回路一般有以下几种：

① 调整多路并联换热器的各路冷热流流率，达到最大传热效率。

② 在约束条件限制下（例如液泛及产品质量要求）分配和调整中段回流热负荷，使之达到最大值。

③ 将顶冷回流调整到最优值，使冷却损失能量最小。

④ 在不增加能耗的前提下，提高价值较高的产品收率。

⑤ 用最小过汽化率来调整加热炉燃料用量。

⑥ 平衡加热炉各路流率以达到最大传热效率。

⑦ 按最高热效率来自动控制加热炉的空气与燃料的比例。

⑧ 优化常压塔和减压塔的汽提蒸汽量。

⑨ 根据产品规格要求（一般用闪点或实沸点切割点）使侧线汽提塔的蒸汽用量最少。

（2）质量反馈控制和实沸点切割点控制。产品质量过剩，要浪费能量，但根

据人工化验质量分析结果对操作进行调整，往往失之过迟，也不易调节得恰到好处。一种质量控制方法是采用在线质量分析仪，根据自动分析结果，就可调整给定值。如与计算机联合进行在线质量反馈控制，就能对抽出产品流率和（或）产品抽出线下的中段回流进行调整，这是比较理想的控制方案，不仅省能，而且可不损失高价值产品的收率，目前在线质量分析仪存在的问题是滞后时间长、测量值偏移，另外维修工作量较大。

另一种质量控制方法是实沸点切割点控制，控制的切割点是通过计算机中已经有的（或已算出的）抽出塔盘温度、压力、内回流、蒸气分压值计算出来的。计算得到的实沸点切割点接近于恩氏蒸馏95%。它们的动态反应很好，可以在过程变化时很快作出反应（约10min）。计算的实沸点切割点用作初级控制参数可以单独用（如没有质量分析仪可用化验室恩氏蒸馏数据来修正），也可以作为一个快的内循环配以较慢的质量分析仪作修整。这种控制方案对原油性质经常变化的装置特别有价值，可以最大限度地提高所需产品的收率。

（3）中段回流热负荷控制。这种控制流程是将中段回流流量与出入塔温差乘积作为控制参数，可以保证中段回流热负荷的稳定，较之单独控制中段回流量或出入塔温差的方法更易使塔内操作平稳，并且直观，调整取热比例也很方便。

（4）进料前馈控制。分馏塔的合理控制包括反馈控制和前馈控制两种，在分馏过程中，进料流率或组成的波动，对塔操作性能具有关键性的影响。当由于进料的波动致使反馈控制器上显示出误差时，要消除波动造成的影响就太晚了。由于反馈控制不能解决一些关键问题，所以需要有前馈控制。前馈控制解决这个问题是预报这一波动对产品组成的影响，及时调整控制参数，使原料情况变化时，产品质量和收率都能加以合理的控制。

（5）过汽化率控制。将过汽化油引至塔外，经孔板计量后返回塔的提馏段，根据过汽化率及质量裕量来调整拔出率及炉出口温度。或根据塔的物料平衡和热量平衡，计算出实际过汽化率，根据过汽化率及时调整炉出口温度，实现节能。

（6）加热炉烟气含氧量控制及燃烧效率控制。目前较先进的控制方法是在线测量炉膛负压、烟气氧含量及一氧化碳含量，根据炉膛负压调节烟道挡板开度，根据烟气一氧化碳含量调节供风量，而烟气氧含量用于检查燃烧器使用状况及炉体漏风情况。一般控制炉膛负压为−10~0Pa，烟气一氧化碳含量为100~300μg/g，在此条件下烟气氧含量达到最佳值。

（7）以变频电机驱动泵代替节流调节。传统的由离心泵及控制阀组成的输送系统约有20%~30%的节流能量损失，当低处理量操作时，电能损失更大。如果改用变频电机控制，取消控制阀，就可减少这类损失。变频电机的节能效果，除了可消除节流损失外，低负荷时的节能效果也很好。因为变频电机的转速与流率成正比，压头与转速的平方成正比，轴功率与转速的三次方成正比，当转速下降时，泵效率可基本上保持不变或仅稍有下降，而电机功率却下降了。

29 常减压装置如何有效地利用热能？

常减压装置原油加工过程，从温位方面来看，就是加热-分馏-冷却，即原油被加热到较高温度后进分馏系统，分割成不同组分的成品或半成品，再经冷却降低温度，完成整个生产过程。在这过程中所消耗的全部高品位的能量（燃料、电），在分馏过程完成后转化成了各种不同温位的热量。这些热量由于温度不同，使用价值也不一样，可以用热量的做功能力对其使用价值进行评价。热源温度与卡诺效率（理论做功效率）的关系见表 9-4（环境温度取 20℃）。

表 9-4　热源温度与卡诺效率的关系

热源温度/℃	1000	500	300	200	100	50	40
卡诺效率/%	77.0	62.1	48.9	38.1	21.4	9.3	6.4

从表 9-4 可以看出，不同温度的热量，其做功能力差别很大，热源温度越高，做功能力越大，利用价值越高。目前常减压装置的余热利用途径，一是换热，二是产生蒸汽，这两种过程中都存在着做功能力的损失。举例来说，减三线热源与原油换热减三线温度从 310℃ 降低到 270℃，原油从 240℃ 升高到 260℃，通过热力学计算可以知道，310℃ 的减三线和 240℃ 的原油的做功能力之和要大于 270℃ 的减三线和 260℃ 的原油的做功能力之和，两者之差就是做功能力的损失（即有效能失），也就是说，换热后总的做功能力降低了（不考虑换热过程中的散热损失）。在冷热源之间的换热过程总是存在着㶲损失，冷热源之间的温差越大，㶲损失越大。所谓有效地利用热能，就是要使热能利用过程中的损失尽可能地小。常减压装置要降低㶲损失，应该进行全装置㶲分析，对存在㶲损失的环节，设计新的热能利用方案，并进行技术经济比较，在经济合理的前提下进行改进。目前常减压装置提高有效能利用率可以从以下几方面着手：

（1）提高常压塔和减压塔中、高温位热能的取热比例，尽可能降低塔顶的取热比例，这样既可以得到高品位的热量，又降低了低温热的排出和回收的困难。

（2）提高设备的热效率，这是减少低温热排出的重要途径。如降低加热炉排烟温度，提高炉子热效率，采用高效换热器，减少换热温差，提高换热效率及热回收率等。这些措施减少了低温位热的排出，可以使高温位热得到更加合理的应用。

（3）在工艺过程中尽可能直接利用低温热。如在换热流程中合理匹配高、低温热源，尽可能多地利用低温热源预热原油，在经济合理的前提下尽可能减少换热温差，提高换热终温，保温伴热及采暖尽可能用热水代替蒸汽等。

30 **从哪些方面考虑低温位热量利用？**

（1）塔顶热量的利用。初馏塔与常压塔塔顶排出的物流，通常采用空冷器或水冷器冷凝，这部分热量很大。如将塔顶馏出物先与原油（或其他介质）换热至一定温度，再进空气冷却器或水冷却器冷凝冷却，可回收其中一部分热量。采用此措施之前，应分析全装置低温位热量的利用情况。常减压蒸馏装置的低温位热量较多，若塔顶油气与原油换热后会将其他相应温位的热量利用，则可考虑用于加热低温热水。塔顶油气换热器的设计中特别要考虑设备的腐蚀问题，加工含硫原油时，这个问题尤为突出。

（2）产品低温位热量的利用。各产品热流与原抽换热以后的低温位热量可考虑以下利用途径：

① 加热低温热水；

② 预热加热炉燃烧空气；

③ 与全厂低温位热量集中一起用于发电；

④ 制冷；

⑤ 加热其他介质（如除氧水）。

（3）电脱盐排水热量的利用。电脱盐罐排水的温度约为 100～120℃，它可与电脱盐注水换热，既提高了注水温度，又减少了排水的冷却负荷。

31 **保温在节能中的地位是怎样的？**

随着能源价格的不断上涨，加强保温减少热损失已成了一项重要的节能措施。据测算对于保温良好的常减压装置，其散热损失占装置能耗的 10%左右。如果装置的加工量为 3.0Mt/a，则全年散热损失折合标准燃料油 3900t，对于保温较差的装置，热损失还要大得多。由此可见，保温是大有潜力可挖的。

在装置的热损失中，管线热损失占首位，如果没有保温，将会散失大量热量。如 φ200mm 的裸管，介质温度为 300℃，每千米年热损失相当于 3700t 标准燃料油。但是也不是有了保温就能彻底解决问题。例如一条 4.0MPa 的过热蒸汽管线，蒸汽量为 33.6t/h 温度为 410℃，保温材料采用普通硅酸钙，厚度 85mm，测量其到达使用设备的温度却只有 360℃，可以求得总散热量达 4.31GJ/h，占总热量的 4.3%，而散热损失中由保温材料表面散失的热量占 82%，可见该管线的保温还需要改进。改进的措施一是增加保温层，二是采用导热率更低的保温材料。除了管线、塔等总表面积大的设备外，一些不易保温的设备如阀门、法兰等的保温也应受到重视，DN50 阀门其散热面相当于 1.11m 的直管，DN200 的阀门相当于 1.68m 直管，即阀门口径越大，其当量散热长度越大，保温价值越大。

保温所获得的节能效果，主要取决于燃料的价格、保温材料的性能及价格。

随着燃料价格的不断上涨和新型高效保温材料的不断出现，加强保温所能获得的经济效益越来越显著。近年来采用的"工业保温经济厚度"不断增加，散热损失有了较大幅度降低，为了进一步减少热损失，保温正向消灭裸露面发展，此外采用新型高效保温材料来提高节能效果，越来越受到重视。保温成本占总设备投资的比例，将从过去传统的2%增加到4%~8%。保温的设计计算，施工要求也将更为严格。

32 常用保温材料及设备保温技术有哪些？

保温材料的种类很多，分类方法也有多种，现将国内外应用较多的保温材料简介如下：

（1）有机质多孔保温材料。这类保温材料主要应用于保冷和100℃以下的保温工程，硬质聚氨酯、聚烯发泡体和酚醛泡沫应用较多。

（2）纤维类保温材料。这是中温、高温区最常用的保温材料。优点是导热系数低，耐温性好，化学稳定性好，施工简便，价格便宜。缺点是吸水性大，机械强度低，施工安装时招致人体刺痒。常用的纤维类保温材料有以下几类：

① 岩棉及其制品。岩棉是以岩石作原料制成的纤维，制品有岩棉板、岩棉软板、岩棉缝板及岩棉保温带，最高使用温度700℃，导热系数为0.035~0.105W/(m·℃)。

② 矿棉及其制品。由高炉矿渣为原料制成，价格低廉，但刺痒问题比岩棉更为严重，最高使用温度600°，导热系数为0.044~0.083W/(m·℃)。

③ 玻璃纤维。将玻璃融熔后喷吹制成，有玻璃棉、超细棉、中级玻璃棉三种。可加工成多种制品，使用温度不大于500℃，导热系数为0.032~0.058W/(m·℃)。

④ 瓷纤维及其制品。由高纯度的氧化硅-氧化铝在高温下熔化后喷吹制成，用途很广，近年来作为炉衬材料发展很快，最高使用温度达1650℃，导热系数在1000℃以下时为0.078~0.11W/(m·℃)。使用温度1000~1600℃的超高温铝纤维的导热系数为0.28~0.69W/(m·℃)。

（3）无机质多孔保温材料。

① 微孔硅酸钙。使用温度600~1000℃，导热系数0.042~0.065W/(m·℃)。

② 泡沫玻璃。使用温度-268~650℃，导热系数0.007~0.05W/(m·℃)。

③ 珍珠岩及其制品。使用温度-200~800℃，导热系数0.056~0.11W/(m·℃)

④ 其他类如泡沫陶瓷、多孔硅及蜂窝多孔硅等。

在保温工程中除需要保温材料外，还需要多种辅助材料，主要有补强材料、黏结剂、涂料、外护材料及防水材料五类。

设备保温技术包括的内容很多，下面仅作一点简单介绍：

（1）加热炉的保温。加热炉的表面温度一般炉顶比炉壁高得多，因此保温应先从炉顶着手，保温材料选用陶瓷纤维作内衬里较好。一般炉壁采用胶合板状内衬里结构，炉顶采用吊挂结构。

（2）塔器的保温。一般选用纤维类保温材料作外保温，外护面为金属网加铁皮或铝皮。

（3）管线的保温。保温材料一般用纤维材料，珍珠岩制品和硅酸钙制品，结构为单层或多层，其中多层效果较好，护面趋向于采用金属代替非金属。

33 节能与产品拔出率的关系是什么？

提高拔出率就必须增加能量消耗，但它们之间的定量关系较为复杂，下面用一个简单的例子来说明节能与产品拔出率的关系。

某常减压蒸馏装置加工胜利原油，总拔出率为 54%，其中减压拔出率为 25.5%。假设减压塔闪蒸段分压基本不变（为干式减压蒸馏操作），如要提高总拔出率 1%，约需提高炉温 4℃，相应增加加热炉负荷约 17MJ/t 原油。按炉热效率为 90%，热量回收率 70% 计算，则因提高拔出率 1% 而增加的能耗约为 11.3MJ/t 原油（未回收热量需冷却，故按未回收热量的 2 倍计能耗），折合成标准燃料油为 0.27kg/t 原油。以每年加工原油 2.5Mt/a 计，相当于增加燃料油消耗约 676t/a，对于年加工原油 2.5Mt/a 的装置，若提高拔出率 1%，则可增加蜡油量 25kt/a，所以提高拔出率 1%，装置产值每年净增加 415 万元。

由上例可见，提高拔出率所创造的经济效益远比增加的能量消耗费用高。因而有人称提高拔出率是最大的节能。此外蜡油的增加为下游装置提供了更多的原料，可生产更多的轻质油，创造更多的社会效益。

在采用减压渣油加氢处理工艺流程时，减压渣油作为加氢处理装置的原料，还需掺入一定比例的蜡油，这种情况下应适当地控制拔出率。

34 节能与改造投资是怎样的关系？

节能措施的采用不仅要在技术上可行，而且必须经济合理，节能与投资的关系实质上是操作费用与投资的关系在节能领域的体现，能耗高低表明了操作费用的高低。

人们总是希望所花费的投资能在最短的时间内得到回收，但是为节能改造而花费的投资在多长时间内得到回收才合理还没有统一规定，一般认为三年以内是合理的。

总之对节能改造应进行多方案的经济、技术比较，最后选定技术经济效果最好的方案实施。

（1）常减压装置初底泵更换小转子；

（2）高耗能落后电动机淘汰更新、节能升级；

（3）高温管线保温节能改造；

（4）闪蒸塔改初馏塔；

（5）减压塔三级抽真空改机械抽真空；

（6）加热炉烟气余热回收预热器改铸铁式，排烟温度由 120℃降至 80℃。

第十章　加热炉及其操作

1　什么叫燃烧？

燃烧是物质相互化合并伴随发光、发热的过程。我们通常所说的燃烧是指可燃物与空气中的氧发生剧烈的化学反应。可燃物燃烧时需要有一定温度，可燃物开始燃烧时需要的最低温度叫该物质的燃点或者着火点。

2　燃烧的基本条件是什么？

物质燃烧的基本条件：一是有可燃物，如燃料油、燃料气等；二是有助燃物，如空气、氧气；三是有明火或足够高的温度。

3　传热的基本形式是什么？

传热分三种基本形式，即传导、对流和辐射。

热传导热量从物体内部温度较高的部分传递到温度较低的部分或者传递到与之相接触的温度较低的另一物体的过程称为热传导，简称导热。

热对流流体中质点发生相对位移而引起的热量传递，称为热对流，对流只能发生在流体中。

辐射物体受热引起内部原子激发，将热能转变为辐射能以电磁波形式向周围发射，当遇到另一个能吸收辐射能的物体时，辐射能部分或全部被吸收又重新变为热能。物体受热而发出辐射能的过程称为热辐射。

4　管式加热炉一般由几部分组成？

管式加热炉一般由辐射室、对流室、余热回收系统、燃烧器以及通风系统五部分组成。

5　辐射室的作用是什么？

辐射室是加热炉主要热交换的场所，通过火焰或高温烟气进行辐射传热，全炉热负荷的 70%~80% 是由辐射室担负的，它是全炉最重要的部位，辐射室的性能反映了一个炉子的优劣。

6 对流室的作用是什么？

对流室是靠由辐射室出来的烟气进行对流换热的部分，对流室内密布多排炉管，烟气以较大速度冲刷这些管子，进行有效的对流传热。一般情况下，为提高传热效果，多数炉子在对流室采用了钉头管或翅片管。

7 通风系统的通风方式有几种？

加热炉的通风分为自然通风和强制通风两种方式。前者依靠烟囱本身的抽力，不消耗机械功，后者要使用风机，消耗机械功。

8 管式加热炉的主要技术指标是什么？

管式加热炉的主要技术指标包括热负荷、炉膛体积发热强度、辐射表面热强度、对流表面热强度、热效率、火墙温度和管内流速等。

9 什么叫加热炉的热负荷？

每台管式加热炉单位时间内向管内介质传递热量的能力称为热负荷，单位一般用 MW。管内介质所吸收的热量用于升温、汽化或化学反应，全部是有效热负荷，因此，加热炉的热负荷也叫有效热负荷。

10 热负荷如何进行计算？

$$Q = W_F \times [eI_V + (1-e)I_L - I_i] \times 10^{-3} + W_s[I_{S2} - I_{S1}] \times 10^{-3} + Q'$$

式中　Q——加热炉计算总热负荷，MW；

W_F——管内介质流量，kg/s；

e——管内介质在炉出口的汽化率，%；

I_V——炉出口温度、压力条件下介质气相热焓，kJ/kg；

I_L——炉出口温度、压力条件下介质液相热焓，kJ/kg；

I_i——炉入口温度下介质液相热焓，kJ/kg；

W_s——过热水蒸气流量，kg/s；

I_{S1}——水蒸气进炉热焓，kJ/kg；

I_{S2}——过热蒸汽出炉热焓，kJ/kg；

Q'——其他热负荷，如注水汽化热、化学反应热等，MW。

例如：某加热炉原料流速为13200kg/h，出口汽化率 $e=24\%$，已知进口热焓 $I_i=0.849$MJ/kg，出口液相热焓 $I_L=1.104$MJ/kg，气相热焓 $I_V=1.275$MJ/kg，求该加热炉热负荷 Q？

解：$Q = 13200 \times [1.275 \times 24\% + 1.104 \times (1-24\%) - 0.849]/3600 = 10.85$MW

11　什么叫炉膛体积发热强度？

燃料燃烧的总发热量除以炉膛体积，称之为炉膛体积发热强度，简称为体积热强度，它表示单位体积的炉膛在单位时间内燃料燃烧所发出的热量，单位为 kW/m^3。

12　炉膛体积发热强度为什么不允许过大？

炉膛大小对燃料燃烧的稳定性有影响，如果炉膛体积过小，则燃烧空间不够，火焰容易舔到炉管和炉架上，炉膛温度也高，不利于加热炉的长周期安全运行，因此炉膛体积发热强度不允许过大。

13　炉膛体积发热强度的控制指标是多少？

炉膛体积发热强度一般控制在燃油时小于 $125kW/m^3$，燃气时小于 $165kW/m^3$。

14　什么叫炉管表面热强度？

单位面积炉管(一般按炉管外径计算表面积)单位时间内所传递的热量称为炉管的表面热强度，也称热流率，单位为 W/m^2。按炉管在加热炉中所处的位置不同，分为辐射表面热强度和对流表面热强度。

15　炉管表面热强度有什么意义？

炉管表面热强度是表面炉管传热速率的一个重要指标，在设计时，对于热负荷一定的加热炉，随着热强度的增大，可以减少炉管用量、缩小炉体，节省钢材和投资，但炉管表面热强度过高将引起炉管局部过热，从而导致炉管结焦、破裂等不良后果。根据不同工艺过程、管内介质特性、管内介质流速、炉型、炉管材质、炉管尺寸、炉管的排列方式等因素，加热炉允许的表面热强度可在较大范围内变化。

16　常压加热炉的辐射表面热强度大小一般在什么范围？

常压加热炉的辐射表面热强度推荐经验值为 $29000 \sim 35000 W/m^2$。

17　减压加热炉的辐射表面热强度大小一般在什么范围？

减压加热炉的辐射表面热强度推荐经验值为 $26000 \sim 30000 W/m^2$。

18　什么是加热炉热效率？

加热炉炉管内物料所吸收的热量占燃料燃烧所发出的热量及其他供热之和的

百分比即为加热炉的热效率。它表明向炉子提高的能量被有效利用的程度，是加热炉操作的一个主要工艺参数，通常用符号"η"表示。

19 加热炉热效率的设计依据是什么？

根据中国石油化工集团公司标准《石油化工管式炉设计规范》(SHJ 36—91) 第2.0.4条规定：按常年连续运转设计的管式炉，当燃料中的硫含量等于或小于0.1%时，管式炉的热效率值不应低于表10-1中的指标。当燃料中硫含量大于0.1%时，且在设计参数、结构或者选材上缺乏有效的防止露点腐蚀的具体措施时，应按炉子尾部换热面最低金属壁温大于烟气露点温度来确定炉子热效率。

表 10-1 燃料基本不含硫的管式炉热效率指标

炉别	一般管式炉设计热负荷/MW							转化炉或裂解炉
	<1	1~2	2~3	3~6	6~12	12~24	>24	
热效率/%	55	65	75	80	84	88	90	91

20 影响加热炉热效率的主要因素有哪些？

炉效率 η 随烟气排出温度的高低、过剩空气系数大小、炉体保温情况及燃料完全燃烧程度而不同，变化范围很大。在常用的过剩空气系数条件下，根据经验，一般排烟温度每降低17~20℃，则炉效率可提高1%。因此采取冷进料或采用空气预热器等是降低排烟温度、提高炉效率的有效措施。过大的过剩空气系数同样也会严重地影响炉效率，排烟温度愈高，其影响愈大。在排烟温度为200~500℃时，过剩空气系数每下降0.1，可提高炉效率0.8%~0.9%，这就是人们目前普遍强调地严格调节"三门一板"、控制适量地过剩空气系数的原因所在。炉体散热量约占燃料总发热量的2%~4%，在当前节能要求日趋提高的形势下，如何进一步适当加强炉子系统的隔热保温，也普遍引起人们的重视。

21 什么叫火墙温度？

烟气在辐射室隔墙处或从辐射室进入对流室时的温度称为火墙温度。它表征炉膛内烟气温度的高低，该参数值是加热炉操作和设计的一个重要工艺指标，可作为辐射室内热源温度的代表。

22 为什么要限制火墙温度？

对于工艺过程一定的加热炉，其冷源温度，即炉管内油料的平均温度是基本确定的，火墙温度愈高，传给辐射管内油料的热量就愈多。当装置提高处理量时，火墙温度也需随之提高。火墙温度能比较灵敏地反映出辐射室内的传热情况。火墙温度的提高虽有利于传热量的增加，但过高时将导致管内介质结焦、炉膛内耐火材料和炉管等被烧坏。所以对于每台加热炉都有其相应的火墙温度设计值，并作为操作的依据。

23   一般炉子的火墙温度应控制在什么范围？

除烃蒸汽转化炉、乙烯裂解炉等外，一般炉子的火墙温度应控制在 850℃以下。

24   为什么要控制加热炉的管内流速？

流体在炉管内的流速越低，则边界层越厚，传热系数越小，管壁温度越高，越容易造成炉管结焦而烧坏炉管；流速过高又增加管内压力降，增加了管路系统的动力消耗。设计炉子时，在经济合理的范围内应力求提高流速。

25   常压加热炉适宜的管内流速是多少？

常压加热炉适宜的管内流速为 $950 \sim 1500 \mathrm{kg/(m^2 \cdot s)}$。

26   减压加热炉适宜的管内流速是多少？

减压加热炉适宜的管内流速为 $980 \sim 1500 \mathrm{kg/(m^2 \cdot s)}$。

27   加热炉管程数确定的依据是什么？

根据常减压装置处理量的不同，应选择合适的管内流速，把炉管分为单、双、四或更多管程数，其目的是在避免炉管结焦的同时，使油料通过加热炉的总压力降尽量小。加热炉对流室的管数往往比辐射的多，这是因为油料在对流室里温度较低，不易结焦，故允许油料流速低一些，从而降低加热炉的压力降，利于节能。

28   减压炉出口的几根炉管为什么要扩径？

在设计减压炉时，应该控制被加热的油品在管内加热过程不超温。油品超温会裂解，对结焦速率和产品质量都是有影响的。因而减压炉设计时除应选用适当的辐射管热强度外，有时还需要油品汽化点部位注入一定量的水蒸气，以降低油品分压，使进料在规定的温度下达到所需的汽化率。如油品在汽化点以后不扩径或扩径不够时，油品在炉内的温度会高于出口温度而引起分解，并且在进入转油线时截面积突然扩大形成涡流损失。如油品在汽化段后的炉管扩径过大，由于油品流型不理想，也可以出现局部过热使被加热油品裂解。所以减压炉出口的几根炉管的适当扩径是十分必要的。

29　加热炉是如何分类的？

各种管式加热炉通常可按外形和用途来分类。按外形大致分为以下四类：箱式炉、立式炉、圆筒炉和大型方炉；按用途可分为常压炉、减压炉、焦化炉、乙烯裂解炉等。

30　炉型选择的基本原则是什么？

根据中国石油化工集团公司《石油化工管式炉设计规范》（SHJ 36—91）的意见：

（1）设计热负荷小于 1MW 时，宜采用纯辐射圆筒炉；

（2）设计热负荷为 1~30MW 时，应优先选用辐射-对流型圆筒炉；

（3）设计热负荷大于 30MW 时，应通过对比选用炉膛中间排管的圆筒炉、立式炉、箱式炉或其他炉型；

（4）被加热介质易结焦时，宜采用横管立式炉；

（5）被加热介质流量小且要求压降小时，宜采用螺旋管圆筒炉；

（6）被加热介质流量大，要求压降小时，宜采用 U 型管（或环形管）加热炉；

（7）使用材料价格昂贵的炉管，应优先选用双面辐射管排的炉型。

31　辐射室采用立式管的优点是什么？

辐射室采用立式管有很多优点：炉管的支撑结构简单，辐射管架合金钢用量少；管子不承受由自重而引起的应力弯曲；管系的热膨胀易于处理；炉子旁边不需要预留抽炉管所需的空地等。

32　辐射室在什么情况下采用横管具有明显的优势？

在一些特殊情况下，辐射室采用横管具有明显优势：被加热介质容易结焦或堵塞，炉管要求用带堵头的回弯头连接，以便除焦或清洗；要求炉管能完全排空；管内为混合相态，要求流动平稳、可靠等。

33　对流室不同介质的炉管位置安排原则是什么？

若对流室走单种介质，对流室烟气上行，则介质走向通常是上进下出，与烟气形成逆流传热。若是走多种介质，如冷原料、过热蒸汽、初馏塔塔底油等同时进入对流室，原则上按介质初温安排，低温者安排在最上部，以使传热的温差达到最大。但有时为了取得整个对流室综合最佳传热温差，往往将一中介质流拆开成两段，当插入另一种介质的炉管，如过热蒸汽管经常被安置在原油预热管排的中部。

对流室的传热以对流传热形式为主,由于管内侧膜传热系数远远大于管外侧烟气对炉管的膜传热系数,所以对流管的总传热速率被烟气一侧所控制。对流管采用钉头管或翅片管,可降低管外侧的传热热阻,以达到提高对流管总传热速率的目的。但当加热气态介质时(如蒸汽、氢气等),由于管子内外侧膜传热系数基本相当,在对流室采用钉头管或翅片管就没有必要了,应采用光管较为经济合理。

35 什么叫燃料的发热值? 发热值有哪几种?

单位质量或体积的燃料完全燃烧时所放出的热量称之为燃料的发热值,其相应单位为 MJ/kg 或 MJ/Nm^3。液体燃料通常以质量发热值表示,气体燃料以体积发热值表示。

发热值根据燃烧产物中水分所处的状态不同,又分为高、低发热值两种。高发热值是指燃料的燃烧热和燃烧产物中水蒸气的冷凝潜热总和;而低发热值仅表示燃料的燃烧热,不包括水蒸气的冷凝潜热。显而易见,同一燃料其高发热值大于低发热值。在加热炉燃烧及燃料耗量计算中,由于燃烧产物中的水分往往是以气态排入大气,因此应以低发热值作为计算依据。在加热炉的燃料油用量估算中,往往以 10^4kcal/kg 燃料(4.18MJ/kg 燃料)作为燃料的低发热值。

36 燃料油的发热量如何计算?

燃料油的发热量可按元素组成计算:

$$Q_H = 339C + 1256H + 109(S-O)$$

$$Q_L = 339C + 1256H1 + 109(S-O) - 25W$$

式中　　　Q_H——燃料油的高发热量(亦称高热值),kJ/kg;

　　　　　Q_L——燃料油的低发热量(亦称低热值),kJ/kg;

C、H、O、S、W——燃料油中碳、氢、氧、硫和水分的质量分数。

37 燃料油的元素组成如何计算?

燃料油元素组成是进行燃料油热工性质计算的基础,而燃料的元素组成数据一般又很难找到,在这种情况下,可以用燃料油的相对密度 d_4^{20} 来估算其氢和碳的含量:

$$m_H = 26 - 15d_4^{20}$$

$$m_C = 100 - (m_H + m_S)$$

式中　m_C、m_H、m_S——燃料油中碳、氢和硫的质量分数。如 $m_C = 86$,则碳含量为 86%。

燃料燃烧是一个完全氧化的过程。燃料由碳、氢、硫等元素所组成。1kg 碳、氢或硫在氧化反应过程中所需氧气量是不同的，其理论值分别为 2.67kg、8kg 和 1kg。供燃烧用的氧气来自空气，因空气中含氧量(体积分数)是一个常数 (21%)，故可以根据燃料组成，计算出燃烧 1kg 燃料所需的空气用量理论值，这就叫燃料燃烧的理论空气用量，单位为 kg 空气/kg 燃料，对于液体燃料，其值约为 14kg 空气/kg 燃料

在实际燃烧中，由于空气与燃料的均匀混合不能达到理想的程度，为使 1kg 燃料完全燃烧，实际所供空气量应比理论空气量稍多一些，即要过剩一些，该数值就叫燃料的实际空气用量，单位仍为 kg 空气/kg 燃料。

39 什么叫过剩空气系数？

实际空气用量和理论空气用量的比值，即"实际空气用量/理论空气用量"表示了空气的过剩程度，叫过剩空气系数。通常以"α"表示。炼油厂加热炉根据燃料种类、火嘴形式及炉型的不同，其 α 值为 1.05~1.35。

40 使用燃料油时理论空气用量如何计算？

在有元素分析数据的情况下，按可燃元素燃烧反应的化学平衡式和空气的质量分数组成：O_2 23.2%，N_2 76.8% 推导出燃料油燃烧所需要的理论空气量，计算公式如下：

$$L_0 = (2.67m_C + 8m_H + m_S - m_O)/23.2$$

在没有元素分析数据的情况下，可根据相对密度 d_4^{20} 估算其氢和碳的含量，然后计算出理论空气用量，计算公式为：

$$L_0 = 17.48 - 3.45d_4^{20} - 0.072S$$

式中　L_0——理论空气用量，kg 空气/kg 燃料。

41 使用燃料油时实际空气用量如何计算？

实际空气用量 L 等于：

$$L = \alpha L_0$$

式中　L——实际空气用量，kg 空气/kg 燃料；

　　　α——过剩空气系数；

　　　L_0——理论空气用量，kg 空气/kg 燃料。

42 使用燃料油时炉子的烟气量如何计算？

烟气的质量包括燃料本身质量、实际空气量和雾化蒸汽的质量，烟气由二氧

化碳(CO_2)、二氧化硫(SO_2)、水蒸气(H_2O)、氧(O_2)和氮气(N_2)等组成。1kg 燃料油燃烧后的烟气量等于：

$$G = 1 + L + W_s$$

式中　G——烟气量，kg 烟气/kg 燃料；

　　　L——实际空气用量，kg 空气/kg 燃料；

　　　W_s——雾化蒸汽量，kg 蒸汽/kg 燃料。

43　什么叫理论燃烧温度？

燃料在理论空气下完全燃烧所产生的热量全部被烟气所吸收时，烟气所达到的温度叫理论燃烧温度 t_{max}。在工业实际中，燃料都是在一定的过剩空气量下燃烧的，并且一边燃烧一边散热（被吸热面吸收或散失于大气），因此实际火焰的最高温度要比理论燃烧温度低得多。

44　燃料气的低发热值如何计算？

燃料气的低热值可通过下式计算：

$$Q_L = \sum Q_{Li} x_i$$

式中　x_i——气体燃料中各组分的体积分数；

　　　Q_{Li}——气体燃料中各组分的体积低发热值，MJ/Nm^3

常用气体组分的体积低发热值见表 10-2。

表 10-2　常用气体组分的部分性质及系数 a、b

名称	分子式	密度/ （kg/Nm³）	低热值/ （MJ/Nm³）	理论空气用量/ （Nm³/Nm³）	系数	
					a	b
一氧化碳	CO	1.2501	12.64	2.38	1.57	0
硫化氢	H_2S	1.5392	23.38	7.14	0	0.53
氢	H_2	0.0898	10.74	2.38	0	9
甲烷	CH_4	0.7162	35.71	9.52	2.75	2.25
乙烷	C_2H_6	1.3423	63.58	16.66	2.93	1.8
乙烯	C_2H_4	1.2523	59.47	14.28	3.14	1.29
乙炔	C_2H_2	1.1623	56.45	11.9	3.39	0.69
丙烷	C_3H_8	1.9685	91.03	23.8	3	1.64
丙烯	C_3H_6	1.8785	86.41	22.42	3.14	1.29
丁烷	C_4H_{10}	2.5946	118.41	30.94	3.03	1.55
丁烯	C_4H_8	2.5046	113.71	28.56	3.14	1.29
戊烷	C_5H_{12}	3.2208	145.78	38.08	3.06	1.5
戊烯	C_5H_{10}	3.1308	138.37	35.7	3.14	1.29

45 **使用燃料气时理论空气用量如何计算?**

燃料气的理论空气量 V_0:

$$V_0 = \sum V_{0i} x_i$$

式中 V_0——燃料气的理论空气用量,Nm^3/Nm^3;

       x_i——气体燃料中各组分的体积分数:

       V_{0i}——气体燃料中各组分的理论空气用量,Nm^3/Nm^3。

46 **使用燃料气时炉子的烟气量如何计算?**

燃料气燃烧后的烟气质量包括二氧化碳(CO_2)、二氧化硫(SO_2)、水蒸气(H_2O)氧(O_2)和氮气(N_2)等。1kg 燃料气燃烧后的烟气量等于:

$$G_E = G_{CO_2} + G_{H_2O} + G_{SO_2} + G_{N_2} + G_{O_2}$$
$$= \sum Y_i a_i + m_{CO_2} + \sum Y_i b_i + 1.88 m_{H_2S} +$$
$$0.768 \alpha L_0 + m_{N_2} + 0.232 (\alpha - 1) L_0 + m_{O_2}$$

式中 G_E——1kg 燃料气燃烧后的烟气量,kg 烟气/kg 燃料;

m_{CO_2}、m_{H_2S}、m_{N_2}、m_{O_2}——分别为燃料气中 CO_2、H_2S、N_2、O_2 的质量分数,%;

           Y_i——单一气体的质量分数,%;

           L_0——理论空气用量,kg 空气/kg 燃料;

           α——过剩空气系数;

           a_i、b_i——计算系数,见表 10-2。

47 **什么叫热平衡的基准温度?**

在进行热平衡计算时,各项热焓都与计算的起始温度有关,这个起始温度就是热平衡的基准温度。

48 **我国采用的热平衡基准温度是多少?**

世界各国采用的热平衡基准温度不尽相同,如 15.6℃、20℃、25℃、大气温度等,其中采用 15.6℃ 的较多。《热设备能量平衡通则》(GB/T 2587—2009)规定:原则上以环境温度(如外界空气温度)为基准。若采用其他温度基准时应予说明。

49 **加热炉的热效率如何计算?**

$$\eta = Q_{YX}/Q_{GG} \times 100 (\text{正平衡})$$
$$\eta = (1 - Q_{SS}/Q_{GG}) \times 100 (\text{反平衡})$$

166

式中 η ——加热炉的热效率,%;

Q_{GG} ——单位时间的供给热量,MW:

Q_{YX} ——单位时间的有效热量,MW;

Q_{SS} ——单位时间的损失热量,MW。

50 有效热量包括几部分?如何计算?

管式炉的有效热量也称热负荷。它是由管式炉加热的各种被加热介质(例如,油料、蒸汽等)的热负荷的总和,而各被加热介质的热负荷等于其质量流量乘以其在体系出入口状态下的焓差,即:

$$Q_{YX} = Q_1 - Q_2 = \sum W_i (I_{iZ} - I_{iL})$$

式中 Q_1 、Q_2 ——被加热介质在炉出、入口状态下的热量,kJ/s;

W_i ——被加热介质 i 的质量流量,kg/s;

I_{iZ} 、I_{iL} ——被加热介质 i 在体系出、入口状态下的焓,kJ/kg。

51 供给热量包括几部分?如何计算?

供给热量一般包括下列各项中的一项或几项:①燃料低发热值:热值 Q_L ;②燃料带入体系的显热;③雾化蒸汽带入的显热;④燃烧空气带入的显热;⑤被加热介质在体系中有放热化学反应时的反应热等。

$$Q_{GG} = B(Q_D + Q_K)$$

式中 Q_{GG} ——加热炉供给热量,MW;

B ——燃料用量,kg/s;

Q_D ——燃料低热值和显热及雾化蒸汽显热之和,MJ/kg 燃料;

Q_K ——燃烧空气带入的显热,MJ/kg 燃料。

52 加热炉损失热量一般包括几部分?

损失热量一般包括:①烟气带走的热量,它包括烟气在排烟温度和基准温度下的焓差、化学不完全燃烧造成的损失和机械不完全燃烧造成的损失;②烟气中雾化蒸汽带走的热量;③炉墙、风道及空气预热器等的散热损失。

53 管式加热炉热效率的测定方法有几种?

管式加热炉的热效率测定方法有标定测定和操作测定两种。标定测定时应对正、反平衡计算式中所涉及的各参数都进行准确的测量,工作量比较大且比较麻烦,一般只在评价某台管式加热炉或为了获得设计数据时才采用。

操作测定主要是为调整以及考核管式炉操作状况而进行的,测定比较简单,一般只测定排烟温度,估计一个散热损失便可计算出炉子的热效率。

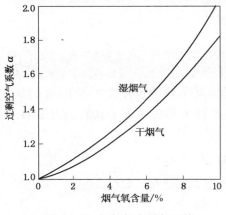

图 10-1 烟气氧含量与过热
空气系数的关系

烟气氧含量与过剩空气系数的关系与燃料组分和完全燃烧程度等因素有关，一般可根据烟气分析，按图 10-1 估算，确定过剩空气系数 α，根据 α、排烟温度和基准温度 t_b，从图 10-2 查出排烟损失 q_1，根据烟气分析计算出化学不完全燃烧损失 q_2，机械不完全燃烧损失 q_3 一般由颜色对比给出，而散热损失 q_4 一般是估算的(约占燃料总发热量的 2%~4%)，有了这些数据便可计算出热效率 η。

$$\eta = 1 - q_1 - q_2 - q_3 - q_4$$

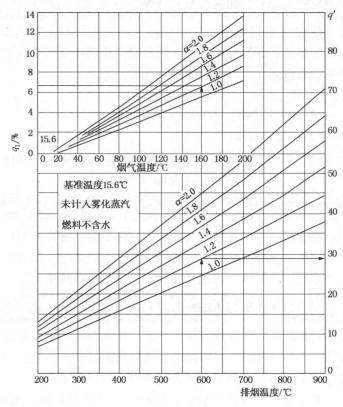

图 10-2 排烟温度与 q_1 的关系

55 测定烟气中含氧量的方法有几种？

测定烟气中含氧量的方法通常有两种：一种是将烟气抽出，用磁导式氧分析仪进行测量，另一种是利用氧化锆测氧仪进行在线分析。

氧化锆测氧仪是将氧化锆探头直接插入烟气中，测得的是湿烟气中的氧含量；用磁导式氧分析仪进行测量时，需将烟气从烟道中抽出，经过分水器、干燥器和流量计进入测量室，测得的是干烟气的氧含量。因此根据氧含量确定过剩空气系数时，应根据烟气分析方法不同，分别按干烟气和湿烟气进行确定。

56 什么是加热炉的遮蔽段？

在对流室烟气的入口处的几排炉管，因位置在辐射室与对流室的交界处，所以它和辐射管一样能接受炉膛中高温烟气的直接辐射，同时又接受了高速烟气流过时的对流传热。由于辐射和对流传热的综合效果，使这几排管子（一般为两排）的热强度，即单位面积的传热量是所有管子中最高的，因而容易损坏，我们习惯上把这几排管子叫作遮蔽段。

57 如何提高加热炉的热效率？

（1）降低排烟温度。

① 设置余热回收系统。使排出烟气中的热量通过余热回收系统得到重新利用，如加热入炉空气，加热工艺物料或作为废热锅炉的热源等。

② 设置吹灰器。炉管表面积灰积垢，会降低炉管的传热能力。因此对流室设置良好的吹灰器，并在运行中定时吹灰，是降低排烟温度、提高炉子热效率的措施之一。此外，在停工检修期间，清扫炉管表面的积垢也可强化对流传热过程，从而降低排烟温度。

③ 对于液态物料，对流管采用翅片管或钉头管可以增加对流管的传热面积，从而使排烟温度明显降低。

④ 精心操作，确保炉膛温度均匀，防止局部过热和管内结垢，是保证炉管正常传热能力的必要条件。若管内结焦则传热能力降低，炉膛温度和排烟温度都将随之而升高。

（2）降低加热炉过剩空气系数。

① 调节好"三门一板"，在保证完全燃烧的前提下，尽量降低入炉空气量。

② 炉体不严、漏风量多是造成过剩空气系数大的主要原因之一。消除漏风不但简单易行，而且效果显著。如将加热炉所有漏风风点（如停用的火嘴、看火孔、人孔、对流管板、采样孔和导向杆孔等）全部封堵，就可使热效率得以显著提高。因此加热炉的堵漏是一项不容忽视的重要工作。

（3）采用高效燃烧器。

改进燃烧器性能和选用高效燃烧器是降低过剩空气系数的重要措施。采用高效燃烧器不但可以降低过剩空气系数，而且能强化燃烧，保证燃料的完全燃烧和提高传热能力；采用先进的蒸汽雾化喷嘴，改善燃料油的雾化粒度，制定并严格实施燃烧器的维护保养制度也是十分重要的。

（4）减少炉壁散热损失。

① 搞好炉子的检修，保证炉墙没有大的裂纹和孔洞，使烟气不致窜入炉墙和炉壁之间造成炉壁局部过热。

② 采用耐热和保温新材料（如陶瓷纤维），不但耐高温（1000℃以上）而且导热系数低，可以降低炉壁温度从而减少炉体的散热损失。

③ 控制炉膛温度，不得超温，以免烧坏炉墙，导致炉壁温度升高。

（5）设置和改进控制系统。

过剩空气量是一个可控变量，改进控制系统是降低过剩空气量、提高热效率的有效措施。设置和采用先进的控制系统（如 DCS），可使炉子经常在最佳工况下运行，不但可以保证炉子有高的热效率，而且可减轻操作人员的劳动强度。

（6）加强加热炉的技术管理。提高加热炉操作水平是提高热效率的重要措施之一。

58 何谓烟气露点腐蚀？如何避免？

烟气露点腐蚀是由于燃料含硫，在燃烧中会产生三氧化硫，当换热面外表面（主要是低温对流管和余热回收系统的表面）的温度低于烟气露点温度时，在换热面上就会形成硫酸雾露珠，导致换热面的腐蚀。烟气的露点温度与烟气中水蒸气及 SO_3 的分压值有关，分压值大则烟气的露点温度就高。烟气露点温度可由图 10-3 查得。为了防止烟气的露点腐蚀，在工艺设计中要求换热面表面的温度应高于烟气的露点温度，以避免发生露点腐蚀的问题。

59 炉膛内燃料正常燃烧的现象是什么？正常燃烧取决于哪些条件？

燃料在炉膛内正常燃烧的现象：燃烧完全，炉膛明亮；烧燃料油时，火焰呈杏黄色；烧燃料气时，火焰呈蓝白色；烟囱排烟呈无色或淡蓝色。

为了保证正常燃烧，燃料油不得带水、带焦粉及油泥等杂质，温度一般最好保持在 130℃ 以上，压力要稳定，雾化蒸汽用量必须适当，且不得带水。供风量适中，勤调风门、汽门、油门和烟道挡板（即"三门一板"），严格控制过剩空气系数。燃料用瓦斯时，必须充分切除凝缩油。

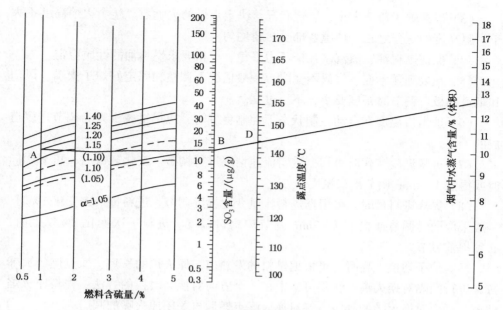

图 10-3　烟气露点温度线算图

影响炉出口温度波动的主要原因：

（1）入炉原料油的温度、流量、性质变化；

（2）燃料油压力或性质的变化；或燃料气带油；

（3）仪表自动控制失灵；

（4）外界气候变化；

（5）炉膛温度变化。

为了保持炉出口温度平稳，应该随时掌握入炉原料油的温度、流量和压力的变化情况，密切注意炉子各点温度的变化，及时调节。其中以辐射管入口温度和炉膛温度尤为重要，这两个温度的波动，预示着炉出口温度的变化，根据这两个温度的变化及时进行调节，可以实现炉出口温度平稳运行。为了保证出口温度波动在工艺指标范围之内（±1℃），主要调节的措施如下：

（1）首先要做到四勤：勤看、勤分析、勤检查、勤调节，尽量做到各班组之间操作的统一。

（2）及时、严格、准确地进行"三门一板"的调节，做到炉膛内燃烧状况良好。

（3）根据炉子负荷大小、燃烧状况，决定点燃的火嘴数，整个火焰高度不大于炉膛高度的三分之二，炉膛各部受热要均匀。

（4）保证燃料油、蒸汽、瓦斯压力平稳，严格要求燃料油的性质稳定。

（5）在处理量不变、气候不变时，一般情况下调整和固定好炉子火嘴、风门和烟道挡板，调节时幅度要小，不要过猛。

（6）炉出口温度在自动控制状态下控制良好时，应尽量减少人为调节过多造成的干扰。

（7）进料温度变化时可根据进料流速情况进行调节。变化较大时，可采用同时或提前 1~2min 调节出口温度。

（8）提降进料量时，可根据进料流量变化幅度调节。进料量一次变化 1% 时，一般采取同时调节或提前 1~2min 调节炉出口温度。进料一次变化 2% 以上时，必须提前调节。

（9）炉子切换火嘴时，可根据燃料的发热值、原火焰的长短、原点燃的火嘴数，进行间隔对换火嘴，切不可集中在一个方向对换。对换的方法：先将原火焰缩短，开启对换火嘴的阀门，待对换火嘴点燃后再关闭原火嘴的阀门。

62 怎样从烟囱排烟情况来判断加热炉操作是否正常？

一般情况下，可通过炉子烟囱排烟情况来判断加热炉操作是否正常，判断方法如下：

（1）炉子烟囱排烟以无色或淡蓝色为正常。

（2）间断冒小股黑烟，表明蒸汽量不足，雾化不好，燃烧不完全或个别火嘴油气配比调节不当或加热炉负荷过大。

（3）冒大量黑烟是由于燃料突增，仪表失灵，蒸汽压力突然下降或炉管严重烧穿。

（4）冒灰色烟表明瓦斯压力增大或带油。白烟表明雾化蒸汽量过大、过热蒸汽管子破裂或过热蒸汽往烟道排空。

（5）冒黄烟说明操作忙乱，调节不当，造成时而熄火，燃烧不完全。

63 如何从火焰上判断炉子操作的好坏？

在正常燃烧情况下，燃烧完全，火墙颜色一致，火焰高度适当（圆筒炉的火焰不能长于炉膛的 2/3，不能短于炉膛的 1/4）。烧燃料油时火焰呈杏黄色，烧瓦斯时火焰呈蓝白色，不然就属不正常现象。

燃烧不正常时火焰会出现以下几种现象：

（1）当燃料油与蒸汽配比不当，蒸汽量过小，造成燃料油雾化不良时，火焰发飘，软面无力，火焰根部呈深黑色，甚至烟囱冒黑烟。

（2）当蒸汽、空气量过小时，火焰四散乱飘软而无力，颜色为黑红色或冒烟。

（3）当燃料油黏度过大并带水时，或是油阀开度小蒸汽量过大并含水时，炉膛火焰容易熄灭。

（4）燃料油轻，蒸汽量过大或油阀开度过大，空气量不足，会使燃料喷出后离开燃烧道燃烧。

64 如何搞好"三门一板"操作？它们对加热炉的燃烧有何影响？

"三门一板"即风门、油门、汽门和烟道挡板。它决定了燃料油蒸汽雾化的好坏，供风量是否恰当等重要因素，对燃料的完全燃烧有很大的作用，直接影响到加热炉的热效率。因此司炉工应勤调"三门一板"，搞好蒸汽雾化，严格控制过剩空气系数，使加热炉在高效率下操作。

在正常操作时，应通过调节烟道挡板，使炉膛负压维持在 $1 \sim 3mmH_2O$（$1mmH_2O = 9.806Pa$）。当烟道挡板开度过大时，炉膛负压过大，造成空气大量进入炉内，降低炉子热效率；同时使炉管氧化剥皮缩短使用寿命。烟道挡板开度过小或炉子超负荷运转时，炉膛会出现正压，加热炉容易回火伤人，不利于安全生产。对流室长期不清灰，积灰结垢严重，阻力增加，也会使炉膛出现正压。故加热炉在检修时应彻底清灰，并在运转过程中加强炉管定期吹灰，减少对流室的阻力。

烟气氧含量决定了过剩空气系数，而过剩空气系数是影响炉热效率的一个重要因素。烟气含氧量太小，表明空气量不足，燃料不能充分燃烧，排烟中含有CO等可燃物，使加热炉的热效率降低。烟气氧含量太大，表明入炉空气量过多，降低了炉膛温度，影响传热效果，并增加了排烟热损失。因此要根据烟气含氧量，勤调风门，控制入炉空气量。

为了完全燃烧，除适量调节空气量外，燃料油和雾化蒸汽也必须调配得当，使燃料雾化良好，充分燃烧。

65 为什么烧油时要用雾化蒸汽？其量多少？有何影响？

使用雾化蒸汽的目的是利用蒸汽的冲击和搅拌作用，使燃料油成雾状喷出，与空气得到充分的混合而达到燃烧完全。

雾化蒸汽量必须适当。过少时，雾化不良，燃料油燃烧不完全，火焰尖端发软，呈暗红色；过多时，火焰发白，虽然雾化良好，但易缩火，破坏正常操作。雾化蒸汽不得带水。否则火焰冒火星，喘息，甚至熄火。

66 雾化蒸汽压力高低对加热炉的操作有什么影响？

雾化蒸汽压力过小，则不能很好地雾化燃料油，燃料油就不能完全燃烧，火焰软而无力，呈黑红色，烟囱冒黑烟，燃烧道及火嘴头上容易结焦。雾化蒸汽压力过大，火焰颜色发白，火焰发硬且长度缩短、跳火，容易熄灭，炉温下降，燃料调节阀开度加大，在提温时不易见效，反应缓慢，同时也浪费蒸汽和燃料。

雾化蒸汽压力波动，火焰随之波动，时长时短，燃烧状况时好时坏或烟囱冒黑烟，炉膛及出口温度随之波动。通常以蒸汽压力比燃料油压力大 0.07 ~ 0.12MPa 为宜。

67 燃料油性质变化及压力高低对加热炉操作有什么影响？

（1）燃料油重，黏度大，则雾化不好，造成燃烧不完全，火嘴处掉火星，炉膛内烟雾大甚至因喷嘴喷不出油而造成炉子熄火，同时还会造成燃料油泵压力升高，烟囱冒黑烟，火嘴结焦等现象。

（2）燃料油轻则黏度过低，造成燃料油泵压力下降，供油不足，致使炉温下降或炉子熄火，返回线凝结，打乱平稳操作。

（3）燃料油含水时，会造成燃料油压力波动，炉膛火焰冒火星，易灭火。含水量大时会出现燃料油泵抽空，炉子熄火。

（4）燃料油压力过大，火焰发红、发黑，长而无力，燃烧不完全，特别在调节温度和火焰时易引起冒黑烟或熄火，燃料油泵电机易跳闸；燃料油压力过小，则燃料油供应不足，炉温下降，火焰缩短，个别火嘴熄灭。

总之，燃料油压力波动，炉膛火焰就不稳定，炉膛及出口温度相应波动。

68 火嘴漏油的原因是什么？如何处理？

火嘴漏油时要找出原因，然后采取必要的相应措施。

（1）由于火嘴安装不垂直，位置过低，喷孔角度过大以及连接处不严密而产生火嘴漏油时，应及时将火嘴拆下进行修理，并将火嘴安装位置调整对中。

（2）由于雾化蒸汽与油的配比不当或因燃料油和蒸汽的压力偏低而产生的火嘴漏油，必须调节油气配比或压力，到火焰颜色正常为止。

（3）由于油温过低而产生的火嘴漏油，应采用蒸汽套管加热，使油温加热到130℃以上。油温太低时雾化不好，火嘴漏油。油温太高时，喷头容易结焦堵塞。

（4）由于雾化蒸汽带水或燃料油带水而产生的火嘴漏油，应加强脱水。

（5）火嘴、火盆结焦致使不能正常燃烧亦会造成漏油，应进行清焦处理。

69 燃料油和瓦斯带水时燃烧会出现什么现象？

燃料油含水时会造成燃料油压力波动，一般情况下炉膛火焰冒火星，易灭火。含水量大时会造成燃料油泵抽空，炉子熄火，打乱平稳操作。

瓦斯带水时，从火盆喷口可发现有水喷出，加热炉各点温度，尤其是炉膛和炉出口温度急剧下降，火焰发红。带水过多时火焰熄灭，少量带水时，会出现缩火现象。

（1）燃料油中断。

现象：炉子熄火，炉膛温度和炉出口温度急剧下降，烟囱冒白烟。

原因及处理：

① 燃料油罐液面低，造成泵抽空，应控制好液面。

② 燃料油泵跳闸停车，或泵本身故障不上量，立即启动备用泵，如备用泵也起不到备用作用，应改烧燃料气。

③ 切换燃料油泵和预热泵时，造成运转泵抽空，应注意泵预热要充分，切换泵时要缓慢。

④ 燃料油计量表或过滤器堵塞，应改走副线，维修计量表或清理过滤器。

（2）瓦斯中断。

主要原因是阻火器堵塞或瓦斯系统供应不足，应切换阻火器并与厂生产管理部门及时联系或改用燃料油。

炼油厂各装置的瓦斯排入瓦斯管网时往往含有少量的液态油滴，在寒冷季节，系统管网瓦斯温度降低，其中重组分会冷凝为凝缩油。当瓦斯带着液态油进入火嘴燃烧时，由于液态油燃烧不完全，导致烟囱冒黑烟，或液态油从火嘴处滴落炉底以致燃烧起火，或液态油在炉膛内突然猛烧产生炉管局部过热或正压而损坏炉体，因此炉用瓦斯入炉前必须经过分液罐，充分切除凝缩油，确保入炉瓦斯不带油，为使瓦斯入炉不带油，不少炼油厂还采取了在瓦斯分液罐安装蒸汽加热盘管的措施。

（1）现象：炉膛内产生正压、防爆门顶开，火焰喷出炉膛，回火伤人或炉膛内发生爆炸而造成设备的损坏。

（2）原因：

① 燃料油大量喷入炉内或瓦斯大量带油；

② 烟道挡板开度过小，降低了炉子抽力，使烟气排不出去；

③ 炉子超负荷运行，烟气来不及排放；

④ 开工时点火发生回火，主要是瓦斯阀门不严、使瓦斯窜入炉内，或因一次点火不着，再次点火前如炉膛吹扫不净，造成炉膛爆炸回火。

（3）预防：

① 严禁燃料油和瓦斯在点燃前大量进入炉内，瓦斯严禁带油；

② 搞清烟道挡板的实际位置，严防在调节烟道挡板时将挡板关死或关得太小；

③ 不能超负荷运行，应使炉内始终保持负压操作；

④ 加强设备管理，瓦斯阀门不严的要及时更换修理，回火器也要经常检查，如有失灵应及时更换；

⑤ 开工点火前应注意检查瓦斯和燃料油的阀门是否严密，每次点火前必须将炉膛内的可燃气体用水蒸气吹扫干净。

73 　如何进行燃料的切换？

（1）气体燃料切换为燃料油：

① 关闭燃料油循环阀，提高管线压力；

② 观察火焰长短以及火嘴的数量；

③ 要间隔切换火嘴，决不要依次向前切换，同时还要观察出口温度和出风风压的变化；

④ 切换大体完毕，将燃料气体总阀关闭，炉子最后 1~2 个火嘴仍继续燃烧存气，直到自动灭火为止，最后关闭小阀门；

⑤ 自控仪表由气路改为油路。

（2）燃料油切换为气体燃料：

① 燃料气保证有一定的温度和压力，脱净油和水；

② 观察火焰的长短和燃嘴数量，在切换时应注意观察炉出口温度和调节阀风压的变化；

③ 必须间隔距离切换；

④ 切换完毕将燃料油循环阀打开进行燃料油循环；

⑤ 自控仪表应由油路改为气路。

74 　多管程的加热炉怎样防止流量偏流？偏流有什么后果？

多管程的加热炉一旦物料产生偏流，则小流量的炉管极易局部过热而结焦，致使炉管压降增大，流量更小，如此恶性循环直至烧坏炉管。因此，对于多管程的加热炉应尽量避免产生偏流。防止物料偏流的简单办法是各程进出口管路进行对称安装，进出口加设压力表、流量指示器，并在操作过程中严密监视各程参数的变化，要求严格时，应在各程加设流量控制仪表。

75　炉管破裂有何现象？是何原因？如何处理？

（1）现象：不严重时，从炉管破裂处向外少量喷油，炉膛温度、烟气温度均上升，严重时，油大量从炉管内喷出燃烧，烟气从回弯头箱、管板、人孔等处冒出，烟囱大量冒黑烟，炉膛温度突然急剧上升。

（2）原因：炉管局部过热、结焦，在结焦严重处鼓包变形以致破裂；高温氧化剥皮或炉管材质不合适；检修质量低劣，腐蚀、冲蚀等。

（3）处理办法：炉管轻度破裂时，降温、降量，按正常停工处理。炉管破裂严重时，加热炉立即全部熄火，停止进料，向炉膛内吹入大量蒸汽，从炉入口给汽向塔内扫线（扫线时应注意炉膛内着火情况）；如是减压炉着火，则立即恢复减压系统为常压；其他按紧急停工处理。

76　加热炉进料中断的现象、原因及处理方法是什么？

（1）现象：火墙烟气温度、炉管油出口温度急剧直线上升。

（2）原因：进料泵抽空、切换油泵或原油换罐操作失误、进料泵坏、管线阀门堵塞。

（3）处理：设法提高进料量、减少点燃的火嘴数、严重时立即熄火按紧急停炉处理。

77　炉管结焦的原因、现象及防止措施是什么？

结焦是炉管内油品温度超过一定的界限后发生裂解，变成游离碳堆积在管内壁上的现象，常减压装置一般发生在减压炉上。结焦使管壁温度急剧上升，加剧炉管的腐蚀和高温氧化，引起炉管鼓包、破裂、同时增加管内压降，使加热炉操作性能恶化，严重时可使装置提前停运。因此一定要重视加热炉日常平稳操作，确保加热炉的长周期运行。

（1）炉管结焦原因：

① 炉管受热不均匀，火焰扑炉管，炉管局部过热；

② 进料量波动、偏流，使油温忽高忽低或流量过小，油品停留时间过长而裂解；

③ 原料稠环物聚合、分解或含有杂质；

④ 检修时清焦不彻底，开工投产后炉管内的原有焦质起了诱导作用，促进了新焦的形成。

（2）炉管结焦现象的判断：

① 明亮的炉膛中，看到炉管上有灰暗斑点，说明该处炉管已结焦；

② 处理量未变，而炉膛温度及入炉压力均升高；

③ 炉出口温度反应缓慢，表明热电偶套管处已结焦。

（3）防止结焦措施：

① 保持炉膛温度均匀，防止炉管局部过热，应采用多火嘴齐火苗、炉膛明亮的燃烧方法；

② 操作中对炉进料量、压力、炉膛温度等参数加强观察、分析及调节；

③ 搞好停工清扫工作；

④ 严防物料偏流。

78 蒸汽空气烧焦具体步骤如何？

清焦具体步骤如下：

（1）准备工作：加热炉停工后，将炉管全部用蒸汽吹扫干净，然后加盲板将炉子与其他部分隔离开，再将空气–蒸汽清焦系统按流程连好，炉管中通入水蒸气，然后点燃火嘴，用手动控制，逐渐开大火嘴，使炉管出口温度按 $60 \sim 150℃/h$ 速度升温，直至炉膛温度达 $500 \sim 600℃$。

（2）剥离阶段：增大蒸汽量，同时开大火嘴，保持炉出口温度。从气体取样口引出气体，通入水中急冷。根据水的颜色判断焦炭的剥离是否开始，水的颜色应由乳白色变为灰白，最后变为黑色。检查捕集器中炭粒的大小，如果炭粒太小，可适当减少蒸汽量，使焦炭颗粒尽量变大一些，因为小炭粒对弯头磨损很厉害。有时，特别是炉管中有盐垢时，剥离不太容易，就应间歇地减少和增加蒸汽流量，或者隔几分钟通入少量空气，或者改变蒸汽流动方向（逆流），反复进行到不再产生剥离为止。

（3）烧焦阶段：开始烧焦以前，应降低蒸汽流量，然后通入空气，空气量应缓慢增加，调节蒸汽与空气的比例，使烧焦速度保持最大而又不使炉管过热，烧焦正常时，炉管呈暗红色，若呈桃红色，说明温度过高，应适当减少空气量，增加蒸汽量。烧焦速度以同时烧 $1 \sim 2$ 根管子为好，炉管由红变黑，说明焦已烧完。烧焦的炉管依次由前向后，全部红一遍。烧焦的主要化学反应式如下：

$$C+O_2 \stackrel{}{=\!=\!=} CO_2$$

在这个阶段中，还应定期用大流量的蒸汽吹扫炉管，以除去松散的焦炭和灰渣。烧焦是否完成，可以取样分析气体中的 CO_2 的含量，或由冷却废气的水呈浅红色来判断。

（4）冷却阶段：烧焦结束后，立即关小火嘴并停止通入空气，但应继续通蒸汽。要严格控制冷却速度，这一点对采用胀接弯头时尤为重要，冷却时间不得少于 $3 \sim 4h$。炉子冷却后可以用水冲炉管，这一点对炉管中有盐垢时特别需要，蒸馏装置的常压炉通常不必烧焦。

79　新建和大修的炉子为什么要烘炉？

　　烘炉可缓慢地除去炉墙在砌筑过程中积存的水分，并使耐火胶泥得到充分脱水和烧结。如果这些水分不去掉，开工时炉温上升很快，水分急剧蒸发，造成砖缝膨胀，产生裂缝，严重时会造成炉墙倒塌。所以新建和大修的炉子必须要进行烘炉。

80　如何进行烘炉？

　　烘炉的热源是蒸汽和燃料。在未点火前先在炉管内通入蒸汽，用蒸汽暖管子，同时烘烤炉膛，调节蒸汽量控制炉膛升温速度。待蒸汽阀门开至最大而炉膛温度不再继续升高时，再点火继续升温。当炉膛温度达130℃时，恒温98h脱除游离水，320℃时恒温24h脱除结晶水，500℃时恒温24h进行烧结。然后降温，熄火，焖炉，结束烘炉，共需约十五天时间。如图10-4所示。

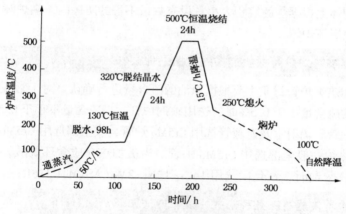

图10-4　加热炉烘炉升温曲线

81　空气预热器作用是什么？常用形式有哪几种？

　　空气预热器是提高加热炉热效率的重要设备，它的主要作用是回收利用烟气余热，减少排烟带出的热损失，减少加热炉燃料消耗，同时空气预热器的采用，还有助于实行风量自动控制，使加热炉在合适的空气过剩系数范围内运行，减少排烟量，相应地减少排烟热损失和对大气的污染。由于采用空气预热器需强制供风，整个燃烧器封闭在风壳之内，因而燃烧噪声也减少，同时也有利于高速湍流燃烧的高效新型燃烧器的采用，使炉内传热更趋均匀。

　　常用的空气预热器形式有热油预热空气式、管束式、热管式、板式等，目前常减压装置最常用的是热管式预热器；为降低排烟温度，铸铁板式换热器越来越得到广泛应用。

82 热管的工作原理是什么?

热管是一根两端密封,内部抽真空并充有工作介质的管子。其一端(热端)被加热时,工作介质吸热蒸发并流向另一端(冷端),在那里将热量释放给管外的冷介质而冷凝,冷凝液流回热端,再吸热蒸发,如此循环,完成热量传递。由于汽化潜热大,所以在极小的温差下就能把大量的热量从管子的一端传至另一端。

83 加热炉系统有哪些安全、防爆措施?

(1)在炉膛设有蒸汽吹扫线,供点火前吹扫膛内可燃物;

(2)在对流室管箱里设有消防灭火蒸汽线,一旦弯头漏油或起火时供掩护或灭火之用;

(3)在炉用瓦斯线上设阻火器以防回火起爆;

(4)在燃气的炉膛内设长明灯,以防因仪表等故障断气后再进气时引起爆炸;

(5)在炉体上根据炉膛容积大小,设有数量不等的防爆门,供炉膛突然升压时泄压用,以免爆坏炉体。

84 常减压加热炉炉管材质选择的依据是什么?

常减压加热炉炉管材质主要根据原油的硫含量进行确认。对于常压加热炉,当被加热介质的硫含量小于 0.5% 时,选用碳钢炉管。当硫含量不小于 0.5% 时,对流室选用碳钢炉管,辐射室及遮蔽管选用 Cr5Mo 炉管,或全部选用 Cr5Mo 炉管。

减压加热炉一般全部选用 Cr5Mo 炉管。当被加热介质含环烷酸,且酸值不小于 0.5mgKOH/g 油时,汽化段选用 16Cr-12Ni-2Mo(ASTMTP316L)。

85 加热炉吹灰器有哪几种形式? 操作方法如何?

加热炉的设计和应用中,为有效地清除受热面积灰,保证受热面传热效果良好。一般在对流段和余热回收部位布置了不同形式、不同种类的吹灰器。目前加热炉安装的吹灰设备主要是蒸汽吹灰器和声波吹灰器。蒸汽吹灰器为传统吹灰器,目前使用数量最多,根据结构和介质的特点,常用蒸汽吹灰器有固定回转式和可伸缩喷枪式两种,前者又分为手动和电(或气)动两种。固定回转式吹灰器伸入炉内,吹灰时可利用手动装置使链轮回转,或开动电动机械或风动马达使之回转,在炉外装有阀门和传动机构。吹灰器的吹灰管穿过炉墙处设有防止空气漏入炉内的密封装置。这种吹灰器结构较简单,但由于吹灰管长期在炉内,管子易于损坏,故一般在低温烟气区(如余热回收系统)使用。可伸缩式吹灰器的结构比固定回转式复杂,它的喷枪只在吹灰时才伸入炉内,吹毕又自行退出,故不易烧坏。除非另有规定,吹灰器的设置一般都设置为自动、连续和伸缩式结构。

伸缩式吹灰器的喷枪至多有两个喷嘴，单台吹灰器入口法兰处的蒸汽压力不小于 1034kPa，蒸汽流量不小于 4535kg/h，吹灰管外径和炉管外径之间的最小距离为 23cm，伸缩式吹灰器的设置间距按其距吹灰管中心线的水平或垂直方向的最大吹扫距离为 1.2m 或 5 排炉管两者中的较小者确定。伸缩式吹灰器通过耐火墙的部位应设置不锈钢套筒，对流室吹灰器吹扫范围内的炉墙应采用重质耐火砖或密度至少为 2000kg/m³ 的浇筑料，以防冲刷。

声波吹灰器，最大声能在 140dB 左右，由于能量不足，与灰粒的固有频率差别很大，与积灰特性不适应，吹灰效果很差，基本上不能除掉已有的积灰，只能在其吹灰时阻止积灰的产生。

86 什么是铸铁式空气预热器？

铸铁式空气预热器由一系列具有椭圆形截面、内外均有肋片的铸铁管和出口连接风罩组成。管内外的肋片起增强传热的作用。空气在管内作纵向冲刷，烟气在管外流动。管子作水平布置，各管之间通过管子端部小孔用螺栓连接。

87 铸铁式空气预热器的优点是什么？

铸造金属基的游离碳对腐蚀介质呈惰性，所以铸铁式空气预热器在很宽的工作环境下具备良好的抗腐蚀性能；同时，铸造的传热片壁厚较厚，更增加了耐腐蚀的性能；此外，合金元素材料的添加也可以增加铸铁的耐腐蚀性能。一般来说，铸铁板式空气预热器是合金铸铁材质的，具备更优异的抗露点腐蚀和耐磨性能。

88 铸铁式空预器的使用注意事项是什么？

（1）铸铁式空气预热器要注意其压降变化，如果发生堵塞要及时清洗；

（2）铸铁式空气预热器要注意其漏风量，要经常对前后的烟气进行氧含量分析；

（3）铸铁式空气预热器会产生部分冷凝水，冷凝水 PH 较低、腐蚀性较强，要及时排除；

（4）铸铁式空气预热器要注意其底部腐蚀情况。

89 加热炉宜设置的联锁有哪些？

加热炉应该设置的联锁主要包括：引风机断电联锁、鼓风机断电联锁、烟气出对流室温度联锁、主火嘴压力联锁、烟气进出预热器温度联锁、加热炉进料流量联锁、长明灯压力联锁。

90 设置联锁的作用是什么？

防止故障发生，保证人员、生产装置、主要机组及关键设备的安全。

第十一章　冷换设备及其操作

1　冷换设备在常减压蒸馏中的作用和特点是什么？

对于燃料型炼油企业，常减压蒸馏装置能耗大约占炼油厂的 15% 以上，属于全厂能耗大户，优化换热网络和强化换热设备的换热效果，是降低工厂过程用能的有效手段，对于提高全厂热量利用水平和经济效益有重要意义。尽管中国石化原油蒸馏装置 2008 年平均能耗达 10.48kgEO/t，但与国外先进水平相比，能耗指标仍偏高，表明仍具有较大的节能改进能力。2009 年全国原油加工量达 374.6Mt/a，若原油蒸馏装置降低能耗 0.5kgEO/t，则每年可节约燃料油约 18.73×10^4t，每吨燃料油价格按 3000 元计算，原油蒸馏装置的技能不仅能给炼油企业带来良好的经济效益，且对于缓解国内能源紧张及减少环境污染有一定的现实意义。

常减压蒸馏装置中冷换设备有如下特点：

（1）换热介质多样化。除了油–油换热外，还有油–水蒸气，油–软化水、油–空气等多种介质的换热。在换热过程中有相变、不凝汽、多相并存等多种问题，使传热过程更为复杂。从设备结构看，包括换热器、冷却器、重沸器、蒸汽发生器、空气预热器、干式空冷器和湿式空冷器等，品种繁多，各有特色。

（2）换热量日益增大。通过换热器回收的热量逐年加大，以国内某厂为例，装置原油的换热量已达到 164.34MW，原油换热达到 19520m²，平均换热强度达到了 8417W/m²，换热终温达到 290℃ 以上。

（3）传热推动力（对数平均温差）减小。20 世纪 70 年代中期对数平均温差 Δt_m 达 80℃，而到 80 年代中期 Δt_m 已下降到 30℃。强化了传热技术，包括采用高效新型的换热设备，研究使用在线清洗技术、阻垢、缓蚀以及铝镁管等新材料、新技术，还有换热网络的合理组合等也是为了逐级温差优化换热。

（4）强化换热新设备不断涌现。近年来各炼油厂在常减压蒸馏装置上采用了不少卓有成效的新型冷换设备，如螺纹管、螺旋槽管、折流杆、波纹管、螺旋管板换热器以及双弓板换热器等，使总传热系数大为上升，有的还使壳程压降大大减小，许多炼油厂还采用计算机换热网络综合优化来促进能耗进一步下降。

热的传递是由于换热器管壁两侧流体的温度不同而引起的。温度差是传热的推动力，温差越大，则在单位时间内通过单位传热面所传递的热量越多，即换热器的热负荷越大。另外换热器的传热还受两侧流体的物理性质（如导热系数、黏度、密度、比热容、体积膨胀系数等）、流动速度和流动状态，以及传热表面的污垢层厚度、传热表面本身的物理性质和几何形状等因素的影响。如果把这些影响因素全部集中在总传热系数中，则换热的基本公式为：

$$Q = K \cdot A \cdot \Delta t_m$$

式中　Q——换热量或热负荷，W；

A——传热面积（以管外表面积为基准），m^2；

Δt_m——对数平均温差，℃；

K——总传热系数（以管外壁表面积为基准），各项热阻之和的倒数，W/（$m^2 \cdot$ ℃）。

除相变过程外，两侧流体的温度和温差沿传热面是变化的，并与流动方向有关，逆流换热 Δt_m 最大，顺流最小。

从上式看出，单位面积传递的热量 Q/A 与温度差 Δt_m 成正比，与各项热阻之和成反比。对总传热系数来说，各项热阻之和越大，传热系数越小。

换热量或热负荷 Q 还可由热平衡计算求得：

$$Q = m_s \cdot C_p (T_1 - T_2)$$
$$Q = m_s (H_1 - H_2)$$

式中　Q——换热器的换热量或热负荷，W；

m_s——流体的流率，kg/s；

C_p——流体的比热容，kJ/（kg $\cdot$ ℃）；

H——流体的热容，kJ/kg；

T——温度，℃；

下标 1、2——指进口和出口条件。

工程上的换热过程，两侧流体的温度和温差是沿传热面而变化的，用算术平均值或其他平均值计算的温差误差太大，故需采用对数平均温差。它按下式计算：

$$\Delta t_m = \frac{\Delta t_h - \Delta t_c}{\ln \dfrac{\Delta t_h}{\Delta t_c}}$$

$$= \frac{(T_1 - t_2) - (T_2 - t_1)}{\ln\left(\dfrac{T_1 - t_2}{T_2 - t_1}\right)}$$

式中　Δt_m——对数平均温差,即热端温差与冷端温差的对数平均值,℃;

　　T_1、T_2——热流进出口温度,℃;

　　t_1、t_2——冷流进出口温度,℃;

　　Δt_h——换热器两端温差中较高的值,℃;

　　Δt_c——换热器两端温差中较小的值,℃。

换热器两侧流体的流动方向不同(逆流)和相同(顺流)时,Δt_c 和 Δt_h,可按以下方式求出:

逆流:　　　　　　　　　　　　　顺流:

$T_1 \longrightarrow T_2$　　　　　　　　　$T_1 \longrightarrow T_2$

$t_2 \longleftarrow t_1$　　　　　　　　　$t_1 \longrightarrow t_2$

$-)\overline{\qquad\qquad\qquad}$　　　　$-)\overline{\qquad\qquad\qquad}$

Δt_h　　　　Δt_c　　　　　　Δt_h　　　　Δt_c

实际生产中使用的换热器很少是纯逆流或纯顺流的,并伴有各种交叉曲折的流动方式。为此通常采用的方法是先按纯逆流的情况计算,然后再根据实际流动情况加以校正,即取有效温差:$\Delta t = F_r \cdot \Delta t_m$。

校正系数 F_r 与冷热流体温度变化有关,是 R 与 P 两因素的函数,即:

$$F_r = f(R、P)$$

式中

$$R = \frac{T_1 - T_2}{t_2 - t_1} = \frac{热流体的温降}{冷流体的温升}$$

$$P = \frac{t_2 - t_1}{T_1 - t_1} = \frac{冷流体的温升}{两流体的最初温度}$$

F_r 值不得小于 0.8,若低于 0.8 时应增加管程数或壳程数,或者用几个换热器串联;必要时亦可调整温度条件。F_r 值可由有关换热器计算资料中查得。

例某工厂生产过程产生的热流体温度 $T_1 = 300℃$,今拟设计一台换热器将其温度降低至 $T_2 = 200℃$,冷流体则由 $t_1 = 25℃$ 被加热到 $t_2 = 180℃$,试计算顺流和逆流平均温差。

根据上述计算方法可知

$$顺流 = \frac{(T_1 - t_1) - (T_2 - t_2)}{\ln\left(\dfrac{T_1 - t_1}{T_2 - t_2}\right)} = \frac{(300 - 25) - (200 - 180)}{\ln\left(\dfrac{300 - 25}{200 - 180}\right)} = 97.3℃$$

$$逆流 = \frac{(T_1 - t_2) - (T_2 - t_1)}{\ln\left(\frac{T_1 - t_2}{T_2 - t_1}\right)} = \frac{(300 - 180) - (200 - 25)}{\ln\left(\frac{300 - 180}{200 - 25}\right)} = 145.8\,℃$$

Δt_{m} 是传热过程的推动力。温差选用多大最为适宜，与燃料价格和传质单位热量总费用有关。最优传热温差 Δt_{opt} 的选取见图 11-1。

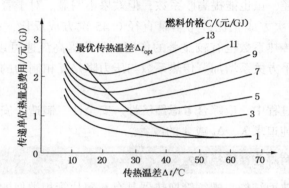

图 11-1　不同燃料价格下的传热温差 Δt 和单位热量总费用的关系

4　强化换热是基于什么原理？

从 $Q = K \cdot A \cdot \Delta t_{\mathrm{m}}$ 传热方程式中可知，强化换热的手段不外乎加大传热面积，提高传热温差和增强传热系数，一般是热利用越好，温差越小。从㶲(有效能)的观点看，能量要逐级利用。提高传热温差今后几乎是不可能的事，加大传热面积已被有效地用在工业生产中。如采用小直径管子，对壳径为 $\phi 500 \sim 900$ 的浮头式换热器，$\phi 25\mathrm{mm}$ 改为 $\phi 19\mathrm{mm}$ 的管子，可增加传热面积 42%。因此，在换热器设计中趋向于采用小管径，有些设计的管径已小到 $5 \sim 10\mathrm{mm}$。小管径，带来的小间距还可以增大流速或雷诺数 Re，从而提高了传热系数。但采用小管径会加大流动阻力且易堵塞，制造困难，需全面综合考虑。

提高传热系数 K 主要是强化流动状态，提高膜传热系数，减少结垢。强化流动状态，加大流速，破坏层流边界层，达到湍流工况。对于管壳式换热器，管内膜传热系数在湍流时：

$$\alpha = A \cdot u^{0.8}/d^{0.2}$$

壳程流体横向流过管束，作湍流流动时，在管外加折流板的情况下，壳程膜传热系数为：

$$\alpha = B \cdot u^{0.55}/d_{\mathrm{e}}^{0.45}$$

式中　α——膜传热系数，$\mathrm{W/(m^2 \cdot ℃)}$

　　　d——管径，m；

d_e——当量直径，m；

u——流速，m/s；

A、B——与物性有关的常数。

从计算式中可知，管内膜传热系数与流速的 0.8 次方成正比，而与管径的 0.2 次方成反比，流速可加大膜传热系数，如流速增大一倍，膜系数可增加 1.74 倍，至于缩小管径，虽也能提高膜系数，但效果不明显。对于管外加挡板时膜系数与流速的 0.55 次方成正比，与当量直径 0.45 次方成反比，缩小管子当量直径，对于管外膜传热系数也有较显著的作用。因此提高流速可以提高传热系数，但流体压力降按平方关系增加。传热系数与压力降是互相制约的，因而流体流速不得任意提高。

在强化换热过程中，应综合考虑经济性、安全性、制造、安装、运行和维修等要求，不能单纯追求 K、Δt 或 A 的改善。

5 强化换热有哪些技术措施？

（1）改进传热面结构。螺纹管换热器具有与翅片管相类似的传热性能，所不同的是它由光管冷压成型，如图 11-2 所示。

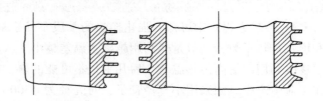

图 11-2 螺纹管换热器相邻管剖面

目前螺纹管换热器在我国炼油工业中已得到广泛应用。总传热系数可提高 50%，比光管节省 25%～40% 的传热面积，并有较强的抗垢和抗腐蚀能力。

内插物管是一种较新的结构，管内插入物种类很多，如金属丝网、环、盘状物、螺旋线、翼形物、麻花铁等，其中以麻花铁使用较广，如图 11-3 所示。

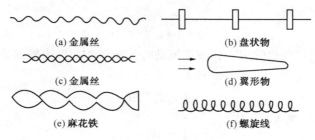

图 11-3 各种类型插入物

内插物管是管内侧强化传热的一种方式，可用于大黏度物流的管内强化换热或气-气换热的强化。

折流杆换热器是利用折流杆代替折流板固定的换热管，既减少壳程压降和防止换热器震动（对大型换热器至关重要），又提高壳程的传热系数，特别适用于高黏度物流的传热，但总传热系数又受壳程制约的情况。工业实践证明，其 K 值可达 $394\sim422W/(m^2 \cdot K)$，而壳程总压降只相当于弓形板的 1/5 左右。与采用综合效率（单位压降条件下总 K 值之比）相比，则折流杆比弓形板高 1.7 倍，可节省 50%~70% 面积。

波纹管是一种双面强化传热的管型，内外壁被轧成环状波纹凸肋，其内壁能改变流体流动状态，外壁能增大传热表面和扰动，达到双面强化传热的目的，与光管换热器相比，总传热系数强化倍数为 1.8~2.2 倍。

（2）控制结垢。换热器的管壁在操作中不断地被污垢所覆盖，直接影响传热性能和压力降。介质情况、操作条件和设备情况等因素，决定结垢的快慢、厚度和牢度。当介质中含有悬浮物、溶解物及化学安定性较差的物质时较易结垢。当流体的流速较低，温度升高较快，或管壁温度高于流体温度时，也比较容易结垢。管壁比较粗糙，或设备结构不合理、有死角时也促使结垢。针对产生的原因采取相应措施，如加强水质管理，进行必要的水质处理，除通常采用的方法外，有些地区采用磁化处理冷却水是有效的，有的在换热器入口加抗结垢剂，有的在管内镀层，实用效果较好，还有在线化学清洗等。

（3）材料选择。选择导热性强、耐腐蚀、价格低廉的材料也是不可忽视的因素。

6　在冷换设备标正核算中如何求总传热系数 K？

换热器的传热量 Q 由热平衡公式求取：

$$Q = W \cdot C_p(T_1 - T_2) = W(H_1 - H_2)$$

换热面积以管外表面积为基准，Δt_m 根据对数平均温差计算，F_r 对数平均温差校正系数可由相关图中查得。总传热系数 K 可根据公式 $K = Q/(A \cdot \Delta t_m \cdot F_r)$ 求出。

7　什么是换热强度？如何计算？

冷换设备传热性能的一个考核指标就是换热强度，即单位冷换面积在单位时间内传递的热量，可表示为 W/m^2。常以该台设备的传热量除以设备的实际传热面积 Q/A 表示，如 $130m^2$ 换热器回收热量为 $4187MJ/h$。则其换热强度为

$$(4187MJ/h)/130m^2 = 32.2MJ/(h \cdot m^2) = 8944(W/m^2)$$

8 常用换热器规格型号的意义是什么？有几种类型？

炼油厂使用的冷换设备主要是管壳式换热器，其中常减压装置用量最多的是浮头式换热器。此外还有固定管板式换热器，U 型管式换热器。它们是以使用温度、压力及两侧流动介质特性为选用依据。总的优点是结构简单、价廉、选材广、清洗方便、适应性强。但在传热效率、紧凑性、单位传热面金属耗量等方面，不及板型和其他类型换热器。换热器型号表示方法如图 11-4 所示。

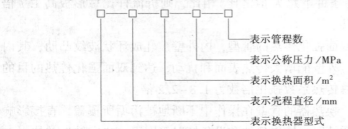

图 11-4　换热器型号表示

例如 FA-700-185-2.5-4 为浮头式换热器，壳程直径 700mm，换热面积 185m^2，压力 2.5MPa，4 管程。F 表示浮头式换热器；A 表示 19×2 的管子，正三角形排列，管心距为 25mm 的系列；B 表示 25×2.5 的管子，正方形转 45°排列，管心距为 32mm 的系列。

浮头式换热器结构如图 11-5 所示，一端可相对壳体滑动，可承受较大的管壳间温差热应力，浮头端可拆卸，管束可抽出，方便检修。

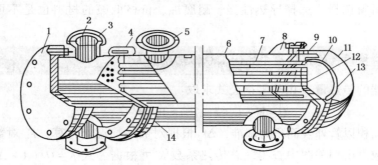

图 11-5　浮头式换热器

1—管箱盖；2—管箱；3—管程进、出口接管；4—固定管板；5—壳程进、出口接管；
6—壳体；7—折流板；8—法兰；9—浮头压圈；10—浮头；11—头盖；12—浮动管板；13、14—法兰

9 U 型管换热器有什么特点？

典型的 U 型管式换热器只有一个管板，管子两端均固定在同一个管板上。U 型管式换热器具有双管程和浮头式换热器的某些特点，每根 U 型管均可自由膨胀

而不受别的管子和壳体的约束，具有弹性大、热补偿性能好，管程流速高，传热性能好，承压能力强，结构紧凑，不易泄漏，管束可抽出便于安装检修和清洗等优点。但制作较困难，管程流动阻力较大，管内不便清洗，中心部位管子不易更换，最内层管子弯曲半径不能太小、限制了管板上排列的管子数目等是其缺点。常减压装置往往在常压塔塔顶或常压塔塔顶循环回流使用 U 型管换热器，以避免泄漏，影响产品质量。

10 管壳式换热器管程数是怎样确定的？

工业应用的换热方式既非纯逆流，又非顺流，属于折流或交错流方式。采用多管程的目的是使流体在管内依次往返流过多次，提高了管内流体的流速，从而增大管内膜传热系数，有助于换热强化。若多管程与多壳程配合可使流动更接近于逆流换热。但是随着管程数增多，流体阻力增大，平均温差降低，还因隔板占去部分排管面积，减少了传热面积。因此程数不宜过多，一般以 2、4、6 程最为常见，管程布置如图 11-6 所示，常减压装置常用的管壳式换热器一般为 2、4 管程和一壳程的型式。

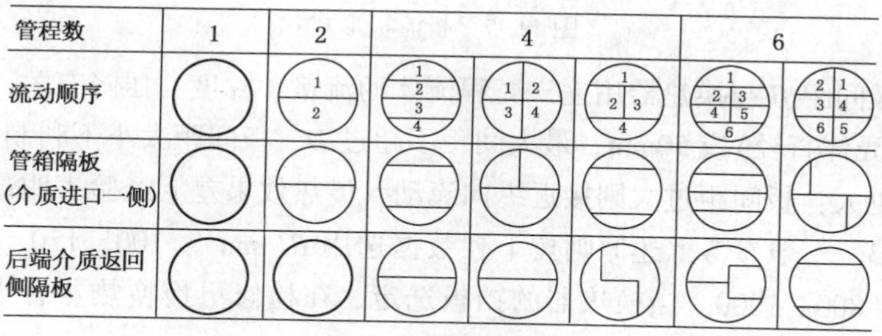

管程数	1	2	4			6	
流动顺序							
管箱隔板（介质进口一侧）							
后端介质返回侧隔板							

图 11-6　管程布置图

11 换热介质走管程还是走壳程是怎样确定的？

在选择管壳程介质时，应抓住主要矛盾，以确定某些介质最好走管程或最好走壳程。应按介质性质、温度或压力、允许压力降、结垢以及提高传热系数等条件综合考虑。

（1）有腐蚀、有毒性、温度或压力很高的介质，还有很易结垢的介质均应走管程，主要是由于有腐蚀性介质走壳程，管壳程材质均会遭受腐蚀，因此一般腐蚀的介质走管程，可以降低对壳程材质的要求；有毒介质走管程使泄漏机会较少；温度、压力高走管程可降低对壳程材质的要求，积垢在管程容易清扫。

（2）有利于提高总传热系数和最充分的利用压降。流体在壳程流道截面和方向都在不断变化且可设置折流板，容易达到湍流，$Re > 100$ 即达湍流，而管程

$Re>10000$才是湍流，因此把黏度高或流量小即 Re 较低的流体选在壳程，反之如果在管程能达到湍流条件，则安排它走管程就比较合理，从压力降角度来选择，也是 Re 小的走壳程有利。

（3）根据两侧膜传热系数大小来定，如相差很大，可将膜传热系数小的走壳程，以便采用管外强化传热设施，如螺纹管或翅片管。

12　折流板起什么作用？

为达到逆流换热，除管程采用多管程外，壳程采用折流挡板来配合趋向于逆流换热，以提高传热系数。图 11-7 给出两种常用的折流板形式：弓形和盘-环形。

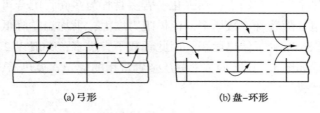

(a) 弓形　　　　　　　　(b) 盘-环形

图 11-7　折流板形式

折流板间距 B 与换热器用途、壳程流体的流量、黏度、压降有关，最小间距为 $20\%D$（壳体直径）或 50mm，最大间距不超过 D。板间距太小不利制造和维修，流动阻力也大；板间距过大则接近纵向流动，传热效果差。经验表明最佳的板间距约为 $D/3$。一般参考上述原则按下列数据选用 $B(\text{mm})$：100、150、200、300、450、600、800、1000。当换热器的挡板选定，在检修更换换热器管束时，折流板的挡板间距不宜随意更换，以免影响传热效果。

壳程如加装纵向挡板，可使流速成倍地增加，但流阻增长更快，加上安装困难，一般尽量避免纵向挡板。横向折流板的板距合理缩小后可使流速和流程加大，流动方向不断变更使层流膜层减薄，从而增大膜系数。试验证明，加装横向折流板后 $Re>100$ 即达湍流。因此，常使流率低、黏度大的流体通过壳程。图 11-8 给出弓形板的缺圆及板间距对流动状况的影响。

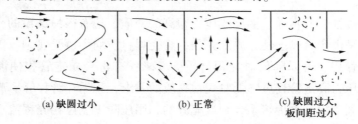

(a) 缺圆过小　　　　(b) 正常　　　　(c) 缺圆过大，板间距过小

图 11-8　缺圆及板间距对流动状态的影响

弓形折流板的切口方位对换热器中的介质流动有较大影响。如壳程是被加热的油品，水平切口则会使热油气产生气阻而增加流阻（相比于垂直切口），泵功率上升。所以一般无特殊要求时均采用垂直切口。制造厂提供切口方位，厂家验收时进行核对。图 11-9 为水平切口和垂直切口液体流动状况。

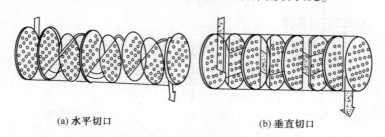

(a) 水平切口 (b) 垂直切口

图 11-9　水平切口和垂直切口示意图

14 换热器管束有几种排列方式？

管束中管子有四种排列形式：①等边三角形；②正方形；③正方形错列（转角 45°）；④圆形排列，如图 11-10 所示。此外还有转角三角形等。等边三角形排列应用最普遍，管间距都相等，同一管板面积上能排列最多的管数，划线钻孔方便，但管间不易清洗。对壳程需机械法清理时一般采用正方形排列，要保证有 6mm 的清理通道。在折流板间距相同情况下，等边三角形、圆形排列流通截面要比正方形、正方形错列形式的小，有利于提高流速。同心圆排列比三角形排列排管还要多，且靠近壳体布管均匀，介质不易走短路。炼油工业上常用的还是正方形错列（转角 45°）方式较多。无论哪种排列法，最外圈管子的管壁与壳内壁的间距不应小于 10mm。

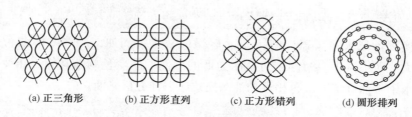

(a) 正三角形　　(b) 正方形直列　　(c) 正方形错列　　(d) 圆形排列

图 11-10　管子排列方式

15 管壳式换热器冷却器为什么要加防冲板和导流筒？

为防止壳程入口液体直接冲刷管束，避免冲蚀管束和造成震动，在入口处常常设置防冲板［见图 11-11（b）、（c）］缓冲壳程入口液流，其开孔数量与安装位置可按设计规定执行。其入口面积在任何情况下都不应小于接管的流通面积。但是上述结构往往造成液流传热的一部分死区。近年来发展了导流筒形式的结构，它既能起到防冲板作用，又能引导流体垂直地流过管子端部，可更好地缓解管板处的传热死区，改善了传热。生产厂常常在出入口均装导流筒或防冲板，使用时应把出口导流筒或防冲板提早拆除。

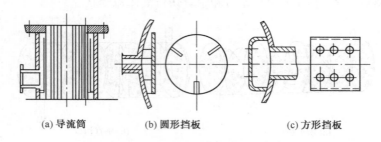

(a) 导流筒　　　　　(b) 圆形挡板　　　　　(c) 方形挡板

图 11-11　防冲板及导流筒

16　空冷器管外加翅片是基于什么原理？

空冷器是一种以空气代替冷却水作为冷却介质的换热器，管内油品传热系数较高，管外空气膜传热系数很低，属气膜控制，管外热阻大，与管内油品的传热系数相差较大。为提高管外气膜系数，采用铝翅片翅化加大管外面积。

17　湿式空冷的原理是什么？

湿空冷全名是增湿空气冷却器，它是既利用冷水在管外表面汽化蒸发取走油品热量，又靠水分把空气增湿，提高空气湿度，水的相变热远远大于温差传热，这样可大大缓解夏天气温升高后油品冷却困难，其冷却能力甚至可使油温比大气温度低 2~3℃。

18　如何判断冷换设备浮头盖(垫片)漏？还是小浮头漏？

冷换设备如果浮头盖(垫片)漏，轻微时冒烟、滴油，严重时漏油可成串，甚至着火。而小浮头(垫片)漏可从压力低的一侧油品变色判断。如果是冷却器，可从下水中带油确定。颜色相近的油品换热应采样分析判断。

19　为什么开工时冷换系统要先冷后热地开？停工时又要先热后冷地停？

冷换系统的开工顺序，冷却器要先进冷水，换热器要先进冷油。这是由于先进热油会造成各部件热胀，后进冷介质会使各部件急剧收缩，这种温差应力可促使静密封点产生泄漏，故开工时不允许先进热油。反之停工时要先停热油后停冷油。

20 水冷却器是控制入口水量好还是出口好？

对油品冷却器而言，用冷却水入口控制弊多利少，控制入口可节省冷水，但入口水量限死可引起冷却器内水流短路或流速减慢，造成上热下凉。采用出口控制能保证流速和换热效果，一般不宜使用入口控制。

21 冷换设备在开工过程中为何要热紧？

装置开工时，冷换设备的主体与附件用法兰、螺栓连接，垫片密封。由于它们之间材质不同，升温过程中，特别是超过200℃（热油区），各部分膨胀不均匀造成法兰面松弛，密封面压比下降。高温时会造成材料的弹性模数下降、变形，机械强度下降，引起法兰产生局部过高的应力，产生塑性变形弹力消失。此时压力对渗透材料影响极大，或使垫片沿法兰面移动，造成泄漏。热紧的目的就在于消除法兰的松弛，使密封面有足够的压比，保证静密封效果。

22 为什么重质油(如渣油)冷却器反要用二次循环水？

重质油冷却器如用新鲜水(温度比循环水低)，油品反而冷不下来。原因是重质油中有蜡质成分，急冷时形成蜡膜增加了热阻，影响传热效果。所以对这类油品生产上采用换过热的二次循环水。

23 折流杆换热器的结构是什么？有什么优点？

折流杆换热器管束支撑结构特点是在每根换热管的四个方向上，由折流杆加以固定。折流杆焊在折流圈上，四个折流圈为一组，从四个方向夹紧换热管。用折流圈组成的管束支撑结构如同一个大笼子，具有很好的防震性能，如图11-12所示。

折流杆换热器是将管束的支撑由弓形板改为杆系支撑而得名，壳程流体也由错流变成顺流，因此壳程流体流动阻力大幅度下降，一般为弓形板管束阻力的1/7～1/10。单弓形板换热器壳程阻力主要消耗在管束上，因此靠提高流速来强化传热受到压力降的限制，而折流杆支撑件的出现使这个问题迎刃而解。

折流杆换热器壳程流体作平行

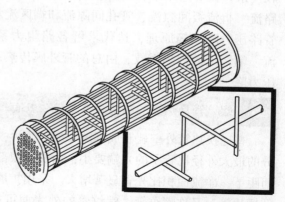

图11-12　折流杆换热器管束支撑结构示意图

管束的轴向流动，当进口处流体分布较好时，可使得流体在管束整个横断面上均匀流动，传热面积得以充分利用。平行流时传热系数一般偏低，但是加上折流杆后，流体经过这些杆系产生脱体现象，在后面产生漩涡尾流（又称涡街）。前面的漩涡强度减弱之后，后面的折流杆又产生新的漩涡尾流。故此，在整个管长和传热表面上都有均匀的漩涡产生。这些漩涡对改善平行流传热有好处，流速越大湍流越激烈。由于折流杆换热器壳程流体阻力极小，一般可以将流速提高到弓形板换热器的2~3倍。因此在等压力降下，折流杆换热器比单弓形板换热管外膜传热系数提高1.5倍以上。

_24_ 双弓形板换热器的结构特点是什么？有什么优点？

双弓形折流板与通常使用的单弓形板换热器相比，仅在于折流板形状的不同。双弓形折流板由两种结构组成，如图11-13所示。

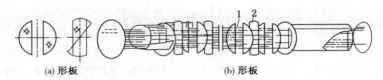

(a) 形板　　　　　　　　　　(b) 形板

图11-13　双弓形折流板结构示意图

双弓形板换热器的管束由相邻两种折流板组成支撑件，流体呈顺错流流动，从而克服了普通单弓形板换热器的壳程流体，在流动中的180°转弯所造成的死区，阻力大、易震动，在相同壳程压力降下，双弓形板换热器壳程流体的流速一般可提高1.5倍以上，从而强化了传热。通过管束的阻力仅为单弓形板换热器的1/5~1/8，因此减少板间距和壳径来提高流速是常用手段。由于壳程流体流动比较复杂，在工艺计算中必须采用流路分析法。将其流路分为错流、窗口流、旁路流、折流板间隙流、管孔间隙流和端区流六部分，根据质量平衡定律和并联管路压力降相等原理，迭代求解各路阻力系数和流量。然后计算错流、窗口流、端区流的传热系数，由总的管外膜传热系数和由各路阻力系数求出壳程总压力降。

_25_ 螺纹管换热器的结构特点是什么？有什么优点？

普通换热管外壁轧制成螺纹状的低翅片，用以增加外侧的传热面积。翅片部分的最大外径比管子的光端要小，而翅片根部要小更多。因此在与光管相同的管间距下，净流面积比光管显著增大。采用扩展表面增加传热效果的最典型管型是低翅片管，又称螺纹管。螺纹管的外表面可扩展为光管的2.2~2.7倍，管内径略缩小但无凸起。螺纹管如图11-14所示。

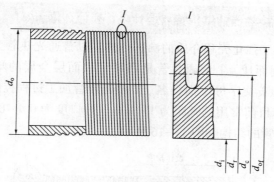

图 11-14　螺纹管示意图

与光管相比当管外流速一样时，壳程传热热阻因翅片表面的扩展可以缩小相应的倍数。管内流体的流速因管径的略减稍有增大，因此压力降略增加。螺纹管比较适用于管内膜传热系数比管外膜传热系数高 1.5 倍以上的工况，这样效果很突出，可使总传热系数提高 50% 以上。

26　波纹管换热器的结构特点是什么？有什么优点？

横纹波纹管是一种双面强化传热的管型，内外壁被轧成环状波纹凸肋，其内壁能改变流体边界层的流动状态，外壁能增大传热表面和扰动，达到双面强化传热的目的。将波纹管与普通弓形板换热器和折流杆换热器结合，可组成实现双面强化传热的系列产品。横纹波纹管的结构如图 11-15 所示。

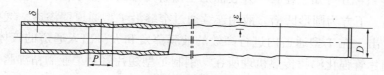

图 11-15　横纹波纹管示意图

D—管外径；ε—波谷深；δ—壁厚；p—波距

波纹管是一种双侧强化传热管型，管内强化传热效果突出，波纹管换热器的总传热系数能够提高 50% 以上，但是管程压力降也增加较快，在层流区增加不到 1 倍；在过渡流和湍流区增加 1.5 倍左右。波纹管是管内凸肋管的典型代表，适用于管内传热阻力为控制侧的热交换过程，尤其是高黏流体处于层流区流动，效果更加明显。在加工时管外被挤压成凹槽，由于波距较大、槽深较浅，故传热表面增加很少。但是波纹状的管壁可以增加流体的湍动，使得壳程传热系数和阻力也有不同程度的增加。

T型翅片管用于强化壳程介质的沸腾传热。以普通光热管为基管，采用无切削的滚扎工艺轧制而成。T型翅片管是靠坯管表面层金属的塑性变形而形成翅片，因其形状类似英文字母T而得名。T型翅片管加工过程控制参数是螺距和翅片之间的开口度，目前常用的螺距为 1~3mm、开口度为 0.1~0.4mm、翅高 0.9~1.2mm。T型翅片管的结构如图 11-16 所示。

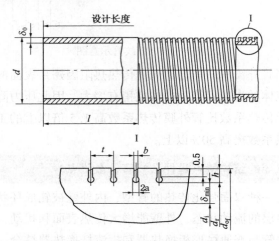

图 11-16 T型翅片管的结构示意图

由图 11-16 可知，在管子外表面加工出有规则的 T 型小槽穴，槽穴的上方开口是窄的，下方为圆形凹槽。液相连续通过窄缝沿 T 型通道壁渗透，气相连续通过窄缝冒出。在 T 型通道内进行高效的液膜蒸发和大量出入通道的液体内循环，是 T 型翅片管强化沸腾传热机理所在。钢制 T 型翅片管对工业酒精沸腾传热系数可提高到光管的 2~5 倍，对轻质油品可提高到 2 倍多。

T型翅片管的优点是传热性能主要受通道内复杂的气液两相流动控制，凹槽内的沸腾使气体有规律地逃逸出来。翅片顶部无汽化现象，下部管子的气泡冲刷不了 T 型通道内壁面，因此管子之间互不干扰，管子的排列方式对沸腾无影响。

目前 T 型翅片管重沸器已大量用于工业生产中，不仅提高传热效率而且操作平稳。

28 换热器的投用？

（1）换热器打压试验合格后方可投用，启用前排净换热器内存水。

（2）检查各倒淋、放空阀是否灵活好用及开关位置、压力表、温度计是否全部装好。

（3）检查基础、支座是否牢固，各部螺栓是否满扣、紧固。

（4）投用时，先投冷流，后投热流，这是因为先进热流会造成各部件热胀，后进冷流会使各部件急剧收缩。这种温差应力可促使静密封点产生泄漏。反之，换热器停运时要先停热流，后停冷流。

（5）在投用冷介质或热介质时，首先要保证副线畅通，再缓慢开出口阀，检查无问题后再开入口阀，一定要缓慢开防止憋压，投用过程要注意观察设备变化情况。

（6）换热器投用后，随着温度压力的变化，可能会出现泄漏现象，应及时进行检查。

29　冷换设备投用后为什么要及时进行热紧？

冷换设备投用后要及时进行热紧。这是因为冷换设备的主体与附件用法兰、螺栓连接，由于各部件材质不同。随着温度的上升，特别是超过200℃（热油区）时，各部分膨胀不均会造成法兰面松弛，密封面压比下降，高温时，会造成材料的弹性模数下降、变形，机械强度下降，引起法兰产生局部过高的应力，产生塑性变形弹力消失。此时，应力对渗透材料影响极大，或使垫片沿法兰面移动，造成泄漏，热紧的目的就在于消除法兰松弛，使密封面有足够的压比以保证静密封效果。

30　换热器发生泄漏的原因是什么？如何处理？

换热器泄漏分为内漏和外漏两种。

（1）内漏即两种介质发生互串现象，内漏发生时，压力高的介质向压力低的介质泄漏，此时可从压力低的一侧油品颜色判断，对于颜色相近的油品应采样分析判断，冷却器可从回水是否带油确定。内漏不易及时发觉，这就需要操作人员对介质温度、压力的变化引起重视，发现异常时及时判断。

发生内漏可能是换热管腐蚀穿孔、开裂，换热管与管板胀（焊）口开裂，浮头法兰密封泄漏等原因造成，可采取堵死漏管、重胀（补焊）管板、更换浮头垫片或紧固螺栓的处理方法。

（2）外漏是指从外部可见的密封面或设备、管线本体泄漏，轻微时冒烟、滴油，严重时漏油成串，甚至着火，发生外漏时，要根据泄漏情况及时做出判断处理。轻微泄漏可做好监护运行，联系维修人员处理，严重泄漏必须迅速将换热器切除系统，同时检查泄漏油品是否对相邻的设备管线造成影响，避免油品流到高温部位发生着火。甩换热器时要注意先停热流，后停冷流，防止发生冷流侧憋压加剧泄漏。

绝大部分外漏都是密封面泄漏，可采取紧固螺栓或更换垫片的处理方法。高含硫原油的加工使设备的腐蚀问题变得日益突出，应做好材质升级及定期测厚工作，防止发生本体泄漏。

（3）处理原则：

① 侧线变黑，转污油外送，如果是两个侧线颜色变深，很可能是两侧线之间的中段换热器漏。如果是一条侧线颜色变深，说明是该侧线的换热器漏，可根据每台换热器的出入口的颜色是否变化来查明泄漏的换热器。如果是顶循环与原油的换热器漏，会造成整个塔的产品、中段的颜色变深，应立即找出泄漏换热器并切出。

② 着火后用蒸汽或泡沫灭火器灭火，联系消防，流体改走换热器副线，换热器扫线处理，改线时一定要沉着冷静，不要误操作，避免憋压造成更大的泄漏，如现场不能靠近，应找换热器前后最近点切断油源或停泵。严重泄漏时，按紧急停工处理。

31 常减压装置中不同换热器内漏时影响如何？

换热器内漏时，对于原油与常压塔的侧线或中段回流的换热器，侧线产品颜色变深，干点升高；对于原油与减压塔的侧线或中段回流的换热器，侧线流量增加（不明显），减压塔顶负荷升高，真空度下降；对于原油和减渣的换热器，原油压力高，会漏入减渣中，使减渣的初馏点下降，500℃馏出升高；对于初底油和减渣的换热器，减渣会漏入初底油中，泄漏量小时，不易察觉，当泄漏量很大时，使初底油流量发生变化。

32 换热器检修步骤有哪些？

换热器检修主要包括：搭设临时脚手架，拆除保温，喷涂松动液→拆卸换热器螺栓→摘下管箱及大头盖、小浮头→抽出换热器管束→壳体及管束清洗→回装换热器管束→水压试验及回装小浮头、管箱及大头盖。

（1）搭设临时脚手架、拆除保温，喷涂松动液：搭设拆除保温、螺栓的临时脚手架在换热器停车还有余温时可将需要拆卸螺栓喷涂松动液或煤油等。拆除需要拆除的保温，并清理干净现场，将可重复利用的保温铁皮运离施工现场加以保护。

（2）拆卸换热器螺栓：用风动扳手及敲击扳手拆卸换热器头盖螺栓以及与换热器头盖相连接的管线法兰螺栓；松开螺栓按顺序均匀对称松开，每次松开1/12~1/6圈，直到所有螺母完全松开为止。锁死拆不下的螺栓可用破拆工具或气割将其割下，动火切割要办理用火票；清点螺栓数量、规格，统计好损坏及不能再使用的螺栓数量，并将坏损螺栓数量提报补充。将完好的螺栓清洗干净涂抹机油或润滑油，放置在不影响施工的地方，码放整齐，用塑料布封盖好备用。将打开的管线管口用薄铁板封盖好，防止杂物掉入管线内。

（3）摘下管箱及大头盖：摘头盖时选择好吊点，挂好倒链，吊车站位，摘下操作时注意保护好法兰面。清除头盖内的淤积物，吊下的头盖用道木垫好放置，并摆放整齐。

（4）抽出换热器管束及管束清洗：在抽出前做好管束管板与壳体法兰位置的标记。将绳扣挂在管板固定螺栓耳处，利用抽芯机拉出，拉出距离为能用抽芯机卡住管芯管板即可，用抽芯机将管芯抽出。在换热器管束抽芯、运输和吊装作业中，不得用裸露的钢丝绳直接捆绑。移动和起吊管束时，应将管束放置在专用的支撑结构上，以避免损伤换热器。换热器壳体若采用高压水清洗，要采取防护措施，将壳体一端封闭，防止高压水柱喷出伤人，在另一端封堵水流，用导管将污水引入罐装槽车，运至指定位置。

（5）回装换热器管束：换热器回装要有业主的正式通知，回装前先检查换热器管束清洗是否合格；检查管束管箱边的管板内侧密封面是否合格；检查并将换热器壳体管箱头的法兰密封面并清理干净；检查所更换的垫片是否合格，密封面是否完好无损，将合格的垫片缠绕聚四氟生料带。换热器管束在放到抽芯机前将管箱处的管板垫片套好。吊车站位，吊装管芯，准备回装。将管束吊到抽芯机上，检查管束是否位置正确。用抽芯机将管束送回换热器壳体。再次检查密封面，涂抹二氯化钼并将垫片放好，按壳体法兰和管板上做好管板与壳体的原有位置标记，将管束顶回原位置。

（6）水压试验：在管箱端安装假法兰，大头盖端安装假帽子。试压时压力缓慢上升至规定压力，水压试验按《石油化工换热设备施工及验收规范》（SH/T 3532—2005）第 7 条款，其中试验压力保压 10min，设计压力保压 30min，然后降到操作压力进行详细检查，无破裂、渗漏、残余变形为合格。如有泄漏等问题，处理后再试验。

① 壳程试压：以壳体下法兰口做试压进口，装配试压管线，接通试压泵进水。从壳体上法兰口注水，水满后将管口堵死。开始升压，检查壳体、换热管与管板相连接接头及有关各部位有无泄漏。

试验压力的水压试验按操作压力的规定倍数进行。试压时，压力应逐渐增加，达到试验压力后再保持 5min，然后降到操作压力详细检查。符合下列条件时认为水压试验合格：没有破裂象征；没有渗漏地方；试压后没有残余变形。

② 管程试压：拆除假法兰、假帽子，安装管箱、小浮头，以管箱下法兰口做试压进口，装配试压管线，接通试压泵进水。从管箱上法兰口注水，水满后将管口堵死。开始升压，检查小浮头有无泄漏。

试验压力的水压试验按《石油化工换热设备施工及验收规范》（SH/T 3532—

2005）第 7 条款，其中试验压力保压 10min，设计压力保压 30min，然后降到操作压力详细检查。符合下列条件时认为水压试验合格：没有破裂象征；没有渗漏地方；施压后没有残余变形。

（7）回装：缓慢放压至将水放净。恢复管箱上下法兰，更换正式垫片，把紧螺栓。拧紧螺栓时，应按图 11-17 表示的顺序进行，并应涂抹螺纹润滑剂或防咬合剂。螺栓、螺母需要更换时，应按设计图纸要求选用。恢复保温，拆除临时脚手架，并清理施工现场卫生，换热器检修完毕。

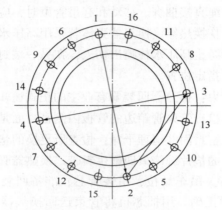

图 11-17 螺栓拧紧顺序

第十二章　机泵及其操作

1　泵是怎样分类的?

泵的分类一般按泵作用于液体的原理分为叶片式和容积式两大类,叶片式泵是由泵内旋转的叶轮输送液体的,叶片又因泵内叶片结构形式不同分为离心泵、轴流泵和旋涡泵等。

容积式泵是利用泵的工作室容积的周期性变化输送液体的,分为往复式泵(活塞泵、柱塞泵、隔膜泵等)和转子泵(齿轮泵和螺杆泵等)。

泵也常按泵的用途而命名,如:水泵、油泵、氨泵、液态烃泵、泥浆泵、耐腐蚀泵、冷凝液泵等。

2　离心泵、往复泵、转子泵、旋涡泵各有什么特点?

离心泵、往复泵、转子泵、旋涡泵的特点见表 12-1。

表 12-1　离心泵、往复泵、转子泵、旋涡泵的特点

类型	离心泵	往复泵	转子泵	旋涡泵
流量	1. 均匀; 2. 量大; 3. 流量随管路情况而变化	1. 不均匀; 2. 量不大; 3. 流量恒定,几乎不因压头变化而变化	1. 比较均匀; 2. 量小; 3. 流量恒定,与往复泵同	1. 均匀; 2. 量大; 3. 流量随管路情况变化而变化
扬程	1. 一般不高; 2. 对一定流量只能供给一定的扬程	1. 较高; 2. 对一定流量可供应不同扬程,由管路系统确定	1. 较高; 2. 对一定流量可供应不同扬程,由管路系统确定	1. 较高; 2. 对一定流量只能供给一定的扬程
效率	1. 最高为70%左右; 2. 在设计点最高,偏离愈远,效率愈低	1. 在80%左右; 2. 供应不同扬程时,效率仍保持较大值	1. 在60%~90%; 2. 扬程高时泄漏,使效率降低	25%~50%

类型	离心泵	往复泵	转子泵	旋涡泵
结构	1. 简单、价廉、安装容易； 2. 高速旋转，可直接与电动机连接； 3. 同一流量体积小； 4. 轴封装置要求高，不能漏气	1. 零件多、构造复杂； 2. 震动甚大，不可快速，安装较难； 3. 体积大，占地多； 4. 需吸入排除活门； 5. 输送腐蚀性液体时，构造更复杂	1. 没有活门； 2. 可与电动机直接连； 3. 零件较少，但制造精度要求较高	1. 构造简单、紧凑，具有较高的吸入高度； 2. 高速旋转，可直接与电动机连接； 3. 叶轮和泵壳之间要求间隙很小； 4. 轴封装置要求高，不能漏气
操作	1. 开车前要充水运转中不能漏气； 2. 维护、操作方便； 3. 可用阀很方便地调节流量； 4. 不因管路堵塞而发生损坏现象	1. 零件多、易出故障，检修麻烦； 2. 不能用出口阀而只能用支路阀调节流量； 3. 扬程流量改变时能保持高效率	1. 检查比离心泵复杂，比往复泵容易； 2. 不能用出口阀而只能用支路阀调节流量	1. 功率随流量的减小而增大，开车时应将出口阀打开； 2. 同理，流量调节用支路阀
使用范围	可输送腐蚀性或悬浮液，对黏度大的液体不适用，一般流量大而扬程不高	高扬程，小流量的清洁液体	高扬程，小流量，特别适宜输送油类等黏性液体	特别适用于流量小而压头较高的液体，但不能输送污秽的液体

3 离心泵的工作原理是什么？

图 12-1 是单级离心泵的工作简图。泵的主要工作部件有叶轮，其上有一定数目的叶片，叶轮固定于轴上，由轴带动旋转，泵的外壳为一螺壳形扩散室，外壳静止不动；泵的吸入口与吸入管相连接，排出口与排出管相连接。

离心泵在工作前，吸入管路和泵内首先要充满所输送的液体，当电机带动叶轮旋转时，叶片拨动叶轮内的液体旋转，液体就获得能量，从叶轮内甩出。叶轮内甩出来的液体经过泵壳流道扩散管再从排出管排出。与此同时，叶轮内产生真空，使液体被吸入叶轮中。因为叶轮是连续而均匀地旋转的，所以液体连续而均匀地被吸入和甩出。

离心力的大小与物体的质量、旋转叶轮的半

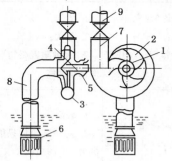

图 12-1 离心泵工作简图

1—叶轮；2—叶片；3—泵壳；
4—泵轴；5—填料筒；6—底阀；
7—扩散管；8—吸入管；9—排出管

径、旋转速度有关，写成公式：

$$F = mv^2/R$$

式中　F——离心力，N；

　　　m——物体质量，kg；

　　　R——叶轮半径，m；

　　　v——旋转速度，m/s。

离心力越大，液体获得的能量也越大，扬程也越高。

4　旋涡泵的工作原理是什么？

旋涡泵的工作原理和离心泵相似，是基于离心力的作用。当叶轮转动时，液体受离心力的作用，由叶轮上叶片外端抛向环形流道，叶轮传递给液体动能并把液体带入截面较宽流道，在流道内液体速度变慢，使动能部分转变为压力能，因而使液体的压力得以提高。液体在叶片两侧形成旋涡流，进入流道后，在惯性力作用下，一方面沿流道前进，同时作旋涡运动。液体在旋涡泵内流动形状就好像两根弹簧盘在叶片的两侧一样，每一个叶片相当于一个微型离心泵，整个系统就像许多小离心泵串联起来的多级泵。液体从吸入至排出的整个过程中，可以多次反复进入叶轮和从叶轮中流出，而它每流入叶轮一次，即获得一次能量交换。

旋涡泵结构由叶轮和与叶轮呈同心圆的泵壳所组成。在叶轮上有铣成的叶片，叶轮在泵壳内转动，叶轮端面与泵壳壁之间的间隙很小，一般为 0.1~0.2mm，泵壳与叶轮端面形成一个流道。这个流道的一端与吸入口相连，另一端与压出口相连，在泵的吸入口与压出口之间有一隔板，它与叶轮之间的间隙极小，以使吸入腔隔开。

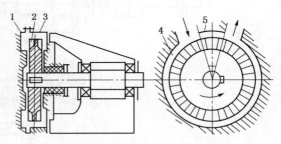

图 12-2　旋涡泵工作简图

1—泵盖；2—叶轮；3—泵体；

4—流道；5—隔板

图 12-2 是漩涡泵的工作简图。

5　离心泵由哪些部件构成？

单级悬臂 Y 型泵由下列零件组成，如图 12-3 所示。

两级悬臂 Y 型泵零部件与单级泵基本相同，再增加：14—隔板、15—隔板密封环，16—级间轴套，如图 12-4 所示。

两级两端支承式 Y 型泵的零部件如图 12-5 所示。

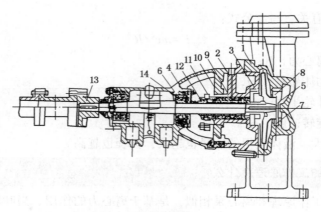

图 12-3　单机悬臂 Y 型泵

1—泵体；2—泵盖；3—叶轮；4—轴；5—叶轮螺母；6—泵托架；7—泵体出口；8—叶轮口环；
9—封油环；10—填料；11—填料压盖；12—轴套；13—联轴器；14—轴承

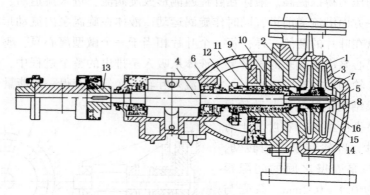

图 12-4　两级悬臂 Y 型泵

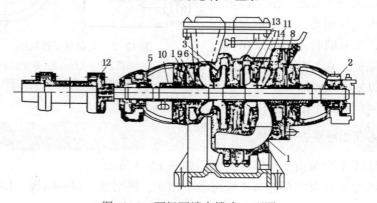

图 12-5　两级两端支撑式 Y 型泵

1—泵壳；2—前支架；3—叶轮；5—泵后支架；6—泵体口环；7—叶轮口环；8—泵前盖；
9—填料；10—填料压盖；11—封油环；12—联轴器；13—叶轮后口环；14—级间隔板

6 离心泵泵体和零件的材质是如何选用的?

离心泵材质按下列要求选用。

操作温度:大于-20℃,小于200℃选用Ⅰ类材料(铸铁);小于-20℃,大于-40℃或大于200℃,小于400℃时选用Ⅱ类材料。

输送介质有中等硫腐蚀时选用Ⅲ类材料,有酸、碱、盐腐蚀时应选F型耐腐蚀泵。国内常用Y型离心油泵的材料类别见表12-2。

表12-2　国内常用Y型离心油泵的材料类别

材料代号	泵体	叶轮	轴	壳体口环	叶轮口环	轴套软填料	轴套机械密封	平衡盘	平衡板	泵体螺栓	材料适用范围
Ⅰ	HT25~47℃	HT20~40℃	45	HT25~47℃	25	25	25	25	45	A3	-20~200℃ 不耐硫腐蚀
Ⅱ	ZG25	ZG45	35CrMo	40Cr	25	25	25	25		40Cr	3CrMo	-45~400℃ 不耐硫腐蚀
Ⅲ	ZG Cr5Mo	ZG 1Cr13	3Gr13	3Gr13	Cr5Mo	Cr5Mo	3Cr13	Cr5Mo	3Cr13	45 35 Cr5Mo	-45~400℃ 耐中等硫腐蚀
备注					表面堆焊硬质合金		Ⅰ、Ⅱ表面焊镀铬	表面焊硬质合金			

7 什么是齿轮泵?

由两个齿轮相互啮合在一起形成的泵称为齿轮泵(见图12-6)。当齿轮转动时,被吸进来的液体充满了齿与齿之间的齿坑。并随着齿轮沿外壳壁被输送到压力空间中去。在这里由于两齿轮的相互啮合,使齿坑内的液体挤出,排向压力管。同时齿轮旋转时吸入空间逐渐增大形成负压区,吸入管内的液体流进齿轮泵吸入口。

齿轮泵的特点是具有良好的自吸性能,且构造简单,工作可靠。在炼油装置中多用作封油泵、润滑油泵和燃料油泵,输送黏度小于1400mm/s,温度不高于60℃的黏性液体。

对于确定的齿轮泵,当转速不变时其排油量也已确定,是一个不变的定值。因而它的特性曲线是一条垂直线(即不管外界压力如何变化,它的排油量都是固定不变的)。如图12-7所示。特性曲线在高压区域,流量向小的方向偏移,这主要是在压力高时,泵内液体沿齿端间隙由出口向入口的漏泄造成的。

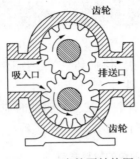

图 12-6 齿轮泵结构图

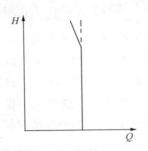

图 12-7 齿轮泵特性曲线

8 什么是螺杆泵?

由两个或三个螺杆啮合在一起形成的泵称为螺杆泵,如图 12-8 所示。

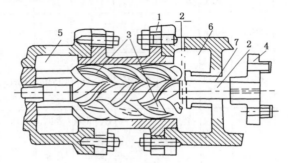

图 12-8 螺杆泵示意图

1—泵体;2—主动螺杆;3—从动螺杆;4—联轴器;5—吸油室;6—压油室;7—滑动轴承

与齿轮泵一样,螺杆泵的流量是一个定值,其特性曲线为一条垂直线。为了防止出口压力过分升高,出口也应设有安全阀。螺杆泵在工作时转子要承受轴向推力,因此有的螺杆泵把吸油室设在螺杆的两端,而压油室设在螺杆的中间,每根螺杆上的两侧螺纹是反向的。所以在转动时,油从螺杆两端进入,而从螺杆中间流出,使轴向推力得到平衡,为了消除双螺杆泵工作时作用在主动螺杆上的径向负荷,可把泵设计成三螺杆型式、主动螺杆型式,主动螺杆装在两从动螺杆之间。

螺杆泵的特点是自吸性能好,工作无噪声,寿命长,效率比齿轮泵稍高(效率为 0.70～0.95),用于输送高黏度的液体,如锅炉燃料油。

9 什么是耐腐蚀泵?

专门用于输送各种酸、碱液和其他不含固体颗粒、有腐蚀性液体的泵叫耐腐蚀泵。我国耐腐蚀泵有 IH 型耐腐蚀泵和 FY 型液下泵两种,用于输送不含固体颗粒、有腐蚀性的液体。根据不同的输送介质可以选择不同的耐腐蚀材料，另外根据需要可以安装不同结构型式的机械密封。

10 什么是计量泵？

计量泵多用来注入化学溶剂、防腐药品等，要求输量较精确。一般采用往复式计量泵或齿轮泵或螺杆泵，同时配有流量调节装置。

计量泵主要分为柱塞式计量泵、液压隔膜式计量泵、机械驱动隔膜式计量泵三种。

11 泵的常见的轴封型式有哪些？各有什么特点？

轴封是旋转的泵轴和固定的泵体间的密封，主要是为了防止高压液体从泵中漏出和防止空气进入泵内。离心泵常用的轴封结构：有骨架的橡胶密封、填料密封、机械密封和浮动环密封。它们各自的特点如下：

（1）有骨架的橡胶密封。

该密封结构如图 12-9 所示。

这种密封是利用橡胶的弹力和弹簧压力将密封碗紧压在轴（轴套）上，优点：结构简单，体积小，密封效果比较显著；缺点：密封碗内孔尺寸易超差，压轴过紧，造成耗功过大，且耐热性、耐腐蚀性不理想，使用寿命短，安装要求严。

（2）密封填料。

该密封结构如图 12-10 所示。

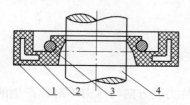

图 12-9　J 型有骨架橡胶密封
1—橡胶碗；2—骨架；
3—弹簧；4—轴套

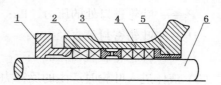

图 12-10　填料密封
1—压盖；2—填料；3—填料环；
4—填料箱；5—填料底套；6—轴

这种密封一般由填料底套、填料环、填料压盖组成。靠填料和轴（轴套）的外圆表面接触来进行密封，优点是结构简单，成本低，易安装，缺点是功耗大，轴（轴套）磨损严重，易造成发热、冒烟，甚至将填料与轴套烧毁，不宜用于高温、易燃、易爆和腐蚀性介质。

（3）机械密封（又称端面密封）由动环、静环、弹簧、推环传动座、动、静环密封圈组成，靠动静环紧密贴合，形成膜压来密封的。机械密封的优点是密封性能好，寿命长，功耗小，适用范围广；缺点是制造复杂，价格较贵，安装要求高。机械密封结构如图 12-11 所示。

（4）浮动环密封（见图 12-12）。浮动环密封是借浮动环和浮动套端面的接触来实现轴向密封的。

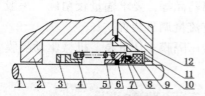 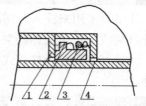

图 12-11　机械密封结构图

1—轴（轴套）；2—填料箱；3—传动座；4—弹簧；
5—推环；6—动环密封圈；7—动环座；8—动环；
9—静环；10—静环密封圈；11—垫片；12—压盖

图 12-12　浮动环密封

1—浮动套；2—浮动环；
3—支撑弹簧；4—轴套

12 离心泵的轴向力是怎么产生的？它由哪些部分组成？对泵的正常运转有何影响？

（1）离心泵工作时叶轮两侧存在着压力差，也就产生了轴向推力，方向指向进口并与轴平行。

$$F_1 = (p_2 - p_1) \cdot (D_w^2 - D_h^2) \cdot \pi/4$$

式中　F_1——作用在一个叶轮上的轴向力，N；

　　　P_2——叶轮出口处的压力，Pa；

　　　P_1——叶轮进口处的压力，Pa；

　　　D_w——叶轮密封环直径，m；

　　　D_h——叶轮轮毂直径，m。

（2）液体进入叶轮时产生的反冲力，反冲力的方向与压力不对称产生的轴向力相反，此力一般忽略不计。

$$F_2 = \rho Q_t (V_{mi} - V_{mo} \cos\lambda_2)$$

式中　F_2——轴向力，N；

　　　ρ——液体密度，kg/m^3；

　　　Q_t——泵理论流量，m^3/s；

　　　V_{mi}——液体进入前轴向速度，m/s；

　　　V_{mo}——液体出口轴向速度，m/s；

　　　λ_2——叶轮出口轴面速度与叶轮轴线方向的夹角。

（3）对入口压力较高的悬臂式单吸泵来说，由作用在轴端面上的入口压力所引起的轴向力：

$$F_3 = \pi/4 \cdot D_h^2 \cdot P_1$$

式中　F_3——轴向力，N；

　　　P_1——叶轮进口处压力，Pa；

　　　D_h——叶轮轮毂直径，m。

（4）对立式泵来说，由于转子的重量是轴向的，故也是轴向力的一部分。

实际离心泵所受轴向力是上面所述的力的矢量和。对悬臂式离心泵来说，其剩余轴向力是由滚动轴承来承受的，若剩余轴向力过大，则会使得轴承的载荷增大，同时泵的耗功增加，轴承的寿命缩短，严重时会造成轴承烧毁。

对于双支撑多级离心泵来说，其轴向力由平衡盘承受。如轴向力过大，平衡盘与平衡鼓将发生摩擦，同样泵的耗功也将增加。严重时转子与泵壳相碰，造成的毁坏，对平衡鼓结构的多级泵而言，轴向力太大，将增加轴承负荷，泵功耗增加，甚至引起泵损坏。

13　离心泵的轴向力是如何消除的？

（1）单级泵平衡轴向力的措施：

① 采用双吸式叶轮。采用双吸叶轮后，由于叶轮两侧形状完全对称，而且两侧吸入液体的压力也相等，因此作用在叶轮两侧的压力保持平衡，没有轴向力产生。

② 开平衡孔。在靠近轮毂的后盖板上钻有数个小孔。由于后部密封环与前部密封环直径相同，所以密封环以外的两侧盖板受压面积是对称的，因而没有轴向力。当叶轮后部的液体从密封环的间隙漏到密封环以内，便又从小孔流回到叶轮入口，使两侧压力保持相等。

③ 平衡管。这种方法与平衡孔原理相似，只是它不在叶轮后盖板上钻孔，而是将带压漏进后部密封环内的液体经平衡管引回到泵入口管线，使前后密封上压力保持一致。

（2）多级离心泵轴向力平衡措施：

① 叶轮对称布置。离心泵工作时叶轮两侧（在吸入口面积上）存在着压力差，也就产生轴向力。轴向力的方向与轴平行且指向叶轮吸入口，根据这一特点，我们在两级或两级以上的离心泵上，将叶轮背靠背或面对面对称安装在一根轴上，这样轴向力即可自动平衡。

② 采用平衡鼓加平衡管。平衡鼓是多级泵的一种专门平衡装置，它是装在末级叶轮之后的一个圆柱体。它的外圆与泵体上平衡套之间有很小的间隙，平衡鼓的后面有一空间，俗称平衡室，用连通管与入口管连通。这样平衡鼓的前面是高压区（与末级叶轮背后压力相同）。而平衡室里的压力与入口管压力相近因此

平衡鼓的前后产生一压力差。在这一压差的作用下，平衡鼓受向后的推力（即叶轮入口向后盖板方向），这个力就叫平衡力，平衡力与平衡鼓承压面积和两侧压差有关。

③ 采用平衡盘加平衡管。平衡盘加平衡管方法是在多级泵上应用最广泛的一种平衡装置。

④ 采用平衡鼓与平衡盘加平衡管组合型平衡措施。适用于轴向推动较大的场合。

14 什么是机械密封？原理是什么？

根据《旋转轴用机械密封标准》（GB 5594—86），对机械密封定义：由至少一对垂直于旋转轴线的端面，在液体压力和补偿机械外弹力（或磁力）的作用以及辅助密封的配合下，保持贴合并相对滑动而构成的防止流体泄漏的装置，称为机械密封（或端面密封）。

机械密封由四部分组成（结构见图 12-11）。

（1）摩擦副：动环、静环。

（2）辅助密封：O 型、V 型密封圈。

（3）补偿件：弹簧、推环。

（4）传动件：传动座、销钉等。

机械密封工作时，动环在补偿弹簧力的作用下，紧贴静环随轴转动，形成贴合接触的摩擦副，被输送介质渗入接触面产生一层油膜形成油楔力，油膜有助于阻止介质泄漏，也可润滑端面，减少磨损。

15 离心泵机械密封在什么情况下要打封油？封油的作用是什么？对油封有何要求？

有毒、强腐蚀介质，密封要求严格，不允许外泄或输送介质中含有固体颗粒，漏入填料函会磨损密封面，或使用双端面机械密封时需打封油。

封油有润滑、冷却作用，还有防止输送介质泄漏和负压下空气或冲洗水进入填料函的作用。

封油压力要比被密封的介质压力高 0.05~0.2MPa，封油应为洁净、不含颗粒、不易蒸发汽化、不影响产品质量的无腐蚀性液体。封油系统通常包括泵、罐以及起压力平衡、过滤、冷却等作用的辅助设备。

16 机械密封漏损有哪些原因？如何处理？

（1）原因：

① 动静环密封面变形；

② 动静环装偏，密封面有杂物进入；

③ 密封老化、损伤，方向装错，过盈不够，装偏；

④ 弹簧偏心、折断、卡涩等。

（2）处理：

① 停泵联系检修；

② 平稳操作，避免抽空；

③ 适当调整密封油压力并保证畅通。

17 离心泵有哪些主要性能参数？

离心泵的主要性能参数有流量、扬程、功率和效率四项。扬程：泵加给每千克液体的能量称为扬程或压头，亦即液体进泵前与出泵后的压头差，用符号 H 表示，其单位为所输送液体的液柱高度（m 液柱），简写为 m。

离心泵所产生的扬程可以用理论进行计算，此计算值称为理论扬程。离心泵实际所产生的扬程比理论值低，因为泵内有各种损失，由于理论扬程的计算比较繁项，泵内的各种损失不能准确计算，所以离心泵实际所产生的扬程通常都是实验确定的。流量：泵的流量是指泵在单位时间内排出的流体体积，用符号 Q_e 表示，其单位是 m^3/h。

功率和效率：单位时间内液体经泵之后实际得到的功称为有效功率，用符号 N_e 表示。

$$N_e = H_e \cdot Q_e \cdot \rho g$$

式中　N_e——泵的有效功率，W；

　　　H_e——泵的扬程，m；

　　　Q_e——输送温度下泵的流量，m^3/s；

　　　ρ——输送温度下液体的密度，kg/m^3；

　　　g——重力加速度，m/s^2。

泵从电动机得到的实际功率称为轴功率，泵的有效功率比轴功率小，两者之比 $\eta = N_e/N_{轴}$，称为泵的总效率。

18 电动往复泵、离心泵的扬程和流量与什么有关？

（1）电动往复泵的流量 Q 与活塞的截面积 $F(m^2)$，活塞的冲程 $S(m)$ 的乘积有关，计算通式为：

$$Q = 60F \cdot S \cdot n \cdot \eta_v$$

式中　Q——体积流量，m^3/s；

　　　F——活塞面积，m^2；

S——活塞冲程，m；

n——活塞每分钟往返次数，次/min；

η_v——容积效率，一般为 0.8~0.98。

电动往复泵的排出压力或扬程仅取决于泵体的强度、密封性能和电动机功率。

（2）离心泵扬程与泵的叶轮结构尺寸有关，直径大，扬程高；宽度大，流量大；与转速有关，流量与转速成正比关系，扬程与转速的平方成正比关系；另外泵的扬程与叶轮级数有关，离心泵的扬程与输送介质的密度无关。

19　什么是离心泵的特性曲线？

离心泵的特性曲线表明一台离心泵在一定的转速下，流量与扬程、功率、效率、必需汽蚀余量之间的关系，即一般由 $H_e—Q_e$，$N_{轴}—Q_c$，$\eta—Q_c$，$(NPSH)_r—Q_e$ 四条曲线所组成。这些参数之间的定量关系通常由实验测定。

图 12-13 所示为 2B-31 型离心水泵的特性曲线，是在转速为 2800r/min 情况下测得的。

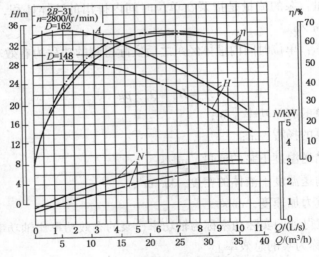

图 12-13　2B-31 型离心水泵特性曲线

20　在实际应用泵样本上提供的特性曲线时要做哪些校正工作？

由于样本上特性曲线都是用 20℃水做介质测定的，在实际使用时有时操作条件相差很大，必须做适当换算。

（1）黏度的影响。在用离心泵输送比清水黏度大的液体时，泵内能量损失加大。黏度愈大，在最高效率点的排出量和扬程就愈小，轴功率就越大，因此泵效率也随之降低，对较小型泵尤为显著。

在操作温度下液体运动黏度小于 $10mm^2/s$ 时，泵的特性曲线可以不必换算。如果运动黏度大于 $10mm^2/s$ 时，则需要进行换算。

（2）密度的影响。炼油化工用泵输送液体的密度变化范围是很大的。密度的差异与泵的体积流量、压头及效率无关。但泵的轴功率将随液体密度不同而改变，应按 $N_轴 = H_eQ_e\rho g/\eta$ 进行修正。

（3）泵转速的影响。当离心泵的转速 n 改变时，它的流量、扬程、功率和效率也一起跟着改变，原有的特性曲线不再适用。理论上 H_e、Q_e、N_e 与转速 n 的关系可按下式计算：

$$\frac{Q_e}{Q'_e} = \frac{n}{n'} \quad \frac{H_e}{H'_e} = \left(\frac{n}{n'}\right)^2 \quad \frac{N_e}{N'_e} = \left(\frac{n}{n'}\right)^3$$

式中　n——正常额定转速；

　　　n'——调速后的转速。

21　什么是泵的车削定律？

泵叶轮外径车削前后其流量、扬程、功率与外径的关系，称为车削定律。计算公式：

$$Q/Q' = D/D'$$
$$H/H' = (D/D')^2$$
$$N/N' = (D/D')^3$$

式中　Q、H_e、N_e、D——未经车削后泵的流量、扬程、功率和叶轮外径；

　　　Q'、H'_e、N'_e、D'——经车削后泵的流量、·扬程、功率和叶轮外径。

采用改变转数的方法可以得到不同工况时的泵特性曲线。生产过程可以采用变频电机，通过变频技术改变电机转速，得到所要求的泵性能参数。也可以采用车削叶轮外径的方法，使特性曲线发生变化，但必须注意车削叶轮只能用在需要降低流量、扬程、功率的场合。

叶轮车削后效率都要降低，为了不使效率降低过多对叶轮的车削量就要加以限制。

22　什么是泵的比转数？

叶片式泵比转数是从相似理论中引出来的一个综合性参数，它说明流量、扬程、转数之间的相互关系。比转数的表达式如下：

$$n_s = 3.65n\sqrt{Q}/H^{3/4}$$

对于双级叶轮，流量须被2除：

$$n_s = 3.65n \sqrt{\frac{Q}{2}} / H^{3/4}$$

对于多级泵来说，扬程应被级数 Z 除：

$$n_s = 3.65n \sqrt{Q} / \left(\frac{H}{Z}\right)^{3/4}$$

同一台泵在不同的工况下具有不同的比转数。一般是取最高效率工况时的比转数作为泵的比转数。泵的比转数大小反映了泵性能的特点：大流量小扬程的泵，比转数大；小流量大扬程的泵，比转数小。比转数小的泵，流量(Q)-扬程(H)特性曲线和流量(Q)-功率(N)特性曲线都较平坦，允许吸上真空度(H_s)大，抗汽蚀性能较好。反之比转数大的泵，Q-H 特性曲线和 Q-N 特性曲线都比较陡，允许吸上真空度(H_s)小，抗汽蚀性能较差。随着比转数的增加，叶轮出口宽度逐渐增加，更适应大流量的情况。而泵的效率只有在比转数 90~300r/min 范围内较高，比转数太小或太大都会使泵效率降低。炼油装置工艺用泵大都是低、中比转数的离心泵。

23 什么是管路的特性曲线？

对于某一管路(不包括管路中的设备、孔板、仪表等)，输送某一种液体时，流量 Q 和需要的扬程 H 是互相对应的。如果把通过此管路的不同流量和需要的相应扬程 H 之间的关系，在直角坐标上用曲线图表示出来。这条曲线就叫作该管路的特性曲线。它随着油品黏度和管路的改变(如阀门开度变化)而改变。

根据管路的特性曲线方程式：

$$H = (Z_2 - Z_1) + h_f + (P_{rd} - P_{rs})/\rho g$$
$$= H_0 + \lambda \cdot L/d \cdot u^2/2g + (P_{rd} - P_{rs})/\rho g$$
$$= H_0 + \frac{\left(\dfrac{Q}{3600A}\right)^2}{2g} + (P_{rd} - P_{rs})/\rho g$$

式中　H——离心泵的扬程，m 液柱；

　　　Q——离心泵的流量，m^3/s；

　　　A——管路截面积，m^2；

　　　λ——摩擦系数；

　　　L——管线当量长度，m；

　　　d——管线直径，m；

　　　u——流体流速，m/s；

　$Z_2 - Z_1$——排出容器和吸入容器的液面差，m；

　$P_{rd} - P_{rs}$——排出容器和吸入容器的压力差，Pa；

ρ——液体密度，kg/m^3；

g——重力加速度，m/s^2。

设一系列流量 Q_i，根据上列方程式计算出一系列 H_i，并将对应的 Q_i-H_i 数据绘在图上就可以得到管路特性曲线。

24 什么是离心泵的工作点？是怎样确定的？

将同一系统中泵的特性曲线和管路特性曲线，用同样的比例尺绘在同一张图上，则这两条曲线的交点称为系统的工作点，如图 12-14 所示。

离心泵的实际工作状况不仅取决于离心泵本身的特性曲线。而且还取决于管路特性曲线。

工作点 A 既在泵的 Q-H 曲线上，也在管路的 Q-H 曲线上。从泵角度讲，$Q_A H_A$ 表示以流量 Q_A 通过泵时泵给液体提供的能量是 H_A，从管路角度讲，Q_A、H_A 表示以流量 Q_A 通过管路时管路所需要的能量是 H_A。

排出液面与吸入液面的高度差和两液面上的压力差发生变化，或管路阀门调整开度后，工作点均要发生变化。

排出液面与吸入液面之差变小和两液面上的压力差变小，其管路特性曲线往下移，工作点往扬程小、流量大方向移动，如图 12-15 所示。

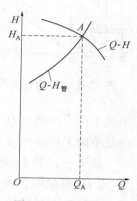

图 12-14　工作点

当管路上阀门关小，管路特性曲线始点不变，曲线向逆时针方向移动，工作点往扬程高、流量小方向移动，如图 12-16 所示。

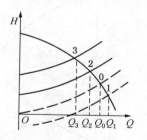

图 12-15　泵工作点的变化

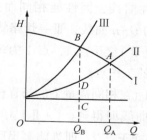

图 12-16　节流调节

25 两台离心泵并联工作对泵流量等参数有何影响？

两台泵同时向同一管线输出液体的工作方式，叫泵的并联工作。两台泵并联工作的特性曲线如图 12-17 所示。Ⅰ（Ⅱ）—每台泵的性能曲线，由于性能曲线相同，故重合。η—每台泵的效率曲线。Ⅲ—管路特性曲线，与泵的性能曲线

215

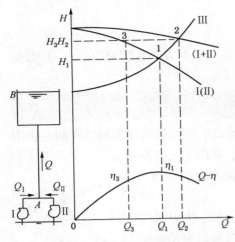

图 12-17　两台性能相同的泵并联工作

（Ⅱ）相交于点 1。即每台泵单独工作时的工作点是 1。

两台泵同时工作时，泵的总特性曲线绘制方法是把各扬程下对应的泵流量相加得到新的点，再把这些点联成光滑曲线，即图 12-17 中的（Ⅰ+Ⅱ）曲线。它与管路特性曲线Ⅲ相交于点 2，由并联工作点 2 作水平线Ⅰ（Ⅱ）于点 3，则点 3 即为两泵同时工作时每台泵的工作点。

由图 12-17 中可见，两台泵并联后的扬程 H_2 大于每台泵单独工作时的扬程 H_1。每台泵的流量 Q_3 小于单独工作时的流量 Q_1。两台泵同时工作的流量 Q_2 大于每台泵单独工作时的流量 Q_1，但 $Q_2 < 2Q_1$。即在同一管路中，两台泵并联后的流量与每台泵单独工作时比较，不能成倍增加。

如果管路特性曲线Ⅲ较平坦（管线直径大，压降小），而泵的性能曲线Ⅰ（Ⅱ）较陡峭时，两泵并联增大流量的效果较好。

并联后两泵的效率为 η_3，比单独工作时效率 η_1 要低。

26　离心泵串联工作对扬程和流量有何影响？

如图 12-18 所示，Ⅰ（Ⅱ）—每台泵的 $Q\text{-}H$ 特性曲线，因性能相同而重合，η—每台泵的 $Q\text{-}\eta$ 曲线，Ⅲ—管路特性曲线。Ⅲ与Ⅰ（Ⅱ）交于点 1，点 1 为每台泵单独工作时的工作点。

将Ⅰ（Ⅱ）在相同流量下的扬程相加连点连成光滑曲线即得到（Ⅰ+Ⅱ）串，（Ⅰ+Ⅱ）串与Ⅲ相交于点 2，即为两泵串联工作时的工作点。由点 2 作垂线与Ⅰ（Ⅱ）交于点 3，即得两泵串联工作时每台泵的工作点。

从图 12-18 中可见，两台泵串联工作时的总流量 Q_2 大于每台泵单独工作时的流量 Q_1，串联关工作时每台泵的扬程 H_3

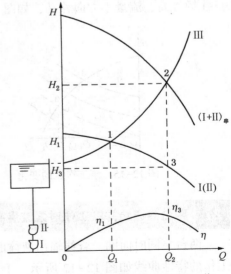

图 12-18　两台性能相同的泵串联工作

小于单独工作时的扬程 H_1，两台泵串联关工作时的扬程 H_2 大于每台单独工作时的扬程 H_1，但 $H_2 < 2H_1$，即两台泵同时工作时的扬程与每台泵单独工作时的扬程比较，不能成倍增加。

27 离心泵流量调节有哪些方法？各有什么特点？

所谓调节实际是改变泵的工作点，可以通过改变管路特性曲线和泵的特性曲线的方法达到。根据离心泵特性曲线可以知道，随着扬程增加流量迅速下降，轴功率随流量下降而缓慢下降。流量和扬程随转速的下降而下降，轴功率随转速的下降而急剧下降，所以调节方法有以下三种：

（1）节流调节。节流调节的原理就是改变管路特性曲线的形状，从而变更离心泵的工作点。

如图 12-16 节流调节所示，Ⅰ 为泵的 $Q-H$ 曲线，Ⅱ 为泵排出口闸阀全开时的管路特性曲线，工作点为 A，流量为 Q_A。当泵工作中要使流量减小时，关小泵排出口闸阀，则闸阀的阻力增大，管路特性曲线变陡。Ⅲ 为闸阀关小后的管路特性曲线，工作点为 B，流量为 Q_B。此时若不关小闸阀，其管路阻力损失为 CD；关小闸阀后其阻力损失为 CB。其中 $CD-CD=DB$ 高度是由于闸阀关小而多消耗在闸阀上的能量，所以这种调节方法损失大，经济性差。但由于此种方法简便，在操作中广泛采用。

（2）旁路返回调节。此种调节方法是开启泵的旁路阀，一部分液体从泵的排出管返回吸入管，从而减小排出管流量。这种方法对旋涡泵较合适，这是因为旋涡泵的特性曲线在降低流量时扬程急剧上升，轴功率反而增加，而加大流量时轴功率反而稍有下降。

（3）变速调节。其原理就是通过改变离心泵转速来改变泵的特性曲线位置，从而变更工作点。

如图 12-19 变速调节所示，转速为 n_A 时，工作点为 A；转速增高至 n_B 时，泵的特性曲线上移，工作点变为 B，流量和扬程都比 n_A 时大。转速降为 n_C 时，泵的性能曲线下移，工作点为 C，流量减小，扬程降低。

这种调节方法没有附加的能量损失，是一种比较经济的办法，但必须采用可变速电动机。

（4）切割叶轮外径调节。将离心泵叶轮外径车削，可使同一转速下泵的性能改变，既可改变流量也可改变扬程。

如图 12-20 切割叶轮外径调节所示，在额定转速下，叶轮外径为 D_2 时，工作点为 1。当叶轮外径车削为 D_2' 时，泵的特性曲线下移，工作点为 2，流量减小，扬程降低。

这种调节方法也没有附加的能量损失，是一种较经济的方法，但是只适用于离心泵在较长时间改变成小流量操作时采用。

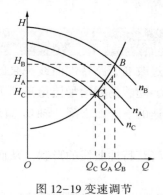

图 12-19 变速调节　　　　图 12-20　切割叶轮外径调节

28　容积式泵调节流量有哪些方法？

往复泵：容积式泵不能采用关小排出阀调节泵的流量，因为这样调节不仅无效反而浪费能量，甚至使泵的驱动机超负荷。从往复泵的特性曲线可以知道：(1)理论流量 Q 与排出压力 P 无关(但由于排出压力的增加，泵内漏损增加，所以泵的实际流量略有下降)。(2)容积式泵的轴功率 N 随着排出压力提高而增大。(3)容积式泵效率随着排出压力升高而增加。

对电动往复泵，一般设旁路控制阀调节流量，将泵多余液体经过旁路返回吸入管。对电动比例泵和计量泵则多采用改变活塞或栓塞的行程来改变泵的流量。对于蒸汽往复泵，通常是通过调节进汽阀的开度来调节泵的往复次数，从而调节流量。

29　什么是汽蚀现象？

叶轮入口处的压力低于工作介质的饱和压力时，会引起一部分液体蒸发(即汽化)。蒸发后气泡进入压力较高的区域时，受压突然凝结，于是四周的液体就向此处补充，造成水力冲击，这种现象称为汽蚀现象。这个连续的局部冲击负荷，会使材料的表面逐渐疲劳损坏，引起金属表面的剥蚀，进而出现大小蜂窝状剥蚀洞。

汽蚀过程的不稳定，引起泵发生振动和噪声，同时由于汽蚀时气泡堵塞叶轮槽道，所以此时流量、扬程均降低，效率下降因此应防止汽蚀现象发生。

30　什么是泵的允许吸上真空度 H_s？

泵的允许吸上真空度就是指泵入口处的真空允许数值。离心泵的最大吸上真空度是指泵将液体从低于泵中心线处吸入泵内而不至于汽化所达到的最大真空度，由泵制造厂通过汽蚀试验测得，为了保证泵不发生汽蚀，将最大吸上真空度减去 0.3m，即为允许吸上真空度。泵入口的真空度是由下面三个原因造成的：

（1）泵产生了一个吸上高度 H_g；

（2）克服吸入管水力损失 h_w；

（3）在泵入口造成适当流速 v_s。

用公式表示：

$$H_s = H_g + h_w + v_s^2 / (2g)$$

三个因素中吸上高度 H_g 是主要的，真空度 H_s 主要由 H_g 的大小来决定。吸上高度愈大，则真空度愈高。当吸上高度增加到泵因汽蚀不能工作时，吸上高度就不能再增加，这个工况的真空度也就是泵的最大吸上真空度，用 H_{smax} 表示。为了保证运行时不产生汽蚀，应留 0.5m 的安全量，即：

$$[H_s] = H_{smax} - 0.5$$

$[H_s]$ 称为允许吸上真空度，标注在泵样本或说明书上的 $[H_s]$ 值系以 760mmHg（1mmHg = 133.322Pa）、20℃清水的标准状况为准的数值。安装泵时应根据公式求出吸上高度 H_g（或称几何安装高度）。

31 什么是离心泵的汽蚀余量 Δh？

要使泵运转时不发生汽蚀，必须使单位质量液体在泵入口处具有的能量超过汽化压强能，足以克服液体流到泵内压强最低处总的能量损失。从这个意义上说，汽蚀性能参数称为必需汽蚀余量（NPSH）$_r$。必需汽蚀余量就是指泵吸入口处单位质量液体所必需具有的超过汽化压强的能量，是泵的一种性能因素，单位以 m 液柱来表示。用公式表示：

$$\Delta h_{允} = P_1 / \rho - P_t / \rho + v^2 / 2g$$

式中　$\Delta h_{允}$——汽蚀余量，m 液柱；

　　　P_1——叶轮进口处的最小吸入压力，Pa；

　　　P_t——液体在操作条件下的饱和蒸气压，Pa；

　　　v——液体进叶轮前的流速，m/s；

　　　g——重力加速度，m/s^2；

　　　ρ——输送温度下的液体密度，kg/m^3。

32 什么是泵的有效汽蚀余量？

有效汽蚀余量（NPSH）$_a$，是泵进口侧系统提供给泵进口处超过汽化压力的能量。（NPSH）$_a$ 可按下式计算：

$$(NPSH)_a = p_s / \rho g - p_v / \rho g - h_{vs} - h_{gs}$$

式中　p_s——吸入侧容器液面压力，N/m^2（绝）；

p_v——输送温度下液体饱和蒸气压，N/m^2(绝)

ρ——输送温度下液体密度，kg/m^3；

h_{vs}——吸入侧管路系绝阻力，m；

h_{gs}——泵实际几何安装高度，m(灌注时为负值)。

当液体处于气液平衡状态时，上式变为：

$$(NPSH)_a = -(h_{vs} + H_{gs})$$

由此式可知，当液体处于气液平衡状态时，有效汽蚀余量与吸入侧容器液面上的压力无关，只与管系阻力(管径及当量长度)和安装高度(即吸入侧容器液面标高与泵中心线标高的差值)有关。

33 如何防止发生汽蚀现象？

为防止汽蚀现象出现，必须做到有效汽蚀余量$(NPSH)_a$大于必需汽蚀余量$(NPSH)_\gamma$，有效吸上真空度H小于泵的允许吸上真空度H，具体要求：

$$(NPSH)_s > (\Delta h_\gamma)(1+\alpha)$$
$$\alpha = 0.1 \sim 0.3$$
$$或(NPSH)_a = (NPSH)_\gamma + S_1$$

S_1值对一般常压操作泵取$0.6 \sim 1.0$m，对真空塔底泵取$2 \sim 3$m。

为满足上述要求，在选泵时可选取必需汽蚀余量值较小的泵。当泵选定之后要设法提高有效汽蚀余量，办法是合理确定吸入容器液面与泵之间的高差，使之灌注操作时有较大的灌注头，吸上操作时吸上高度较小；合理地选用吸入管线的直径，而且尽量短而直，从而减少吸入管系的阻力。

(1) 为了防止汽蚀，在泵的结构上采用以下几种措施：

① 采用双吸叶轮；

② 增大叶轮入口面积；

③ 增大叶片进口边宽度；

④ 增大叶轮前后盖板转弯处曲率半径；

⑤ 叶片进口边向吸入侧延伸；

⑥ 叶轮首级采用抗汽蚀材料；

⑦ 设前置诱导轮。

(2) 对于现有泵，防止汽蚀的措施有：

① 通流部分断面变化率力求小，壁面力求光滑；

② 吸入管阻力要小；

③ 正确选择吸上高度；

④ 汽蚀区域贴补环氧树脂涂料。

34 什么情况下泵要冷却？冷却的作用是什么？

当泵输送介质温度大于100℃时，轴承需要冷却，大于150℃时，密封腔一般需要冷却，大于200℃时，泵的支座一般需要冷却。冷却水的作用：

（1）降低轴承的温度。

（2）带走从轴封渗漏出来的少量液体，并传导出摩擦热。

（3）降低填料函温度，改善机械密封的工作条件，延长其使用寿命。

（4）冷却泵支座，以防止因热膨胀而引起电动机同心度的偏移。

冷却水一般尽是用循环水或新鲜水，只有当它们的全硬度大于4.5mg当量/L时，才用软化水并循环使用。

35 泵型号中字符数字代表什么意思？

（1）100YⅡ—60A：

100：泵吸入口公称直径：mm；

Y：单吸离心油泵；

Ⅱ：Ⅱ类材料，适用于−45～400℃；

60：额定扬程，m液柱；

A：叶轮外径第一次切削。

（2）250YSⅢ～150×2

250：泵吸入口公称直径 mm；

YS：双吸式离心油泵；

Ⅲ：Ⅲ类材料，适用于−45～400℃，可耐硫酸腐蚀；

150：泵额定单级扬程，m液柱；

2：二级叶轮。

（3）旧式离心泵型号：5FDR—5×4

F：多级离心泵；

D：单吸式（S：双吸式）；

R：热油泵（J：冷油泵）；

5：比转数被10除的整数值；

4：叶轮级数。

（4）蒸汽往复泵型号：1QY—2.8/64；2QYR40—56/25，

1、2：缸数；

Q：蒸汽驱动；

Y：输送介质为油；

R40：热油泵（如没有R，介质温度≯200℃），介质温度为400℃；

2.8，56：设计流量，单位为(m^3/h)；

64，25：设计压力，$(kgf/cm^2)(1kgf/cm^2 = 98.066kPa)$。

（5）齿轮泵型号：

ch—4.5

Ch：齿轮；

4.5：在100r/min下的流量，L/min。

2CY-1.1/14.5-1

2：齿轮数；

C：外啮合齿轮；

Y：输送油；

1.1：流量，m^3/h；

14.5：排出压力（表压），$kgf/cm^2(1kgf/cm^2 = 98.066kPa)$。

（6）旋涡泵型号：

32W-30；65Wx-140

32、65：吸入口直径，mm

W：旋涡泵；

Wx：离心旋涡泵；

30、140：泵在设计点扬程，m液柱。

36　离心泵完好的标准是什么？

（1）运转正常、效能良好：

① 压力、流量平稳。出力能满足正常生产需要。或达到铭牌能力的90%以上。

② 润滑、冷却系统畅通，油杯、轴承箱、液面管等齐全好用，润滑油（脂）选用符合规定，滚动或滑动轴承温度分别不超过70℃或65℃。

③ 运转平稳无杂音，窜轴和振幅符合SHS·01013—2004《离心泵维护检修规程》的规定。

④ 轴封泄漏情况：

填料密封：轻质油不超过20滴/min；重质油不超过10滴/min。

机械密封：轻质油不超过10滴/min；重质油不超过5滴/min。

（2）内部机件无损，质量符合要求：

主要机件的材质的选用，转子晃动量和各部安装配合，磨损极限，均应符合SHS·01013—2004。

（3）主体整洁、零附件齐全好用：

① 压力表应定期校验，齐全准确。安全护罩，对轮螺丝，锁片等齐全好用。

② 主体完整，稳钉、挡水盘等齐全好用。

③ 基础、泵座坚固完整，地脚螺丝及各部连接螺丝应满扣、齐整、坚固。

④ 进出口阀门及润滑、冷却的管线。安装合理。横平竖直，不堵，不漏。

⑤ 泵体整洁，保温、油漆完整符合 SHS·01013—2004。

（4）技术资料齐全准确。应具有：

① 设备履历卡片；

② 检修及验收记录；

③ 运行及缺陷记录；

④ 易损配件图纸。

37 离心泵验收应注意些什么？主要指标是什么？

（1）离心泵的验收应注意：

① 检修质量符合规程要求，检修记录齐全，准确。

② 润滑油，封油、冷却水系统不堵，不漏。

③ 轴封渗漏符合要求。

④ 盘车时无轻重不匀的感觉，填料压盖不歪斜。

（2）带负荷运转时，应做到：

① 轴承温度符合指标要求；

② 轴承震动符合指标要求；

③ 运转平稳，无杂音，封油，冷却水和润滑油系统工作正常，附属管路无滴漏；

④ 电流不得超过额定值；

⑤ 流量、压力平稳，达到铭牌出力或满足生产需要；

⑥ 密封漏损不超过要求。

（3）主要指标如下：

轴承温度：滑动轴承≤65℃，滚动轴承≤70℃；

轴承震动 $n=1500\text{r/min}$ 时，$A_{max}\leqslant0.09\text{mm}$；$n=3000\text{r/min}$ 时 $A_{max}\leqslant0.06\text{mm}$；

机械密封：轻质油≤10 滴/min，重油≤5 滴/min；

填料密封：轻质油≤20 滴/min，重油≤10 滴/min；

电流：不超过额定值；

流量、压力达到铭牌要求，或满足生产需要。

38 离心泵的启动步骤是怎样的？应注意什么问题？

（1）启动前的准备：

① 认真检查泵的出口管线，阀门，法兰，压力表接头是否安装齐全，符合

要求，冷却水是否畅通，地脚螺栓及其他连接部分有无松动。

② 向轴承箱加入润滑油(或润滑脂)，油面处于轴承箱液面计的三分之二。

③ 盘车检查转子是否轻松灵活，检查泵体内是否有金属碰击声或摩擦声。

④ 装好背轮防护罩，严禁护罩和靠背轮接触。

⑤ 清理泵体机座，搞好卫生工作。

⑥ 开启入口阀，使液体充满泵体，打开放空阀，将空气赶净后关闭，若是热油泵，则不允许放空阀赶空气，防止热油窜出自燃。(如有专门放空管线及油罐可以向放空管线赶空气和冷油)

⑦ 热油泵在启动前，要缓慢预热，特别在冬天应使泵体与管道同时预热使泵体与输送介质的温度差在50℃以下。

⑧ 封油引入油泵前必须充分脱水。

(2) 离心泵的启动：

① 泵入口阀全开，出口阀全关，启动电机全面检查机泵的运转情况。

② 当泵出口压力高于操作压力时逐步开出口阀门，控制泵的流量、压力。

③ 检查电机电流是否在额定值内，如泵在额定流量运转而电机超负荷时，应停泵检查。

④ 热油泵正常时，应打入封油。

(3) 另外还要注意：

① 离心泵在任何情况下都不允许无液体空转，以免零件损坏。

② 热油离心泵，一定要预热，以免冷热温差太大，造成事故。

③ 离心泵启动后，出口阀未开的情况下，不允许长时间运行(小于1~2min)。

④ 在正常情况下，离心泵不允许用入口阀来调节流量，以免抽空，而应用出口阀来调节。

39　离心泵如何切换和停运？

(1) 离心泵切换时，应做到：

① 备用泵启动之前应做好全面检查及启用前的准备工作，热油泵应处于完全预热状态。

② 开泵入口阀，使泵体内充满介质并用放空排净空气。

③ 启动电机，然后检查各部的振动情况和轴承的温度，确认正常，电流稳定，泵体压力高于正常操作压力，逐步将出口阀门开大，同时相应将正泵阀门关小直至关死并停泵。热油泵应做好预热工作。

(2) 离心泵停运时，应注意：

① 先把泵出口阀关闭，再停泵，防止泵倒转，倒转对泵有危害，使泵体温

度很快上升，造成某些零件松动。

② 停泵注意轴的减速情况，如时间过短，要检查泵内是否有磨、卡等现象。

③ 如是热油泵，再停冲洗油或封油，打开进出口管线平衡阀或连通阀，防止进出口管线冻凝。

④ 如该泵要修理，就必须蒸汽扫线，拆泵前要注意泵体压力，如有压力，可能进出口阀关不严。

40 计量泵如何启动？

（1）启动前的准备工作：

① 搞好卫生规格化，新泵开车前洗净泵上防腐油脂或污垢，不可用力刮。

② 检查机座传动箱内油液位情况，油液位不能低于最低液位刻度值，油一般采用 VG46，安全补油阀组和泵缸腔内隔膜腔内注入变压器油。

③ 活动联轴器，使柱塞前后移动数次，不得有任何卡住现象，对于中间无联轴器的计量泵，卸下电动机顶部护罩，用手转动电机风扇叶片，使柱塞往复两次以上，检查运动部件是否运转灵活，按要求安装后顶部护罩。

④ 打开排出管阀门、吸入管阀门、旁路线。

⑤ 关闭压力表阀门。

⑥ 点试电机，观察电机旋转方向是否与规定相符。

（2）启动

① 启动电机，泵投入运行；

② 开启压力表阀；

③ 根据工艺要求，调节泵柱塞行程来调节流量。

41 计量泵柱塞行程如何调节？

（1）采用手动调节行程，旋转手轮，可调节柱塞往复行程范围 0~100%。

（2）行程调节可在停车或运行中进行，泵的流量需在行程调节后 1~3min 才能稳定，且随行程长度变化，行程长度变化越大，流量稳定所需时间越长。

（3）行程调节量大小可由旋转手轮内的调量表值反映。

（4）逆时针方向旋转调节转盘时，泵的往复行程长度增大；顺时针方向旋转调节转盘时，泵的往复行程长度减小。必须注意在调节过程中，应按逆时针方向旋转调节转盘为有效方向。若需要顺时针方向调节时，则必须先顺时针方向超过所需指针刻度值，然后再逆时针按有效方法旋转调节转盘到所需指针刻度值。

（5）旋转调量时，应注意不得过快和过猛。

42 如何判断和处理泵抽空？

（1）在下列情况下可能出现泵抽空：

① 仪表流量指示大幅度波动或流量指示为零。

② 压力、电流指示大幅波动或无指示。

③ 泵震动较大并有杂音出现。

④ 管线内有异常声音。

（2）引起泵抽空的原因大致有：

① 封油相对密度过小，封油带水；

② 封油量过大；

③ 塔、容器液面过低；

④ 填料压盖太松，冷却水流入泵体；

⑤ 介质温度过高，饱和蒸气压过大，产生气阻现象；

⑥ 泵进口扫线蒸汽阀没关严或有泄漏现象；

⑦ 泵内有空气或被抽介质内混有不凝汽（吸入口漏气）；

⑧ 进口管线堵，进口阀未开或开得过小或阀芯脱落。

（3）泵抽空的处理方法是：

① 严格控制封油质量，封油罐充分脱水；

② 适当调整封油注入量；

③ 严格控制塔，容器液面；

④ 拧紧填料压盖或冷却水外淋；

⑤ 降低介质温度，将泵内汽化气体往放空管线赶尽；

⑥ 关严蒸汽阀或更换蒸汽阀门；

⑦ 赶走泵内空气，查出漏气位置，并设法解决；

⑧ 进口管线扫线、弄通管线、开大进口阀门、检查更换阀门。

43 离心泵振动原因及消除办法是什么？

（1）离心泵振动的原因：

① 地脚螺栓或垫铁松动；

② 泵与原动机中心不对，或对轮螺丝尺寸不符合要求；

③ 转子平衡不对，叶轮损坏，流道堵塞，平衡管堵塞；

④ 泵进出口管线配制不良，固定不良；

⑤ 轴承损坏。滑动轴承没有紧力，或轴承间隙过大；

⑥ 汽蚀，抽空，大泵打小流量；

⑦ 转子与定子部件发生摩擦；

⑧ 泵内部构件松动。

（2）消除方法：

① 拧紧螺栓，点焊垫铁；

② 重新校中心，更换对轮螺丝；

③ 校动平衡，更换叶轮，疏通流道等；

④ 重新配制管线并固定好；

⑤ 更换轴承，锉削轴承中分面，中分面调整紧力，加铜片调整间隙；

⑥ 提高进口压力，开大进口阀，接旁通管；

⑦ 修理，调整；

⑧ 解体，并紧固。

44 热油泵为何要预热？怎样预热？

（1）泵如不预热，泵体内冷油或冷凝水，与温度高达 200～350℃ 的热油混合，就会发生汽化，引起该泵的抽空。

热油进入泵体后，泵体各部位不均匀受热发生不均匀膨胀，引起泄漏、裂缝等，还会引起轴拱腰现象，产生振动。

热油泵输送介质的黏度大，在常温和低温下流动性差，甚至会凝固，造成泵不能启动或启动时间过长，引起跳闸。

（2）预热步骤：

① 先用蒸汽将泵内存油或存水吹扫尽。

② 开出口阀门将油引进泵内，通过放空不断排出，并不断盘车，泵发烫后关闭出口阀。

③ 缓慢开进口阀（此时最易抽空），不断盘车通过放空不断排出。

④ 逐渐开启出向阀，进出口循环流通。

45 为什么不能用冷油泵打热油？

（1）冷、热油泵零件的材质不一样，如冷油泵的泵体、叶轮及其密封环都是铸铁，而热油泵的泵体、叶轮都是铸钢，泵体密封是 40Cr 合金钢，通常铸铁不能在高温下工作。

（2）冷油泵工作温差小，热膨胀小，零件之间间隙小（如叶轮进出口间的口环密封间隙），热油泵的间隙大，如用冷油泵打热油，叶轮和泵壳间易产生磨损甚至胀死。

（3）冷油泵通常没有封油和冲洗油，如在高温下工作，机械密封的零部件磨损很快，甚至胀死。

46 泵盘车不动的原因有哪些？如何处理？

（1）若因油品凝固盘不动车，则应吹扫预热；

（2）因长期不盘车而卡死，则应加强盘车（预热泵）；

（3）当泵的部件损坏或卡住时，则应检修；

（4）若是轴弯曲严重，则应检修更换。

47 热油泵和冷油泵有何区别？

（1）以介质温度来区别，200℃以下为冷油泵（20~200℃），200℃以上热油泵（200~400℃）。

（2）以封油来区别，一般热油泵都打封油，而冷油泵就不用。

（3）以材质来区别，热油泵以碳钢、合金钢为材料，泵支架用循环水冷却，而冷油泵用铸铁即可，泵支座也无需冷却。

（4）泵的型号中热油泵用字母 R 表示，冷油泵用 J 表示。

（5）备用状态时，热油泵需预热，冷油泵不用预热。

48 泵在运行中出现哪些异音？

（1）滚动轴承异音

① 新换滚动轴承，由于装配时径向紧力过大，滚动体转动吃力，会发出小的嗡嗡声，此时轴承温度会升高。

② 如果轴承内油量不足，运行中滚动轴承会发出均匀的口哨声。

③ 如滚动体与隔离架间隙过大，运行中可发出较大的"唰唰"声。

④ 在滚动轴承内外圈道表面上或滚动体表面上出现剥皮时，运行中会发出断断续续的冲击和跳动。

⑤ 如果滚动轴承损坏（包括隔离架断开，滚动体破碎，内外圈裂缝等）运行中有破裂的啪啪啦啦响声。

（2）松动异音

由转子部件在轴上松动而发出的声音，常带有周期性。如叶轮，轴套在轴上松动时，就会发出咯噔咯噔的撞击声。如这时泵轴有弯曲，则气冲碰撞声将更大，在这种情况下运行是很危险的，会使叶轮发生裂纹，泵轴断裂。

49 什么是润滑油的五定及三级过滤？

为减少机动设备的摩擦阻力，减少零件的磨损，降低动力消耗，延长设备寿命，必须做到五定：

定质：依据机泵设备、型号、性能、输送介质、负荷大小，转速高低及润滑油脂性能不同，根据季节不同选用不同种类的润滑油脂牌号。

定量：依据设备型号，负荷大小，转速高低，工作条件和计算结果，和实际使用油量多少，确定设备所需润滑油量。

定点：保证机动设备，每个活动部分及摩擦点，达到充分润滑。

定时：根据润滑油脂性能与工作条件，负荷大小及使用要求，定时对设备输入一定润滑剂。

定人：油库、加油站，及每台设备由专人负责发放、保管、定时、定量加油。

三级过滤：油桶放油过滤、小油罐或小油桶放油过滤、注油器加油过滤。

对三级过滤网的要求见表 12-3。

表 12-3　"三级"过滤网规定要求

油品种类	过滤网数目		
	一级	二级	三级
齿轮油、汽缸油及黏度相近的油品	40	60	80
压缩机油、机械油、车用油及黏度相近的油品	40	60	100
冷冻机油及黏度相近的油品	80	100	120
透平油、液力传动油及其黏度相近的油品	100	150	200

50　什么是液力耦合器？

液力耦合器称为液力联轴器，它是利用液体的动能和压力能来传递功率的一种液力传动设备。把它安装在异步电动机和泵（或风机）之间可以在电动机转速恒定情况下，实现无级调节泵的转速。泵实现无级调速后，可以大量节电，还具有轻载平衡地启动电机、突然过载时能保护电动机的性能。

51　液力耦合器的工作原理及基本结构是怎样的？

液力偶合器是由泵轮、涡轮、转动外壳及主轴等构件组成（如图 12-21 所示）。泵轮通过轴输入与原动机相连接，涡轮通过输出与泵相连接，构成两个系统。两个系统是利用液体来传递功率。泵轮和涡轮对称布置，两者之间有一定间隙，几何尺寸相同。泵轮和涡轮各装有数十片径向辐射状直叶片，由泵轮和涡轮内壁与叶片间所形成的环状室腔称为工作腔或流道。工

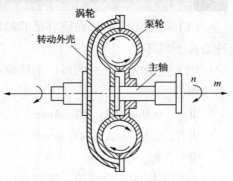

图 12-21　液力耦合器

作液体在内循环流动，原动机带动泵轮旋转时，工作液在泵轮叶片的带动下获得动能和压力能，形成高速高压液体，并冲向涡轮叶片，使涡轮跟着泵轮同相旋转。当改变工作腔液体的量，就能改变涡轮的转速。这就是液力耦合器的工作原理。

52 常减压装置常用电机有哪些型式？

常减压装置通常把爆炸危险场所划分为两个区域，即在正常操作时，预计不会出现爆炸性气体环境，即使发生也仅可能是不频繁并短时出现的区。因此它选用防爆电机型式有：

（1）隔爆型：如 JBO，JB，YB 等系列；

（2）增安型；

（3）正压型；

（4）无火花型。

整个装置的生产区(除配电间，仪表室建筑以外)均在防爆区域内，不允许使用非防爆的电机。

53 常用电机型号含义是什么？

YB160M2-4

Y——异步电动机；

B——防爆型；

160——机座中心高，mm；

M——中机座；

2——第二种铁心长度；

4——级数。

54 防爆电机结构有何特殊要求？

（1）防爆电机的外壳应有足够的机械强度，使之能承受内部爆炸压力与外力冲击而不损坏。

（2）整个电机外壳的每一个缝隙必须在最大试验安全间隙范围内，该间隙分为三级：

ⅡA，$0.9mm < \Delta_{max} < 1.14mm$

ⅡB，$0.5mm < \Delta_{max} \leqslant 0.9mm$

ⅡC，$\Delta_{max} \leqslant 0.5mm$

根据不同的安全间隙，选择相应的隔爆间隙等级。

（3）控制电机外壳表面温度，通常分为 6 组：

组别	爆炸性混合物引燃温度 $t/℃$
T_1	$t>450℃$
T_2	$300<t≤450℃$
T_3	$200<t≤300℃$
T_4	$135<t≤200℃$
T_5	$100<t≤135℃$
T_6	$85<t≤100℃$

55 对运行中的电动机应注意哪些问题？

为保证电动机的安全运行，日常的监视、维护工作很重要，电动机的运行状况会通过表计指示、温度高低、声响变化等方面的特征表现出来。因此，只要注意监视，异常情况是可以及时发现的。除了所规定的监视，维护项目外，这里强调注意以下几点：

（1）电流、电压

正常运行时，电流不应超过允许值，一般电动机只在一相装电流表，对低压电动机，如有必要，可用钳形电流表分别测三相电流。电流的最大不对称度允许为 10%。检查电压，一般借用电动机所接的母线电压表监测，电压可以在额定电压的 +10%~-5% 的范围内变动，电压的最大不对称度允许为 5%。

（2）温度

除了电动机本身有毛病如绕组短路，铁芯片间短路等可能引起局部高温之外，由于负载过大，通风不良，环境温度过高等原因，也会引起电动机各部分温度升高。

绕组温度可以用电阻测温外或用电动机制造时预先埋入的热电偶来测定，铁芯、轴承和滑环等部分的温度可以用酒精温度计测量。运行中必要时，可在电动机外壳贴酒精温度计监视温度，但控制温度应低于电动机的最高温度允许值。

（3）音响、振动、气味

电动机正常运转时，声音应该是均匀的，无杂音。

振动应根据电动机转速控制在规定的允许值之内。凡用手触摸轴承部位觉得发麻，说明振动已很厉害，应进一步用振动表测量。

如电动机附近有焦臭味或冒烟，则应立即查明原因，采取措施。

（4）轴承工作情况

主要是注意轴承的润滑情况，温度是否过高，有无杂音。大型电动机要特别注意润滑油系统和冷却水系统的正常运行。

（5）其他情况

绕线式电动机还应注意滑环上电刷的运行情况。

56 电压变动对感应电动机的运行有什么影响？

（1）对磁通的影响

由于电势和磁通成正比地变化。所以，电压升高，磁通成正比地增大；电压降低，磁通成正比地减小。

（2）对力矩的影响

不论是起动力矩、运行时的力矩或最大力矩，都与电压的平方成正比。电压愈低。力矩愈小，由于电压降低，起动力矩减小，会使启动时间增长，如当电压降低 20% 时，启动时间将增加 3.75 倍。要注意的是，当电压降到低于某一数值时，电动机的最大力矩小于阻力力矩，于是电动机会停转。而在某些情况下（如负载是水泵，有水压情况下），电动机还会发生倒转。

（3）对转速的影响

电压的变化对转速的影响较小。但总的趋向是电压降低，转速也降低。

（4）对出力的影响

出力即机轴输出功率。电压变化对出力影响不大，但随电压的降低出力也降低。

（5）对定子电流的影响

当电压降低时，定子电流通常是增大的。当电压增大时，定子电流开始略有减小而后上升，此时，功率因数变坏。

（6）对发热的影响

在电压变化范围不大的情况下，由于电压降低，定子电流升高；电压升高，定子电流降低. 在一定的范围内，铁耗和铜耗可以相互补偿，温度保持在容许范围内。因此，当电压在额定值±5% 范围内变化时，电动机的容量仍可保持不变，但当电压降低超过额定值的 5% 时，就要限制电动机的出力，否则定子绕组可能过热，因为此时定子电流可能已升到比较高的数值。当电压升高超过 10% 时，由于磁通密度增加，铁耗增加，又由于定子电流增加，铜耗也增加，故定子绕组温度将超过允许值。

57 感应电动机的振动和噪声是什么原因引起的？

电动机正常运转时也是有响声的，这声音由两个方面引起：铁芯硅钢片通过交变磁通后内电磁力的作用发生振动，以及转子的鼓风作用。但是这些声音应该是均匀的。如果发生异常的噪声或振动，这就说明存在问题。下面把引起振动和噪声的原因逐条列出，以供检查时参考。

（1）电磁方面原因

① 接线错误。如一相绕组反接，各并联电路的绕组匝数不等的情形等。

② 绕组短路。

③ 多路绕组中个别支路断路。

④ 转子断条。

⑤ 铁芯硅钢片松弛。

⑥ 电源电压不对称。

⑦ 磁路不对称。

（2）机械方面原因

① 基础固定不牢。

② 电动机和被带机械轴心不在一条直线上（中心找得不正或靠背轮垫圈松等）。

③ 转子偏心或定于槽楔凸出使定子、转子相擦（扫膛）。

④ 轴承缺油，滚动轴承钢珠损坏，轴承和轴承套摩擦、轴瓦座位移。

⑤ 转子上风扇叶损坏或平衡破坏。

⑥ 所带的机械不正常振动引起电动机振动。

58　感应电动机启动时为什么电流大?

变压器二次线圈短路时一次电流会很大，这个现象大家是熟悉的。感应电动机启动时电流大的原因，与此相似。

当感应电动机处在停转状态时，从电磁的角度来看，就像变压器。接到电源区的定子绕组相当于变压器的一次线圈；成闭路的转子绕组相当于变压器被短路的二次线圈；定子绕组和转子绕组间无电的联系，只有磁的联系，磁通经定子、气隙、转子铁芯成闭路。当合闸瞬间，转子因惯性还未能转起来，旋转磁场以最大切割速度——同步转速切割转子绕组，使转子绕组感应起可能达到的最高的电势，因而，在转子导体中流过很大的电流。这个电流产生抵消定于磁场的磁通，就像变压器二次磁通要抵消一次磁通的作用一样。定子方面为了维持与该时电源电压相适应的原有磁通，遂自动增加电流。因此时转子的电流很大，故定于电流也增加得很大，甚至高达额定电流的4~7倍，这就是启动电流大的缘由。

启动后为什么电流会小下来呢？随着电动机转速增高，定子磁场切割转子导体的速度减少，转子导体中感应电势减小，转子导体中的电流也减小，于是，定子电流中用来抵消转子电流所产生的磁通的影响的那部分电流也减小，所以，定子电流就从大到小，直至正常。

59　什么是电机自启动? 为什么不对所有电机都设自启动保护系统?

所谓自启动，就是当正常运转中的电动机，其电源瞬时断电或低电压发生后电机还能自发地正常启动，就称自启动。

电机启动电流是额定电流的 4~7 倍，如果一个装置的所有电机都装自启动，当失电后恢复电源的瞬间所有电机在同一时间内启动，强大的启动电流对变压器和整个网络造成很大冲击，引起整个供电网络波动，会造成非常严重的后果，所以在装电机自启动保护时，要经过严格的计算，只是对少数的关键设备才考虑自启动保护。

60 通常电机都有过电流保护系统，为什么还会时常出现电机线圈烧坏事件？

通常电动机都有短路保护和过负荷保护，均属于过电流保护。前者一般采用熔断器保护，后者采用热继电器或过电流继电器保护。虽然装设了这些保护设备，但烧毁电动机的现象还是不能避免。

（1）电动机保护设备是在电机已经产生过电流后才开始动作，如电机内部产生短路，强大的短路电流使熔断器熔断，但电机已被大电流烧毁。

（2）电机的保护设备既要躲过大于额定电流 4~7 倍的启动电流，又要满足电流超过额定值能使保护设备动作，故电机的保护设备具有反时限特性——电流越大，动作时间越短，电流越小，动作时间越长。

当电机电流已超过额定值，但动作时间还没有到，保护设备还没有动作，这时电机绕组已过热，绝缘已烧毁，如轴承咬死，电机二相运转等都可能使电机烧毁。

（3）保护设备选择不当，整定值计算误差或保护设备失灵都会引起电机烧毁。

61 什么是油雾润滑？

油雾润滑技术是利用压缩风的能量，将液态的润滑油雾化成 $1~3\mu m$ 的小颗粒，悬浮在压缩风中形成一种混合体（油雾），在自身的压力下，经过传输管线，输送到各个需要部位，提供润滑的一种新方式。

62 油雾润滑操作有什么注意事项？

油雾必须用大口径的管道输送，而且输送距离通常为 30m，最大也不能超过80m；油雾量的调节也很困难，而且油的黏度变化对油的雾化能力影响较大，因此必须严格控制油温。在油雾润滑排出的气体中，含有部分悬浮的微小油粒，对人体健康有害，因此对于大量采用油雾润滑的场所，必须增设通风设施。

63 什么是机械抽真空？

由液环泵及其他机械设备代替蒸汽抽真空的方式称为机械抽真空。机械抽真空具有节能、含硫污水量小的特点。

64 液环泵抽真空原理是什么？

在液环泵的泵体中装有适量水作为工作液。当叶轮按顺时针方向旋转时，水被叶轮抛向四周，由于离心力的作用，水形成了一个决定于泵腔形状的几乎等厚度的封闭圆环。水环的下部分内表面恰好与叶轮轮毂相切，水环的上部内表面刚好与叶片顶端接触(实际上叶片在水环内有一定的插入深度)。

叶轮轮毂与水环之间形成一个月牙形空间，而这一空间又被叶轮分成和叶片数目相等的若干个小腔。如果以叶轮的上部 0° 为起点，那么叶轮在旋转前 180° 时小腔的容积由小变大，且与端面上的吸气口相通，此时气体被吸入，当吸气终了时小腔则与吸气口隔绝；当叶轮继续旋转时，小腔由大变小，使气体被压缩；当小腔与排气口相通时，气体便被排出泵外。

液环泵的叶轮相对于旋转的液环是偏心的，液体在叶片之间的空间内往复运动，对泵送介质产生抽吸和压缩的作用。在吸气阶段，液环逐渐远离轮毂，将泵送介质沿轴向从吸气口吸入；在排气阶段，液环逐渐逼近轮毂，将泵送介质沿轴向从排气口排出。水环泵是靠泵腔容积的变化来实现吸气、压缩和排气的，它属于变容式真空泵。工作示意图见图 12-22。

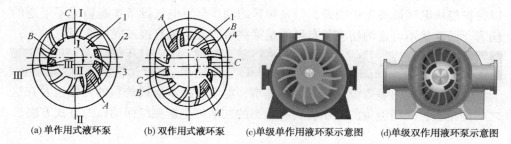

(a) 单作用式液环泵　　(b) 双作用式液环泵　　(c)单级单作用液环泵示意图　　(d)单级双作用液环泵示意图

图 12-22　液环泵工作原理图

A—吸气口；B—排气口；C—间隙；

1—叶轮；2—泵体(单作用)；3—液环；4—泵体(双作用)

65 液环泵抽真空操作有什么注意事项？

（1）保证液环泵操作液位；

（2）保证入口压力不能低于设计值，出口压力不能高于设计值；

（3）保证循环液流量；

（4）保证循环液温度不能过高，循环液水冷器要定期清洗；

（5）液环泵干气密封必须完好；

（6）液环泵振动幅度在指标范围内。

66 什么是永磁联轴器？

永磁联轴器是通过永磁体的磁力将原动机与工作机联接起来的一种新型联轴器。

67 永磁联轴器操作注意事项是什么？

(1) 监控运行温度，不能过高；
(2) 防止黑色金属靠近；
(3) 定期停泵清灰并测量间隙；
(4) 监控振动值的大小，发现振动变大及时检修处理；
(5) 监控机泵电机电流大小；
(6) 监控机泵流量大小。

68 什么是综保？综保动作的危害有哪些？

综保即综合保护装置，是一种接于电路中，对电路中的不正常情况(电路短路、断路、缺相)起到保护作用的装置。

综保动作通常意味着现场电气设备运行参数出现了异常。正确的综保动作可以保护现场电气设备免于损毁，但是频繁的动作会对电气设备本身造成不可逆的伤害。而这些不可逆的伤害就有可能是某些事故发生的直接或间接原因。

69 如何避免综保动作？

合理且匹配的参数设定是综保的基本，电气设备本身按规程的开停以及在这之前的检查，阀门流量的控制，物料状态的判断都是避免综保动作的方式方法。

第十三章　螺杆式压缩机及其操作

1　螺杆机机组主要包括什么？

　　螺杆机机组主要包括湿式双螺杆式压缩机、增安型异步电动机、叠片式联轴器、润滑油和密封油系统、机组全套就地一次仪表、湿式喷油冷却系统等。

2　螺杆机是怎样进行工作的？

　　螺杆机的工作循环可分为吸气、压缩和排气三个过程。随着转子旋转，每对相互啮合的齿相继完成相同的工作循环。

　　（1）吸气过程：阳转子按逆时针方向旋转，阴转子按顺时针方向旋转，随着转子开始转动，由于齿的一端逐渐脱离啮合而形成了齿间容积，这个齿间容积的扩大，在其内部形成了一定的真空，而齿间容积又仅与吸气口连通，因此气体便在差压作用下流入其中，在随后转子旋转过程中，阳转子齿不断从阴转子的齿槽中脱离出来，齿间容积不断扩大，并与吸气孔口保持连通。从某种意义上来讲，也可以把这个过程看成是活塞在气缸中滑动。

　　（2）压缩过程：阳转子按顺时针方向旋转，阴转子按逆时针方向旋转，随着转子的旋转，齿间容积由于转子齿的啮合而不断减小，导致压力升高，从而实现气体的压缩过程。

　　（3）排气过程：齿间容积与排气口连通后，即开始排气过程。随着齿间容积的不断缩小，具有排气压力的气体逐渐通过排气口排出。这个过程一直持续到齿末端的型线完全啮合。齿间容积内的气体通过排气孔口完全排出，封闭的齿间容积将变成零。

3　螺杆机的优缺点有哪些？

　　（1）优点：

　　① 可靠性高。螺杆压缩机零部件少，没有易损件，因此运转可靠寿命长。

　　②操作维护方便。操作人员不必经过长时间的专业培训，可实现无人值守运转。

③ 动力平衡性好。螺杆机没有不平衡惯性力，机器可以平稳的高速运行。

④ 适应性强。螺杆机具有强制输气的特点，排气量几乎不受排气压力的影响，在宽广的范围内能保护较高的效率。

⑤ 多相混输。螺杆机的转子齿面间实际上留有间隙，因而能耐液体冲击，可压送含液气体、含粉尘气体，易聚合气体等。

（2）缺点：

① 造价高。螺杆机的转子齿面是一空间曲面需利用特制刀具在价格昂贵的设备上进行加工。另外对压缩机气缸的精度也有较高的要求。所以造价较高。

② 不能用于高压场合。由于转子刚度和轴承寿命等方面的限制，螺杆机只能适用于中低压范围。

③ 不能制成微型。螺杆压缩机依靠间隙密封气体，目前只有容积流量大于 $0.2\mathrm{m}^3/\mathrm{min}$ 时，螺杆机才具有优越的性能。

4 压缩机的基本结构包括哪些？

螺杆压缩机具有两个旋转转子（阳转子与阴转子）水平且平行地配置在气缸体内，支于进排气座的轴承上。在阴、阳螺杆转子上的排气端外侧装有止推轴承，承受由吸入和排出压力差而产生的轴向推力。在吸入侧和排出侧的轴承与螺杆转子之间设有轴封装置，在轴封装置靠近螺杆转子端充入氮气以防止轴承的润滑油漏入气缸和气缸内气体向外泄漏。

阴、阳螺杆转子在吸气端外侧均设置有同步齿轮，同步齿轮的速比与螺杆转子的速比相等。阴、阳螺杆转子靠轴承支撑和同步齿轮厚薄片的调整来保证阴、阳转子之间，转子外圆与气缸体之间以及转子端面与气缸端面之间均保持极小的间隙，工作时互不接触，不会摩擦也不需要润滑。为了获得转子之间的间隙最小值，减小热膨胀对间隙的影响，气缸内腔喷入适量的粗汽油，以控制因压缩而升高的排气温度，使原本绝热过程基本趋于等温压缩过程，并有效地提高容积效率和绝热效率，从而减少功耗及降低噪声。

5 螺杆机机壳包括哪几部分？

机壳由进气座、气缸体、排气座、前盖和后盖等部分组成。进气座上设有进气口和喷软化水接口。气缸体、排气座分别设有三角形径向排气孔口和蝶形轴向排气孔口，它具有最大可能的通流面积，使其排气压力损失最小。径向排气口和轴向排气口保证排气时气缸压力达到最佳设计值，并使效率趋向最佳。

进气座、气缸体、排气座和入口接管等接触介质的壳体，均选用耐腐蚀材料铸造而成，并经过内表面处理，具有足够的耐蚀性和强度。入口接管、进排气座过流面按等截面设计，气缸体过流面按等流速设计，减少流动损失，以提高压缩效率。

6　什么是螺杆转子，有哪些特点？

水平且平行安放在壳体内的一对啮合的螺杆转子是压缩机的关键零件，其中阳螺杆有四个凸齿，阴螺杆有六个与之相啮合的凹槽。一对啮合的转子旋转运动与壳体上的进气口、排气口组成螺杆压缩机的吸气、压缩和排气三个过程。在吸气与排气之间形成三个压缩腔，因此压缩机的内压比大，抽吸介质的真空度也大。

螺杆型线为 SRM-D 型线，外径为 $\phi408mm$，长径比为 1.1，扭角为 $300°$ 左右。螺杆转子经过非常细致和精密的加工，其齿顶和端面上制有精致的密封棱边，螺杆与壳体之间的微小间隙就依赖这些棱边来保证。转子经过多次动平衡试验，精度为 G1 级，因此转子在装拆过程中必须严格保护。

螺杆转子材质为 2Cr13 不锈钢，可防止介质的腐蚀。经过细化晶粒和调质等热处理，具有足够强度和刚度。

7　同步齿轮的作用是什么？

同步齿轮(小齿轮和大齿轮)分别安装于压缩机吸入端外侧的阳转子和阴转子轴颈上，以确保阴阳转子同步运转。同步齿轮为中硬齿面齿轮，材质为 42CrMo，经热处理后，硬度 HRC45，齿面经过磨齿精度等级为 7 级。齿轮具有较高的精度，完全能满足高速平稳传动的要求。

从油站来的压力润滑油，喷到齿面上冷却润滑齿轮。为了便于调整转子之间的啮合间隙以及反转时型面背部不被擦碰，阴转子上的被动同步齿轮由轮毂和厚、薄齿三大件组成。阴阳转子间的啮合间隙及同步齿轮的侧隙就是依靠厚、薄齿片的调整获得的。调整大齿轮的厚齿片与小齿轮啮合时，使螺杆齿型各处的啮合间隙均匀，再将大齿轮的薄齿片与厚齿片错位，使薄齿片齿型的另一面与大齿轮啮合时，具有 0.03~0.06mm 间隙，在大齿轮上打定位销孔，固定两片齿轮的相对位置。调整合格的一对螺杆转子，无论是正转或逆转，螺杆转子之间都具有一定的间隙，才能确保压缩机正常工作。

8　螺杆机的轴承有哪几种？分别有什么作用？

进气端在阳、阴螺杆转子的密封装置与同步齿轮之间设有径向滑动轴承。排气端在阳、阴螺杆转子的密封装置外侧，设有止推径向滑动轴承和止推滑动轴承。所有轴承都由油站输送来的压力润滑油冷却润滑。

径向滑动轴承支撑螺杆承受径向力。轴承间隙对螺杆啮合间隙，螺杆外圆与壳体之间的间隙都有影响，必须严格控制。

止推滑动轴承中的止推块承受压缩机正常运转时，由吸入和排出的压力差而产生的推力。采用球面定心，因此止推块可以自动定位调整，易于形成油膜。

止推径向滑动轴承中的止推轴承，承受压缩机启动时同步齿轮引起的推力以及因紧急停车时，螺杆反转所产生的推力。

止推轴承轴向间隙，直接影响螺杆转子端面与壳体的间隙。当轴承因磨损间隙增大时，可以重新调整轴承的轴向间隙，必要时调换轴承。

9 压缩机为什么要采用石脑油喷液冷却系统？

压缩机采用石脑油喷淋冷却，包括石脑油自动调节阀组和过滤器等，喷油调节阀(带三阀组)用以调节喷入螺杆机内的油量。气缸内喷注的石脑油来自外部石脑油总管。从用户石脑油出口来的石脑油，经过过滤器过滤后，进入压缩机气缸腔内，与压缩气体一起排出。石脑油喷入的目的一是控制因压缩而升高的排气温度，使原本绝热过程基本趋于等温压缩过程，并有效地提高容积效率和绝热效率，从而减少功耗及降低噪声。二是通过石脑油密封转子间隙，阻止压缩介质从高压腔向低压腔泄漏。

10 螺杆压缩机的密封系统是由哪两部分组成的？

螺杆压缩机的密封系统是由碳环密封和干气密封组成的。

阳、阴转子的进端和排端都采用碳环密封结构。在填料箱中装有 3 个整体的石墨密封环，其外圆处有保护环。石墨环与螺杆轴之间有微小的间隙，环是静止状态，轴与环接触时，环能自由地径向移动，避免损伤轴表面。

在第一、第二道石墨环之间接平衡腔，将排气端延轴向泄漏出的少部分高压气体引回吸气端，从而降低排气端泄漏出的介质气压力。

在第二、第三道石墨环之间充氮气，冲入的氮气压力由气动薄膜阀组控制，保持氮气压力比第一、第二道石墨环之间的平衡腔压力高 0.05MPa，从而能够起到隔离介质气的作用。残余氮气和石脑油通过排污孔回到收集器。

双端面干气密封由两套干气密封背对背组成，密封气为氮气，通过对氮气的密封而实现对介质气的密封。在介质侧有前置密封气保护，保证干气密封工作环境的洁净。

密封材料：旋转环：碳化硅，静止环：特种石墨。

特别强调：干气密封在压缩机启动、正常运转、停车过程中，必须保证控制系统供给的密封气正常工作压力高于介质压力 0.3MPa，最小压差不得低于 0.05MPa。

螺杆压缩机密封系统组成见图 13-1。

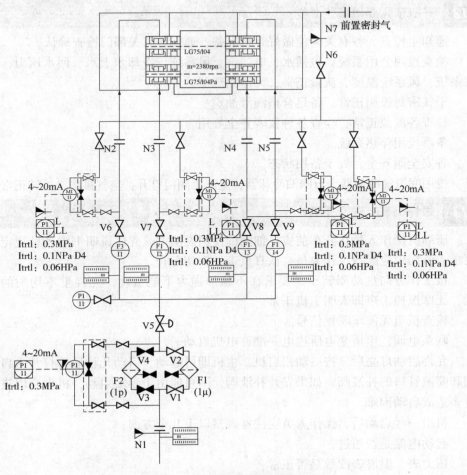

图 13-1 螺杆机密封系统组成图

干气密封只能单向旋转,使用中应避免反向旋转。如果干气密封由于意外原因在线速度大于 5m/s 的情况下反转时间超过 5min,则应对干气密封重新进行静态测试,检查干气密封性能是否受到影响。

在任何情况下干气密封被反向充压,均可能造成密封的损坏。

少量的润滑油或其他液体进入密封端面,不会对密封造成危害,但应尽量避免该情况的发生。

进入密封的气体应清洁干燥并气量充足,以保证密封的最佳性能,延长密封寿命。

过大的震动与串动将影响密封的性能甚至损坏密封。

12 开机前需要做哪些准备？

通知主控室、各有关岗位做好开机准备；通知各有关部门检查确认。

检查投用公用系统，包括水、电、汽、风系统。冷却水上水、回水压力，蒸汽系统、风系统温度、流量正常，无泄漏现象。

干气密封投用正常。备足合格润滑油。

检查各液位正常；检查各种仪表齐全好用。

冬季投用伴热系统。

各安全阀齐全，处于备用状态。

投用润滑油冷却器、石脑油冷却器，上下游阀门打开，空气排净，运转正常。

13 螺杆机怎么进行开机？

压缩机操作人员在开车前应仔细阅读使用说明书，弄懂说明书中各种规定和要求。各岗位应配备工作人员，认真负责，密切配合。

按工作方向盘动阳转子，要求在不施加强力下能盘动，无轻重不均匀的感觉，无摩擦撞击声即表明主机正常。

检查机组无停车联锁信号。

联系电调，申请变电所送电并准许电机启动。

允许启动灯亮后，按启动钮启机，主机即可起动，启动几秒后再打开入口蝶阀和喷液管口的补液阀。如果先开补液阀，则可能由于延缓启动，机内会因进液过多造成启动困难。

机组一经启动后，操作人员应注意观察以下几个方面：

起动电流是否超过；

压力表、温度表读数是否正常；

各机械部位是否有异常杂声和振动；

各管路、接头是否有漏气、漏油、漏水现象。

倘若存在问题和故障，应立即按下停车按钮。如果机组正常可开始并入装置工艺系统。

14 螺杆机怎么进行停机？

缓慢打开旁通阀的同时缓慢关闭出口阀。此时注意观察，调节喷液量，控制排温。注意避免由于阀门开或关得太快而引起事故。

打开排液阀，关闭喷液阀，防止主机停机后分离器中的液位压入进口管系。

停下主电机。

完全关闭进气阀和排气阀。

压缩机停止后手动盘车数转。

关闭补液阀。

油泵在停车 20min 后停转。

在压缩机处于停机状态时，应及时排放压缩腔内的液体，以防止压缩机重新启动时发生闷车现象。

放掉系统中所有冷却水或保持其适当流量，以防止沉积物积聚。

机组长期停车时，应把气缸，冷却器等所有冷却液放干净，并在主机管路中充入氮气之类保护气体，此时汽缸排污阀应适量开启，保持压缩机微正压，或者开启注油阀（此阀在开机时严禁开启）往汽缸体注入适量润滑油，以防止锈蚀。

15 螺杆机怎么进行紧急停车？

遇到不正常现象或有危险迹象可按紧急停车按钮，迅速停止压缩机运转。

打开旁通阀。

完全关闭排出和吸入阀。

用手盘动压缩机。

检查故障部位。

注意：在未查清故障原因和排除故障之前不得启动压缩机，以免发生事故。

16 螺杆机怎么进行切换？

备机开机步骤同上。

缓慢关闭旁通阀，提高压缩机的出口压力。待出口压力稍微超过出口阀后工艺系统压力时再缓慢打开排出阀，此时要注意排气温度不要超温，如果超温要及时补液或稍快打开出口阀，注意观察，调节喷液量，控制排温。注意避免由于阀门开或关得太快而引起事故。

在打开备机出口阀的同时缓慢关闭主机出口阀，同时缓慢打开主机旁通阀。此时要注意排气温度不要超温，如果超温要及时补液或稍快打开出口阀，注意观察，调节喷液量，控制排温。注意避免由于阀门开或关得太快而引起事故。直至主机出口阀门完全关闭。

按步骤"正常停机"步骤停主机。

17 润滑油泵如何进行切换？

检查备用泵。

通知室内进行切换操作。

将备用泵开关从自动切换到至手动，与室内确认后启动备用泵。

备用泵启动后，确认润滑油系统正常后，停原运行泵，并立即将原运行泵切至自动位置。

检查确认润滑油系统正常。

润滑油冷却器是固定管板式，二管程，冷流体是水，是用来冷却润滑油的，使润滑油的温度保持在 45℃ 左右，以保证轴承有良好的润滑条件和不超温。冷却器有两台，正常运转时使用一台，利用转动六通阀，可以进行两台冷却器的快速切换操作。当润滑油系统正常运转时，需要切换冷却器操作时，具体步骤如下:

(1) 检查备用冷却器的各部法兰，管线连接的螺栓是否齐全，上紧。

(2) 打开备用冷却器至油箱阀。

(3) 缓慢打开连接两个冷却器灌注线的阀，观察备用冷却器的高点放空，待回油看窗内有稳定的油流过，关备用冷却器至油箱阀。

(4) 转动六通阀，使备用冷却器投入系统运行。

(5) 关闭灌注线上的阀门，打开被切换下来的冷却器的低点放空阀，将其存液放空，以利于检修冷却器。

(6) 为了使检修完的冷却器可以立即投用(达到备用状态)，需向其充压，步骤同上。

19 螺杆机的主要故障及处理方法有哪些?

螺杆机的主要故障及处理方法见表 13-1。

表 13-1　螺杆机主要故障及处理方法

故障	故障原因	故障排除
压缩机不能启动	电气故障; 压缩机里冷却液过多	检查电路; 盘车数转，将冷却液排出机外
达不到额定气量	吸气过滤器阻塞; 正常运行时进气阀门没有完全打开	更换或清洗滤芯; 完全打开进气阀门
达不到额定压力	气路系统管网中部工作阀未关，管道漏气; 气量调节的压力控制器下限调得过低; 进气压力过低	关闭不工作阀门堵漏; 调高压力控制器下限压力; 检查进气管道上阀门开启状况，必要时可打开回路旁通阀
压缩机排温过高	喷液量不足; 排气压力超过额定压力; 吸气温度升高引起排气温度升高; 吸气温度过低，进气口处结冰引起阻塞造成真空过大，使排温升高; 吸气压力过低，外压比升高引起排温升高; 正常情况下，喷液温度过高排气温度升高	调大喷液量; 调整排气压力; 调整工艺系统; 调整工艺系统，检查是否阻塞; 检查管线及阀门开度; 调整喷液温度

故障	故障原因	故障排除
电流过载	电网电压过低； 排气压力超过额定压力	检查电网供电线路，并排除异常故障；调整排气压力
压缩机排压过高	阀门操作不恰当； 压力控制器调整不当	调节阀门位置； 调整压力控制器
压缩机异常声响	转子碰撞相接触； 轴承咬死损坏； 连接件松动； 机内进入异物	压缩机停车后检查修理
螺杆咬死	安装不当，使机组变形； 管道外力使机身变形	检查安装质量
气缸烧坏	气缸内吸入硬质异物	检查工艺管道
轴承温度过高	供油温度过高； 配油器中油量分配不合理； 停车反转、油变质、进入异物等引起轴承失效	检查油路系统； 调整配油器各阀门； 拆卸并检查

除上述故障需处理外，一旦机组发现异常情况，亦需紧急停车，以避免事故扩大

20　如何做好螺杆机的日常维护与保养？

认真执行岗位责任制，严格遵守运行规程和特护设备管理制度，确保机组的各项工艺、操作指标，并做好记录，搞好本机组的设备规范化。

认真执行设备日常保养制度，定期进行设备的日、周、月、年检。

按照设备巡查点检制度认真执行设备巡检制。

按照《设备日点检表》规定的检查部位、标准，重点检查所操作的设备润滑、保养、完好、清洁维护、按章操作等情况和设备安全状况；发现问题及时处理，处理不了的要逐级上报，并认真填写《设备日点检表》，做好详细记录。

认真执行设备润滑油管理制度，定期检查油箱油质，定期对润滑油进行过滤，必要时予以更换。

认真执行设备缺陷管理制度，并记录

定期巡回检查机组，检查各参数是否正常，认真做好交接班记录，巡检记录。

在机组运行中经常听测机体各部振动和声音情况，如发现有磨刮声，振动加剧或轴承温度突然升高时应立即汇报并采取措施排除或停机检查，找出故障原因并其排除。

做好设备(泵、冷油器、过滤器等)定期切换工作，检查各辅泵的备用状态。

定期巡回检查机组，检查各参数是否正常，认真做好交接班记录，巡检记录。

经常检查机组各管路、接头是否松动、泄漏。

经常注意油箱盖上通气帽处，是否有大量气体逸出，如逸出气体严重，表明转子轴封处已严重损坏，应密切注意油箱油质是否变坏，并应尽早拆下检查或替换。

发现过滤器差压报警，应及时清洗粗滤油器、精滤油器(也包括平衡管中的过滤器)。

定期检查油箱油质，必要时予以更换。

机器停用时，要求每隔一天盘一次车。

第十四章　往复式压缩机及其操作

1 压缩机是如何分类的？

压缩机的分类如图 14-1 所示。

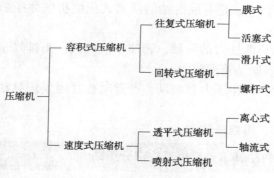

图 14-1　压缩机的分类

2 往复式压缩机的工作原理是什么？

往复式压缩机主要通过曲轴连杆机构将曲轴旋转运动转化为活塞往复运动，利用气缸工作腔容积的变化，借助进、排气阀的自动开闭，完成气体周期性地进出工作容积腔，进行压缩和排出来满足工艺条件。

3 活塞式压缩机的一个工作循环分为哪几个过程？

实际压缩循环分四个过程：

① 吸气过程：气体压力低于入口压力，吸气阀开启。

② 压缩过程：汽缸压力高于入口压力，但低于出口压力，吸、排气阀都关闭，气体被压缩。

③ 排气过程：汽缸压力高于出口压力，排气阀开启。

④ 排气膨胀过程：汽缸压力高于入口压力，低于出口压力，吸、排气阀都关闭，缸内气体膨胀。

4 活塞式压缩机的优点有哪些?

① 适用应力范围广。当排气压力波动时,排气量比较稳定。活塞式压缩机可设计成超高压、高压、中压或低压。

② 压缩机效率较高,一般活塞式压缩机压缩气体的过程属封闭系统,其压缩效率较高,大型的绝热效率可达80%以上。

③ 适应性强。活塞式压缩机排气量范围较广,特别当排气量较小时,活塞式压缩机就显示出优越性。另外,气体密度对压缩机性能的影响也不如离心压缩机那么显著,所以对同一规格的活塞式压缩机往往只要稍加改造就可适用于压缩机其他气体介质。

5 活塞式压缩机的缺点有哪些?

① 气体带油污。尤其是有润滑油的活塞式压缩机气体压缩后带有一定量的凝缩油和压缩机油。

② 因受往复运动惯性力的限制,转速不能过高,当排气量较大时,外形尺寸及其基础都较大,制造难度较大。

③ 排气不连续。气体压力有波动,严重时往往因气流脉动共振造成管网或机件的损坏。

④ 易损件较多,维修量较大。

6 活塞式压缩机的基本结构由哪些部分组成?

活塞式压缩机的组成主要如下:
① 传动部分:机身、曲轴、连杆、十字头、轴承。
② 工作部件:活塞组件、气阀、气缸、填料密封、气量调节装置。
③ 辅助部分:冷却系统、润滑油系统、进出口缓冲罐/气液分离器。

7 连杆的作用是什么?

连杆作用是将曲轴和十字头(活塞)相连,将曲轴的旋转运动转换成活塞的往复运动,并将外界输入的功率传给活塞组件。

8 十字头的作用是什么?

十字头是连接活塞杆和连杆的部件,它在中体导轨里作往复运动,并将连杆的动力传给活塞部件。

9 曲轴的作用是什么?

曲轴是往复式压缩机的主要部件之一,传递着压缩机的全部功率。其主要作用是将电动机的旋转运动通过连杆改变为活塞的往复直线运动。

10 气阀的作用是什么？

气阀包括吸气阀和排气阀，是压缩机的"咽喉要道"，其作用是控制气体及时吸入与排出。

11 填料密封的作用是什么？

填料密封的作用是阻止气缸内气体沿气缸与运动着的活塞杆外圆面之间的间隙向外泄漏，是活塞压缩机的主要易损件之一。

12 润滑系统的作用是什么？

① 减小摩擦功率，降低压缩机功率消耗。
② 减少滑动部位的磨损，延长零件寿命。
③ 润滑剂有冷却作用，防止滑动部位咬死或烧伤。
④ 用油作润滑剂时，还有防止零件生锈的作用。

13 压缩机进出口缓冲罐/分离器的作用是什么？

压缩机进出口缓冲罐/分离器的作用是从压缩机入口介质中去除冷凝物，防止液体进入气缸中产生液击现象。
① 排气压力：末级排出接管处的气体压力。
② 排气温度：压缩机末级排出气体的温度。
③ 排气量：在单位时间内经压缩机压缩后在压缩机最后一级排出的气体，换算到第一级进口状态的压力和温度时的气体容积值。
④ 功率和效率：单位时间所消耗的功称为功率；功率与总功率的比值即压缩机的效率。

14 活塞式压缩机按排气压力可分为几种形式？参数范围分别是多少？

活塞式压缩机按排气压力可分为低压压缩机，中压压缩机，高压压缩机，超高压压缩机，其参数范围分别是：
（1）低压压缩机：$0.2MPa<P\leqslant1.0MPa$；
（2）中压压缩机：$1.0MPa<P<10MPa$；
（3）高压压缩机：$10MPa<P\leqslant100.0MPa$；
（4）超高压压缩机：$P\geqslant100.0MPa$。

15 活塞式压缩机按排气量（标况下）可分为哪几种形式？技术参数分别是多少？

活塞式压缩机按排气量可分为微型、小型、中型和大型，技术参数分别为：

（1）微型：排气量 $V_a \leqslant 1\text{m}^3/\text{min}$；

（2）小型：$1\text{m}^3/\text{min} < V_a \leqslant 10\text{m}^3/\text{min}$；

（3）中型：$10\text{m}^3/\text{min} < V_a \leqslant 100\text{m}^3/\text{min}$；

（4）大型：$V_a > 100\text{m}^3/\text{min}$。

16　什么是压缩机的多级压缩？

多级压缩是将气体的压缩过程分在若干级中进行，并在每级压缩后将气体导入中间冷却器进行冷却。

① 节省压缩气体的指示功；

② 降低排气温度；

③ 降低最大活塞力；

④ 提高余隙系数。

17　压缩机的级数是否越多越好？

虽然压缩机的级数越多越接近等温压缩过程，但是如果级数过多会造成：结构复杂，辅助设备多；管道系统的级间压力损失增多；操作维护不便。

18　汽缸余隙容积由哪几个部分组成的？

① 活塞位于止点时，活塞端面与缸盖之间的容积；

② 在活塞端面与第一道活塞环向间距，由汽缸镜面与活塞外圆之间的环形空间；

③ 在气阀至汽缸容积的通道形成的剩余容积；

④ 气阀内部形成的剩余容积。

19　什么叫压缩比？

压缩机每一级出口压力与入口压力之比（绝对压力）叫压缩比。

20　影响压机生产能力的因素主要有哪些？

主要因素有余隙、吸入气阀的阻力、吸入气体的性质及泄漏损失。

21　活塞式压缩机排量不足的原因有哪些？

① 余隙腔太大；②顶阀器作用；③活塞环密封不严；④填料函泄漏；⑤吸、排气阀关闭不严；⑥吸、排气阀的阀片开启、关闭阻力大；⑦旁路阀关闭不严；⑧吸气压力低；⑨吸气温度高；⑩吸入气体组分变轻，流量表指示也会下降。

22　影响活塞式压缩机出口温度的因素有哪些？是怎样影响的？

（1）入口温度。入口温度高，出口温度升高。

（2）压缩比。压缩比大，出口温度升高。

（3）气体绝热指数。绝热指数大，出口温度高。

（4）汽缸润滑情况。润滑不良，出口温度高。

（5）冷却效果。水温高或水流不畅，则出口温度高。

23　压缩机排气温度超过正常温度的原因是什么？如何处理？

（1）排气阀发生泄漏→检查排气阀。

（2）吸气温度超过规定值→检查工艺流程。

（3）汽缸或冷却器冷却效果不良→检查冷却系统。

（4）入口过滤器堵塞→检查清理过滤器。

24　活塞式压缩机振动大的原因有哪些？

（1）基础原因。如：设计、施工质量问题。

（2）机械原因。如：制造、检修、精度问题。

（3）配管原因。如：管道有装配应力，形成气柱共振，造成支承支架松动等。

（4）操作原因。如：气体带液，压缩比太大，气体变重，工况波动等。

25　压缩机气阀产生异常声音的原因是什么？如何处理？

（1）气阀有故障→检查气阀。

（2）汽缸余隙容积太小→调整余隙容积。

（3）润滑油太多或气体中含水多，产生水击现象→检查处理。

（4）异物掉入汽缸内→检查汽缸。

（5）汽缸套松动或裂断→检查汽缸。

（6）活塞杆螺母松动→紧固螺母。

（7）连杆螺栓、轴承盖螺栓、十字头螺母松动或断裂→紧固或更换。

（8）主轴承连杆大、小头轴瓦、字头滑道间隙过大→检查并调整间隙。

（9）曲轴与联轴器有松动→检查处理。

26　刮油环带油是什么原因？

刮油环带油是因为刮油环内径与活塞杆接触不良，刮油环与填料盒的端部间隙过大，刮油环的抱紧弹簧过松，活塞杆磨损（椭圆、出沟等）。

27　汽缸填料发热的原因是什么？

填料与活塞杆配合间隙不合适，装配时产生偏差，填料函冷却水供应不足或供水中断，冷却水道污垢太厚或者供油不足。

28 压缩机产生液击时有何现象？

会出现激烈的液体冲击声，机身和汽缸会剧烈振动，电流升高等现象。

29 往复式压缩机润滑油压力低的原因是什么？如何处理？

（1）吸油管不严，内有空气→堵漏。

（2）油泵故障或密封泄漏严重→检查。

（3）吸油管堵塞→检查处理。

（4）油箱内润滑油太少→加润滑油。

（5）滤油器太脏→清洗过滤网。

30 带注油器的往复机，注油口不上油是何原因？对机组有何危害？

（1）原因：

① 柱塞磨损过度，油缸间隙过大。②集油器内油量太小。③滤油器或油管堵。④气缸内进入空气或止逆阀回气。⑤注油器油量调节螺丝不当。

（2）危害：会使汽缸和填料函处产生干摩擦，导致局部过热和磨损，毁坏汽缸及其他部件，对机组危害相当大。

31 往复式压缩机排气压力降低的原因是什么？如何处理？

（1）活塞环漏气→检查、更换活塞环。

（2）气阀阀片漏气→更换阀片。

32 润滑油的量突然下降是何原因？如何处理？

（1）机箱内油量不够，立即加油。

（2）过滤器堵，切换清洗。

（3）油压表失灵，更换油压表。

（4）油管堵或破裂，检修油管路。

（5）油泵失去作用，检修油泵。

33 润滑油温度过高是何原因？如何处理？

原因：润滑油供应不足，润滑油质不好，润滑油太脏，运动机构发生故障。

处理：检修油路；添加油；更换油，清理油池；排除故障。

34 造成压缩机正常运行时气体流量指示逐渐下降的原因是什么？

（1）压缩机入口压力下降。

（2）气缸入口瓦鲁漏气严重。

（3）密封不严或管线易漏气。

（4）流量表失灵。

35 往复机入口条件对机组工作情况有何影响？

入口压力高，则压缩机排气量升高，排气温度降低；入口温度升高，则排气量减少，排气温度升高；气体密度增大，则压缩机功率消耗增大，排气温度升高。

36 往复机主电机电流升高的原因及处理方法？

（1）原因：

① 负荷增加或介质组分变化。②电压降低。③气体带油。④撞缸或拉缸。⑤电机故障。

（2）处理：

① 调整机组操作，查明原因。②联系电工及电力调度，查明原因。③加强入口罐脱落。④换机检修。⑤联系电工换机处理。

37 压缩机空载运转试车时应检查哪些方面？

应检查润滑油系统的报警及联锁试用是否合格；油冷却器进口油温不应大于65℃；检查运动部件有无不正常声响，并及时消除。

38 压缩机入口分液罐起什么作用？

入口分液罐的作用主要是使气体中夹带的少量液滴进一步分离，保证压缩机入口不带液，使压缩机正常运行。不至于使往复式压缩机产生液击的现象(或使离心压缩机超负荷)。同时它也起到了压缩机入口缓冲罐的作用。

39 相关计算

（1）往复压缩机的入口压力为 0.062MPa，出口压力为 0.42MPa，Ⅰ级压缩比为多少？

Ⅰ级压缩比 $q = P_1/P_2 = (0.1+0.42)/(0.1+0.062) = 3.2$

（2）往复压缩机的Ⅰ级缸的汽缸直径为 610mm(内径)，活塞行程为 320mm，转数为 375r/min，活塞杆直径为 80mm，理论吸入量如何计算？

理论吸入量 $Q = [n(2F-f) \times S]/60 = 375 \times (2\pi/4 \times 0.61^2 - \pi/4 \times 0.08^2) \times 0.32/60 = 1.16 \mathrm{m}^3/\mathrm{s}$

（3）$P_1 = 0.4\mathrm{MPa}$，$P_2 = 0.9\mathrm{MPa}$，$F = 0.1\mathrm{m}^2$，$f = 0.005\mathrm{m}^2$，活塞杆推力如何计算？

活塞杆推力为：$F = P_2 \times F - P_1(F-f) = 0.9 \times 9.8 \times 0.1 \times 104 - 0.4 \times 9.8 \times (0.1 - 0.005) \times 104 = 5096$kg

（4）知往复压缩机的入口压力为 1.6kg/cm³（绝压），吸入气体温度为 40℃，标准状况下排气如何计算？（吸入状况下排气各为 50m³/min）

$P_0 = 760$mmHg $= 1.033$kg/cm³，$P_1 = 1.6$kg/cm³，$V_0 = 50$m³/min，

$T_0 = 273$K，$T_1 = 313$K，由 $P_0V_0/T_0 = P_1V_1/T_1$ 得 $V_0 = P_1V_1T_0/P_0T_1 = (1.6 \times 50 \times 273)/(1.033 \times 313) = 67.5$m³；

（5）复压缩机的型号为 2D25—50/0.6—14，转速 375r/min，Ⅰ级、Ⅱ级汽缸活塞行程 320mm，该活塞平均速度如何计算？

活塞平均速度为：$C_m = 2NS/60 = 4$m/s

第十五章　仪表与自动化

1　自动调节系统由哪些部分组成?

自动调节系统包括四个基本部分，即调节对象(如常压塔的进料等)、测量元件(包括变送器)、调节器和调节阀。根据需要不同还可以配置其他组成部分。通常所说的自动调节系统是指上述各个部分按一定规律通过传递信号连成闭环并带有反馈调节系统，它的作用是根据生产需要将被调参数控制在给定的量值上，常用的自动调节系统方框图如图15-1所示。

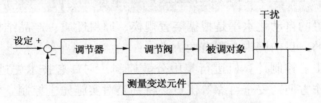

图 15-1　常用自动调节系统方框图

2　常用仪表如何分类?

(1) 按动力源分为气动仪表、电动仪表、液动仪表。

(2) 从构造上分为基地仪表、单元组合仪表。

(3) 从功能上分为测量仪表(包括变送器)、显示仪表、调节仪表、调节阀、在线分析仪表和辅助仪表等。

3　什么是基地式仪表、单元组合仪表和智能化仪表?

基地式仪表是把指示、调节、记录等部件都装在一个壳体内的仪表，它的各部分一般用机械杠杆连接，用于简单的控制系统或就地调节。

单元组合仪表(见图15-2)是根据自动检测和调节系统中各个环节的不同功能和使用要求，将整套仪表划分成若干个具有独立作用的单元，各单元之间用统一的标准信号来联系，它不仅可以按照生产工艺的需要加以组合，构成多种多样复杂各异的自动检测和调节系统，还可以与巡回检测、数据处理装置以及工业控制机械等配合使用。这种仪表的制造、使用、维护都比较方便，所以被广泛使用。

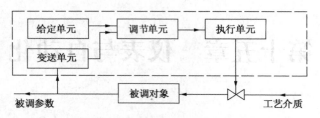

图 15-2   单元组合仪表构成的简单调节系统方框图

智能化仪表是采用集成电路的电子化仪表，它一般具有通信功能、自诊断功能和各种显示报警和运算功能。它能将检测表送来的模拟信号转换成数字信号，采集处理，通过微处理器进行一系列较复杂的逻辑运算、数字运算、连续控制、间歇控制、顺序控制等。它比单元组合仪表更便于灵活的组态，而且对大规模系统经济性好，可靠性高。

4   常减压装置的自动化水平如何分类?

常减压装置的自动化水平是根据装置规模、原料性质、产品结构以及对质量的要求来决定的。目前国内主要有两大类:

（1）采用工业控制计算机进行集中分散控制，它具有技术先进、功能齐全、组态灵活、操作方便、安全可靠等优点。特别是对实施先进控制、优化控制等极为有利。

（2）采用常规仪表。其先进程度依次是智能化仪表、电动单元组合仪表、气动单元组合仪表。

5   气动、电动仪表有哪些特点?

（1）气动仪表的特点:

① 结构简单、工作可靠。对环境温度、湿度、电磁场的抗干扰能力强。因为没有电导体或触点之类的元件，所以很少发生突然故障，平均无事故间隔比电动仪表长。②容易维修。③本身具有本质安全防爆的特点。④便于与气动执行器匹配，但不宜远距离传输，反应慢，精度低。⑤价格便宜。

气动仪表在中小型企业和现场就地指示调节的场合被大量采用。

（2）电动仪表的特点:

① 由于采用了集成电路，故体积小、反应快、精度高，并能进行较复杂的信息处理、运算和先进控制。②信号便于远距离传送，易于集中管理。③便于与计算机配合使用。

6 仪表对电源、气源有什么要求？

仪表用电源有不间断交流电源和交流电源两种。

通常情况下，不影响安全生产的记录、指示仪、在线分析仪表等允许采用交流电源。而控制仪表、多点数字显示仪表、闪光报警器、自动保护系统以及 DCS 等控制及安全保护系统都宜采用不间断交流电源（UPS）。

交电规格：三相 380V，单相 380V，单相 220V，3 相 4 线 380/220V，50Hz 正弦波。

不间断交流电源规格：单相 220V，50Hz 正弦波。

采用电动仪表的重要工艺装置（单元），如停电会造成重大经济损失或安全事故的都应配置仪表备用电源。备用时间大于 15min。

仪表所用气源（净化压缩空气）压力一般为 0.5 ~ 0.7MPa。气源中的油雾和水是气动仪表的主要威胁，所以气源不得有油滴、油蒸气，含油量不得大于 15μg/g。为防止气动仪表节流孔或射流元件堵塞，防止气源中的冷凝水使设备、管路生锈、结冰，造成供气管路堵塞或冻裂，要求除去气源中 20μm 以上的尘粒，气源露点低于仪表使用地区的极端最低温度。

7 仪表的零点、跨度、量程指的是什么？

仪表的零点是指仪表测量范围的下限（即仪表在其特定精度下所能测出的最小值）。量程是指仪表的测量范围。跨度是指测量范围的上限与下限之差。

如果一台仪表测量范围是 200 ~ 300℃，则它的零点就是 200℃，量程是 200 ~ 300℃，跨度是 100℃。

8 什么是仪表的误差和精度？

仪表的误差是指仪表在正常工作条件下的最大误差。它一般用百分比相对误差表示：

$$百分比相对误差 = \frac{最大绝对误差}{跨度} \times 100\%$$

式中，最大绝对误差是多次测量中被测参数值与标准值之差的最大值。

仪表的精度是指仪表允许误差的大小，它是衡量仪表准确性的重要参数之一。一般工业用仪表精度等级为 0.1、0.2、0.5、1.0、1.5、2.5 等。

如果一台仪表的百分比误差是 1.2%，它小于允许误差 ±1.5%，则该仪表的精度就是 1.5 级。

9 灵敏度和稳定性有什么意义？

仪表的灵敏度是指被测参数的变化，反映在测量仪表示值变化的程度。仪表的灵敏度低就不能把被测参数的微小变化量测出来。

仪表的稳定性是表示在相同外界条件下，仪表对同一被测量值的多次测量中其指示值（正行程或反行程）的稳定程度，如果仪表的稳定性不好，对同一被测量的多次测量示值不同，不仅误差大，还影响调节系统的调节品质。

10 为什么要用各类防爆仪表？隔爆型仪表在使用中有什么注意事项？

石油化工生产的原料、产品大部分为易燃易爆品，在生产、输送、储存过程中难免有少量泄漏，这就要求安装在该场合的仪表是防爆仪表。常用防爆仪表是本质安全型、隔爆型和增安型。

隔爆型仪表在使用时，必须严格按照国家规定的防爆规程进行。要注意配管、配线密封。在进行仪表维修时必须先切断电源，以防引起火灾或爆炸。

11 什么是本质安全仪表？有什么优点？

本质安全仪表是一种既不产生也不传递足以点燃可燃气体或混合物火花和热效应的仪表。本质安全意味着内在的人身安全，防爆和本安(IS)是电子仪表在易燃易爆气体中使用的两种被认可、行之有效的手段，仪表的电子电路在任何情况下都不可能成为点火源，本质安全仪表可在 0 区安全地安装和使用。

12 控制流程图中有哪些常用代号？

（1）常用图形：

—◯——管道中嵌入检测元件；

◯——就地安装仪表；

⊖——就地盘装仪表；

⊜——就地盘架装仪表；

⊖——仪表室盘装仪表；

⊖——仪表室架装仪表；

‥‥‥——电信号线；

//#——气信号线；

∠∠∠——液压信号线；

—||—孔板；

—▷◁——文丘里管；

▷——角阀。

（2）常用字母代号见表15-1。

表 15-1 常用字母代号

字母	第一字母		后续字母
	被测变量(初始变量)	修饰词	
A	分析		报警
C			调节
D		差	
E			监测原件
F	流量		
G			标记
H	手动	高限	
I			指示
K			操作器
L	液面	低限	灯
P	压力		
Q		几积分累计	积分累计
R			记录或打印
S		安全	开关或连锁
T	温度		传递
V			阀
W	重量		套管
Y			辅助单元
Z	位置		

例如，PLC 表示压力指示调节，TRCAH 表示温度记录调节高限报警。

13 变送器有何作用？

变送器的作用是检测工艺参数并将测量值以特定的信号形式传送出去，以便进行显示、调节。

14 单元组合仪表中有哪几种仪表统一信号？

单元组合仪表中有三种统一信号：

（1）气动单元组合仪表的统一信号为 0.02~0.1MPa(表压)。

（2）电动单元组合仪表 DDZ-Ⅱ型的统一信号是直流 0~10mA。它采用电流传送、电流接收的串联方式。

（3）电动单元组合仪表 DDZ-Ⅲ型现场传输信号统一为直流 4~20mA，控制室联络信号为直流 1~5V。它采用了电流传送、电压接收的并联方式。

15　仪表统一信号与仪表量程有什么关系?

统一信号的零点代表变送器测量范围始点的工程值。仪表统一信号实质上也统一了仪表的量程。

例如,变送器测量范围是 200~400℃。

则:气动仪表统一信号 0.02MPa 相当于 200℃,0.1MPa 相当于 400℃。

电动 II 型仪表统一信号 0mA 相当于 200℃,10mA 相当于 400℃。

电动 III 型仪表统一信号 0mA(或 1V)相当于 200℃,10mA(或 5V)相当于 400℃。

16　温度测量主要有哪几种仪表?

常减压装置采用的温度测量仪表是接触式仪表,主要有热电偶、双金属温度计、温度计套管等。

17　热电偶测量温度的原理是什么?

热电偶测量温度是应用了热电效应,即同一导体或半导体材料的两端处于不同温度环境时将产生热电势,且该热电势只与两端温度有关。

热电偶是将两种不同的导体或半导体材料焊接或绞接而成,焊接的一端作热电偶的热端(工作端),另一端与导线连接称作冷端,热电偶的热电势为两种材料所产生的热电势的差值,它只与两端温度有关。

18　热电偶测量温度为什么要有冷端温度补偿?

热电偶产生的热电势只与热电偶端温有关。冷端温度保持不变时,该热电势才是被测温度的单值函数。但应用中由于热电偶的工作端与冷端离的很近,冷端又暴露于空间,易受环境温度波动的影响,为此要对热电偶冷端进行补偿,使冷端温度保持恒定(最好是 0℃)。

冷端补偿的主要方法是采用补偿导线(这种导线在 0~100℃ 与所连接的热电偶有相同的热电性能,价格便宜),将热电偶的冷端延长后,伸至温度波动很小的地方(如控制室),或配用本身具有冷端温度自动补偿装置的仪表。

19　安装测量元件要注意什么?

测量点应设在能灵敏、准确地反映介质温度的位置,不得位于介质不流动的死角处。

在直管道上安装,可直插或斜 45°插入管道。如果工艺管径较小,可扩管或在弯头处安装,在弯头处或斜 45°安装时测量元件应与介质逆向。

加热炉炉膛热电偶保护管末端超过炉管的长度应为 50~100mm；水平安装的热电偶插入炉内的悬臂长度不宜超过 600mm；安装在回弯头箱内的热电偶的接线盒应在回弯头箱的隔热层外面。

20　常用压力测量仪表有哪几种？

（1）弹簧管压力表。

（2）膜盒压力表。

（3）电动、气动压力变送器。

（4）法兰压力变送器。

21　压力测量的常用工程单位有哪几种？

过去压力测量的常用工程单位有 mmH_2O、$mmHg$、kgf/cm^2、标准大气压（atm）四种。

现已实行法定计量单位，故只有 MPa、kPa、Pa 三种。不同压力单位换算系数见表 15-2。

表 15-2　压力单位换算系数表

项目	$Pa(N/m^2)$	atm	kgf/cm^2	mmHg
$1Pa(N/m^2)$	1	9.86923×10^{-6}	1.01972×10^{-5}	7.50062×10^{-3}
1atm	101325.0	1	1.03323	760
$1kgf/cm^2$	98066.5	0.967841	1	735.559
1mmHg	133.322	0.001316	0.0135951	1
$1mmH_2O$	9.80665	9.67841×10^{-5}	1.0×10^{-4}	7.35560×10^{-2}

22　常用流量测量仪表有几种？各有什么特点？

（1）差压式流量仪表。包括文丘里管、同心锐孔板、偏心锐孔板、1/4 圆喷嘴等节流装置。

（2）容积式流量仪表。如椭圆齿轮流量计、腰轮流量计等。

（3）面积式流量计。如转子流量计。

（4）自然震荡式流量仪表。如涡街流量计。

（5）力平衡式流量仪表。如靶式流量计。

（6）质量流量计。

差压式流量仪表原理简明、设备简单、应用技术比较成熟，它是目前生产上广泛应用的一种仪表。缺点是安装要求严格，上下游需要有足够长度的直管段；测量范围窄（一般为 3∶1）；压力损失较大；刻度非线性。

容积式流量仪表主要用来测量液体流量，它精度高，量程宽(可达10：1)，可以测量小流量，几乎不受黏度等因素的影响，但易磨损。

转子流量计适用于带压小流量测量，压力损失小，量程比较宽，反应速度快。根据仪表特点，安装时要求仪表垂直安装，介质流向由下至上。

涡街流量计测量范围宽，流量系数不受测量介质的压力、温度、密度、黏度及其组分等参数的影响。可用于测量气体、蒸汽、液体，且安装方便，但精度较低。

靶式流量计特别适用于黏性、脏污、腐蚀性等介质的测量。如需要生产操作中调零，则必须装设旁路。精度低，适应范围不广。

质量流量计可以直接测量通过流量计的介质的质量流量，还可测量介质的密度及间接测量介质的温度。流体的体积时流体温度和压力的函数，它是一个因变量，而流体的质量是一个不随时间、空间、温度、压力的变化而变化的量。

23　差压式流量仪表的测量原理是什么？

差压式流量仪表是通过测量节流体两侧的静压差来测流量的。

流体经过节流元件时，由于流通截面突然缩小，必然要产生局部收缩，流速加快。根据能量守恒定律，动压能和静压能可以在一定条件下进行转换，流速加快必然要导致静压能的降低，因此在节流元件上下游之间产生了静压差，这个静压差的大小和通过流体的流量有关。

24　常用流量测量节流元件安装注意事项是什么？

(1) 充满原型管路稳定的流体必须是单向的，在流经节流元件时也不发生相变。

(2) 工艺管道光滑，节流元件前后有足够的直管段长度。节流元件前直管段长度不小于15D(D为工艺管线公称直径)，节流元件后直管段长度不小于5D。

(3) 节流装置宜装在水平管道上，亦可安装在垂直管道上(偏心或圆缺孔板除外)。水平安装时的方位如图15-3所示。

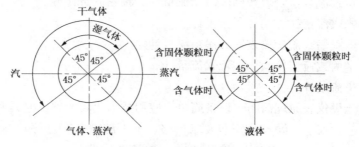

图15-3　水平管道上孔板取压方位图

25 用来精确计量油品的流量仪表在安装使用时，应注意哪些事项？

在流体进入流量仪表前应先过滤、除尘，以防卡住仪表。对于轻油要加除气器，以免影响仪表精度。

26 转子流量计的刻度如何换算？

（1）转子流量计测量液体时，制造厂通常是用常温下的水进行标定的。如果被测介质的密度与水不同，就需要进行换算。一般液体当温度、压力改变时流体的黏度变化小于 10cP，凡黏度小于 20cP 的流体，体积流量 $Q_{实际} = KQ_{标定}$。

$$K = \sqrt{\frac{(\gamma_{转} - \gamma_{流})\gamma_{水}}{(\gamma_{转} - \gamma_{水})\gamma_{流}}}$$

式中　K——流量校正系数；

$\gamma_{转}$——转子组件密度，kg/m^3；

$\gamma_{流}$——被测流体的密度，kg/m^3；

$\gamma_{水}$——标定条件（20℃）下水的密度，kg/m^3。如果黏度变化大于 20cP（$1cP = 10^{-3}Pa \cdot s$），还要根据黏度修正曲线进行修正。

（2）转子流量计测量气体时，制造厂是在标准状态［压力 $p_0 = 760mmHg$（$1mmHg = 133.322Pa$），温度 $T_0 = 293K$］下用空气标定出厂的。对于非空气介质（气体）在不同于上述标准状态下使用时，可按下式进行修正。

$$Q_{实际} = K'Q_{标定}$$

$$K' = \sqrt{\frac{\gamma_{空}}{\gamma_{流}} \frac{p_1}{p_0} \frac{T_0}{T_1}}$$

式中　K'——流量校正系数；

$\gamma_{空}$——标准状态下空气密度，kg/m^3；

$\gamma_{流}$——被测气体在标准状态下的密度，kg/m^3；

p_1——被测气体在工作状态下的绝对压力，Pa；

T_1——被测气体在工作状态下的绝对温度，K；

p_0——被测气体在标准状态下的绝对压力，Pa；

T_0——被测气体在标准状态下的绝对温度，K。

27 容积式流量仪表为什么要进行温度校正？

容积式流量仪表一般只用来测量液体，液体是不可压缩的，它的体积随压力变化微小，但随温度变化较大，所以应用容积式流量仪表时要注意进行温度补偿。

28 常用液面测量仪表有哪几种？各有什么特点？

（1）玻璃板液面计。用于就地指示。

（2）浮球液面控制器。可用于两位控制，也可用于就地指示。

（3）浮筒浮球液面变送器。

（4）一般差压式液面变送器。

（5）单法兰、双法兰差压变送器。

浮筒式液面变送器可进行连续测量，就地式远传指示，便于与单元组合仪表配套，适用于各种密度的液体和操作压力的场合，也可用于真空系统，界面测量和换热器液面测量，但量程比较小（一般小于2m），不适用于液面量程大、介质腐蚀性太强、高温、高黏度、易凝固的场合。

一般差压变送器测量精度比较高，反应速度快、量程宽，可进行连续测量和远传指示，且被测压差与输出信号呈线性关系，应用得比较多。

单法兰差压变送器采用了法兰取压，硅油做隔离介质，适用于黏性、有沉淀、易结晶介质的液位测量，对于容器壁上有较厚结晶或沉淀的情况，可采用单法兰差压变送器，它还具有一般差压变送器的特点。

双法兰差压变送器除具有单法兰差压变送器的特点外，还适用于液位波动比较大的场合，它的正负压室与法兰之间的毛细管都充满硅油，变送器与被测介质之间严格隔离。

29 常减压装置有哪些在线质量分析仪表？

（1）石脑油初馏点、终馏点分析仪。

（2）喷气燃料冰点、密度分析仪。

（3）轻柴油闪点、凝点分析仪。

（4）重柴油凝点分析仪。

30 常用调节器有哪几种？

常用调节器有基地式气动调节器，QDZ-Ⅱ、Ⅲ型气动调节器，DDZ-Ⅱ、Ⅲ型电动调节器，Ⅰ系列调节器，EK系列调节器等模拟式调节仪表和以微处理器为基础的数字式调节仪表，包括：760系列、KMM、KMS、YS-80可编程调节器FC系列的PMA单回路调节器和PMK可编程调节器。

31 比例式调节器有何特点？

比例式调节器时最基本的调节器，它的输出信号变化量与输入信号（设定值与测量值之差即偏差）在一定范围内成比例关系，该调节器能较快克服干扰，使系统重新稳定下来。但当系统负荷改变时，不能把被调参数调到设定值从而产生残余偏差。

32 比例积分调节器有何特点？

比例积分调节器（PI调节）的输出既有随输入偏差成比例的比例作用，又有偏差不为零输出一直要变化到极限值的积分作用，且这两种作用的方向一致。所以该调节器既能较快地克服干扰，使系统重新稳定，又能在系统负荷改变时将参数调到设定值，从而消除余差。

33 比例积分微分调节器有何特点？

应用比例积分微分调节器（PID调节器），当干扰一出现，微分作用先输出一个与输入变化速度成比例的信号，叠加比例积分的输出上，用以克服系统的滞后，缩短过渡时间，提高调节品质。

34 调节器的正反作用指的是什么？

调节器的正反作用是指调节器的输入信号（偏差）与输出信号变化方向的关系。

当被调参数测量值减去设定值（即偏差）大于零时，对应的调节器的输出信号增加，则该调节器为正作用调节器，如调节器输出的信号减小，则该调节器为反作用调节器。

35 调节器中的比例度 P、积分时间 I 和微分时间 D 在调节过程中有何作用？

一般调节器的比例度在 $0 \sim 500\%$，比例度是放大倍数的倒数，比例度愈小比例作用愈强。

积分时间一般为 $0.01 \sim 25\text{min}$，积分时间与纠正偏差的速度有关，积分时间愈小，积分作用愈强。

微分时间一般为 $0.04 \sim 10\text{min}$，微分时间与测量参数的变化速度有关，微分时间愈小，微分作用愈弱。

通过调整调节器的这三个可变参数，使被调参数在受到干扰作用后能以一定的变化规律恢复到给定值。

36 常用调节阀有哪几种？各有何特点？

调节阀按其能源方式不同，主要分为气动调节阀、电动调节阀、液动调节阀三类，这三类调节阀的差别在于所配的执行机构上。三者的执行机构分别是气动执行机构、电动执行机构、液动执行机构。使用最多最广的是气动调节阀。

常用的气动调节阀及其特点：

(1) 直通单座调节阀。由于单座阀只有一个阀芯，容易保证密封，因此泄漏量小。正由于只有一个阀芯，介质对阀芯产生的不平衡力大，故单座阀不宜用于压降大的场合。因只有一个阀孔，故流量系数比双座阀小。

(2) 直通双座调节阀。双座阀有两个阀芯，流体作用在两个阀芯上，不平衡力相互抵消了许多，因此不平衡力小。由于是两个阀孔，流通面积比单座阀大，所以流量系数比单座阀大。

由于加工时可能存在误差，故关闭时阀芯与阀座的两个密封面不能同时密封，造成泄漏量比单座阀大。

阀体流路较复杂，不适用于高黏度液体、悬浮液，含固体颗粒等易沉淀、易堵塞的场合。

(3) 角型调节阀。角型阀流路简单，阻力小，适用于高黏度悬浮液，含固体颗粒等易沉淀、易堵塞的场合。

(4) 笼型阀(套筒阀)。阀内组件采用压力平衡式结构，所以可用较小的执行机构就能适用于高压差和快速响应的节流场合。阀芯位于套筒里，并以套筒为导向，所以具有防震耐磨的特点。

拆卸方便，阀内组件的检修和更换也很方便。如需改变阀的流通能力，只需更换套筒，而不必更换阀芯。使用寿命长，噪声低。

(5) 偏心旋转阀。偏心旋转阀又称凸轮挠曲阀，采用偏心的阀芯来调节和切断介质，且具有泄漏量小，许用压差大，可调范围大，体积小，流量系数大和流路简单等特点，适用于含有固体悬浮物和高黏度的流体。

(6) 蝶形阀。由于蝶阀结构简单、阻力系数小，适用于大口径、大流量和低压差的场合。

(7) 三通调节阀。三通调节阀有三个出入口与管道相连，按作用方式分为合流和分流两种。适用于热交换器的温度控制系统中，具有调节精度高、调节性能好的特点。一台三通阀可以代替两台调节阀，不仅可以节省投资，而且空间体积小。

37　气动调节阀的气开和气关作用有何不同？

气动调节阀按作用方式不同，分为气开(风开)和气关(风关)两种。

气开阀即随着信号压力的增加而打开，无信号时阀处于关阀状态(图中用 F. C 表示)。

气关阀即随着信号压力的增加，阀逐渐关闭，无信号时阀处于全开状态(图中用 F. O 表示)。

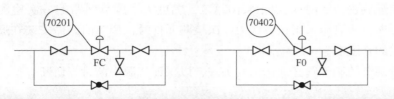

38 加热炉燃料调节阀为什么要用气开式?

加热炉燃料上的调节阀一定要用气开阀。这是从炉子安全操作角度考虑，当装置动力中断时燃料阀能因气源中断而关闭，切断燃料，以免烧坏炉管造成事故。

39 原料油流量调节阀为什么要用气关式?

原料油流量调节阀要用气关式，这是为了保证装置的安全。选用气关式，当装置动力中断时，调节阀处于全开状态，防止原料中断、炉管过热烧坏炉管。

40 阀门定位器的作用是什么?

定位器是调节阀的主要附件，通常与气动调节阀配套使用，是提高调节阀性能的重要手段之一，它利用闭环控制原理，它接收调节器的输出信号，然后以它的输出信号去控制气动调节阀，当调节阀动作后，阀杆的位移又通过机械装置反馈到阀门定位器，阀门状况通过电信号传给上位系统。

阀门定位器能够增大调节阀的输出功率，减少调节信号的传递滞后的情况发生，加快阀杆的移动速度，能够提高阀门的线性度，克服阀杆的摩擦力并消除不平衡力的影响，从而保证调节阀的正确定位。

41 调节阀安装使用中应注意哪些事项?

（1）调节阀送到现场时，应立即进行检查。检查的内容包括安装尺寸、材质、附件等，除外观检查外，还应进行水压试验和调校。

（2）当管径大于阀径时，应安装大小头过渡；要考虑调节阀的支撑位置，避免在阀上产生安装应力。

（3）便于检修、维护。对装有附件的阀要考虑便于观察、调整和操作。

（4）在安装调节阀之前，要将工艺管线吹扫干净再装上调节阀，调节阀后设放空阀(或排放阀)。

（5）安装时要考虑流向。阀体要垂直安装，特殊情况需倾斜安装时应加支撑。

42 如何进行装置进料流量调节?

原油进装置要设置流量调节回路，作为控制常减压装置的处理量。

原油进装置一般温度较低（<100℃），黏度大，调节回路的一次检测元件很难满足要求，所以当采用孔板作为一次检测元件时，调节回路需安装在原油换热后无汽化的管道上。

流量调节的调节阀必须选用气关式，以保证气源中断时不切断进料。

43　如何进行换热系统中的温度调节？

为节省能源，装置设有较多的原油换热器，为了保证最大的回收率，可用计算机实现原油预热换热群的优化控制，采用常规仪表时应根据具体情况确定控制方案。图 15-4 为一简单示例。这个方案可使两路换热达到最佳效果，为克服两台温差调节器之间的干扰，使用调整热油调节器，使其比原油调节器响应快些来抑制干扰。

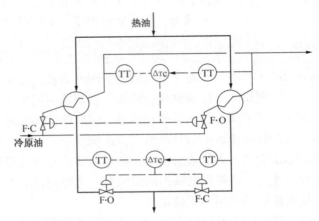

图 15-4　换热系统中的温度控制回路

44　电脱盐系统有哪些主要调节回路？

原油在蒸馏前必须进行脱盐、脱水，其目的是降低换热器或常压炉的热负荷和压力降，以稳定操作并减轻对设备的腐蚀。

电脱盐就是在高压电场作用下，使原油中带盐的水滴聚集成大水滴而沉降在罐的下部，然后通过界位调节将水排出。为了达到以上要求，在电脱盐系统中设置如下回路，如图 15-5 所示。

（1）温度调节。原油温度调节至电脱盐要求的130℃左右，为了保证此温度，原油进装置后先进行换热，一般在最后一组换热系统中设温度控制系统。

（2）注水流量调节。为了将原油中所含的盐充分脱除，必须根据原油量注入一定比例的水，使盐充分溶于水。注水采用流量调节，调节阀采用气开式。

（3）混合压差调节。原油和水均采用流量调节，然后汇合一起通过调节阀，

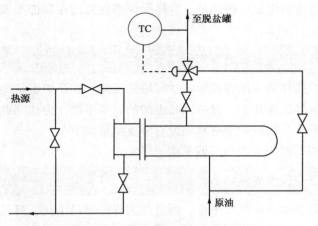

图 15-5　原油电脱盐温度控制系统

混合阀的作用是将水和原油充分混合，以使盐与水充分接触溶于水。混合阀一般采用笼型调节阀或 V 型球阀，此法的开度是根据它前后的压差进行调节，调节阀采用气关式。

（4）油水界位调节。混合后的原油和水进入脱盐罐，脱盐罐在高压电场的作用下，原油中带盐的小液滴聚集成大水滴而沉降在罐下面。由于密度的不同，在罐中上面是油，下面是水。为了防止将水带进加热炉，或切水时跑油，所以在罐中必须采用油水界位调节。

原油较黏在罐中易形成一部分油水乳化液，除了加破乳剂外，仪表的选型也成为关键，应用在电脱盐界面调节的仪表，有射频导纳界位计、差压式界位计、内沉筒式界位计以及短波界位计。差压式界位计，根据油水密度差，通过变送器和调节器等指示出液面的高度，可以较好地满足原油电脱盐油水界面控制要求。射频导纳式物位控制器是利用高频技术，它是在原电容测量的基础上改进为射频导纳测量技术。

45 初馏塔塔顶温度如何调节？

初馏塔塔顶分馏出重整原料，对馏出物的终馏点有要求，故要求塔顶设温度调节系统。一般通过调节塔顶回流量实现对塔顶的温度控制。采用气关式调节阀来保证塔顶产品质量。

46 初馏塔塔底液位如何调节？

一般采用初馏塔塔底液位来控制进初馏塔的流量。由于初馏塔塔底液位允许波动的范围较宽，液位仪表一般选用差压式液位计。进塔调节阀采用气关式，以保证塔的进料。进装置的原油流量只记录不设流量控制。另一种方法是采用初馏塔底液面与进塔流量组成串级调节，这样保证塔底液面在容许范围内波动，也保证进料流量稳定。

47 常压加热炉进料分支流量如何调节？

常压加热炉操作的好坏直接影响常压塔的操作。加热炉正常操作的任务是在保证炉子正常运转的条件下，保持油品出炉的温度平稳，为达到此目的，要求炉子的进料量要稳定。所以炉子进料均设有分支流量调节。

分支流量调节器为正作用，调节阀为气关式。

48 常压炉出口温度如何调节？

常压炉不但要求出口温度平稳，而且要求降低燃料消耗，延长开工周期。为达到此目的，除炉子出口温度控制外，还可采用前馈控制系统。

前馈控制系统引入进路原料流量及原料温度的前馈信号，这样调节系统的调节作用能较有效地克服以上参数干扰，提高控制精度。

调节器为反作用，燃料调节阀选用气开式。

49 加热炉炉膛压力和过剩氧量如何控制？

对于自然通风的炉子，一般采用烟道挡板控制炉膛压力，使排烟量与吸入空气量相配合，保持炉膛负压不变。

对于强制通风的炉子，热空气量采用流量控制，并引入烟气氧含量（或盐含量及一氧化碳含量）的反馈信号，实施过剩氧量控制。炉膛负压的控制与自然通风炉相同。

50 常压塔过汽化率如何调节？

为了保证侧线产品质量，节约能量，提高拔出率，原料进常压塔应控制一定的过汽化率。过汽化率一般控制在2%~4%。实际生产中只要侧线产品的质量能保证，过汽化率低一些是有利的，不仅可以减轻加热炉的负荷，而且由于炉出口温度降低可以减少油料的裂化。

影响过汽化率的因素有很多，有不可调因素如原油的种类和加工方案等，在可调因素中，最主要的是塔进料温度，其次是塔底吹汽量和塔顶压力。因此调节过汽化率主要是控制塔进料温度，一般是通过离线调优控制炉温，即根据塔的物料平衡和热量平衡，计算出实际过汽化率，确定适宜的进料温度，按此温度控制炉出口温度，从而达到控制过汽化率的目的。也有的利用过汽化流量计监控过汽化率，将汽化段塔盘下面的内回流抽出，用节流装置进行计量，并根据计量结果调整常压炉出口温度，控制常压塔的过汽化率。

51 常压塔塔顶温度如何调节?

常压塔分馏出石脑油馏分,为保证石脑油的质量(终馏点),通常都在常压塔塔顶设置塔顶温度–回流流量串级调节系统,以克服回流方面的干扰(见图15-6)。

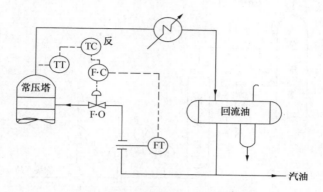

图15-6 常顶温度–回流量串级控制

内回流调节:塔顶采用空冷器时,外回流液温度往往波动较大,为保证塔的稳定操作,可考虑内回流控制(见图15-7)。

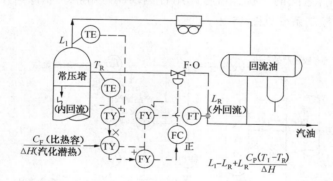

图15-7 常压塔塔顶的内回流控制

52 常压塔塔顶压力如何调节?

常压塔塔顶回流罐顶的低压瓦斯一般引至加热炉作为燃料,常压塔塔顶压力由低压瓦斯从加热炉放出来取得压力平衡。所以常压塔塔顶的压力不设压力调节系统,只设压力记录。为了减少负荷对背压的影响,也可在回流罐出口设压力调节。

53 常压塔侧线抽出量及侧线产品质量是如何控制的?

常压塔侧线产品的抽出均要通过常压汽提塔汽提,以保证产品的质量。侧线

271

产品的抽出量是根据对产品质量的要求来控制的。不同的产品结构，其质量要求和控制指标也不一样，但原理大体相同，具体如图15-8所示。图中AT表示各类油品在线质量分析仪表，如终馏点、闪点、凝点等。

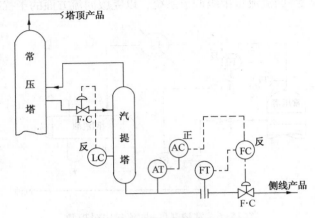

图15-8　常压塔侧线抽出量控制

对多线出料的常压塔，为提高侧线产品的质量和收率，减少对各侧线质量控制（抽出量控制）之间的干扰，可考虑用各侧线流量解耦，原油流量前馈及各侧线质量反馈的控制系统见图15-9。

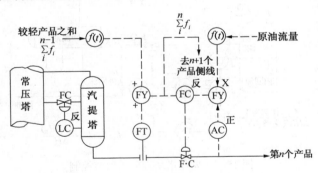

图15-9　常压塔侧线产品质量的控制

54　常压塔中段回流取热是如何控制的？

（1）传统的控制方案是采用中段流量控制，加上回流返塔进口处的气相温度调节换热器三通调节阀，如图15-10所示。

（2）常压塔中部取热负荷调节，这个方案采用中段回流换热应取走的热量来改变中段回流流量，如图15-11所示。

热值调节器（QC）的给定值是根据塔内各段负荷计算得出的理论取热值，这样即可保证塔内各段的分离效果，又可去除更多的热量。这个方案根据：

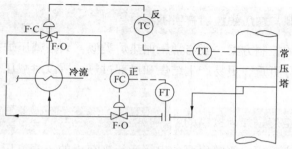

图 15-10　传统的常压中断回流取热控制方案

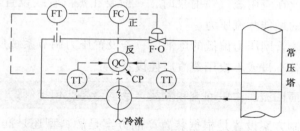

图 15-11　中断回流取热调节常压塔中部热负荷

$$Q = C_P \cdot F \cdot \Delta t$$

式中　Q——热量，kJ/h；

$\quad\quad C_P$——比热容，kJ/(℃·kg)；

$\quad\quad \Delta t$——换热器前后温差，℃；

$\quad\quad F$——回流量，kg/h。

55 常压塔塔底液位及减压炉进料流量是如何调节的？

　　为保持常压塔塔底液位在一定范围内波动，又要保证减压炉进料流量的稳定，设计一般采用液位与流量组成的均匀串级调节系统(见图 15-12)。在此系统中，允许液面在一定范围内变化，而保证流量相对稳定和变化平稳，以减缓进料变化对减压炉温度控制和减压塔平稳操作的影响。

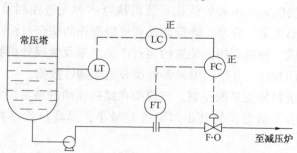

图 15-12　常压塔塔底液位与流量的串级控制

56 减压炉控制与常压炉控制有何不同？

减压加热炉的控制方案一般与常压加热炉类似，只是减压炉操作温度比常压炉更高，原料组分更重，更易产生结焦和局部过热，所以对减压炉的控制要求更加严格。

57 减压塔真空度是如何控制的？

减压塔真空度采用多级喷射泵的串接运行来获得的，蒸汽压力的改变将明显影响真空度。因此在应用蒸汽喷射泵时，一般要在蒸汽管线设置压力调节系统，以保证至喷射泵的最佳蒸汽压力。

对于蒸汽系统管网压力偏低的炼油厂，若设置压力调节系统反而降低蒸汽压力，在此情况下就不设或不投用蒸汽压控设置。

58 减压塔塔顶回流、中段回流和侧线产品质量是如何控制的？

减压塔的控制方案设置是根据装置产品方案是燃料型还是润滑油型来决定。产品为燃料型时，产品侧线抽出量均由减压塔中集油箱的液位控制。集油箱抽出的另一物流返塔作为回流，减压塔塔顶回流量是由减压塔塔顶温度控制。而中段回流一般采用流量调节系统。产品为润滑油型时，产品方案的控制系统比燃料型要复杂些。

59 减压塔塔底液位是如何控制的？

减压塔塔底介质又黏又稠，操作温度高，要求停留时间短，又是真空系统。所以一般液位测量仪表均不能满足要求，实践中几乎都采用内浮球液位调节器来控制塔底抽出量，保证塔底的液位在限定的范围内波动。

塔底液位调节阀采用气关式，调节器为反作用。

60 国内常减压装置过程计算机应用情况如何？

目前国内开发的常减压装置优化系统可执行多种先进控制策略和顺序控制，从而达到提高产品质量、收率、降低能耗和平稳操作的综合目标。

（1）原油组成。该模型根据装置的实有产品产率及常规分析数据合成原油的是非点蒸馏曲线（TBP），并给出原油各种馏分重要物性数据。

（2）加热炉进料分支平衡控制。该模型在维持原油进料量恒定及安全操作的情况下，调节各分支流量，使其出口温度差最小，提高热效率并延长炉管使用寿命。

（3）加热炉燃烧效率控制。该模型以烟气氧含量及燃烧室抽力为信息，实施过剩烟气控制，提高加热炉的燃烧效率。

（4）常压分馏塔产品质量控制。该模型通过调节一线产品馏出口温度，一线产品馏出流量及二线产品馏出流量来控制一线产品的初馏点、终馏点及二线产品的90%点温度，使产品处于合格范围之中，提高目的产品收率。

（5）常压分馏塔过汽化率的控制。该模型根据原油组成及产品结构，在保证总拔出率的情况下尽量降低炉温，节省燃料。

（6）减压分馏塔产品质量控制。该模型用于润滑油原料型减压分馏塔，通过调节各侧线产品馏出流量，控制各侧线产品的50℃或100℃黏度，使产品质量处于合格范围之中，提高目的产品收率。

（7）常减压装置自动提降处理量控制。该模型在装置处理量改变时自动确定各塔新的进料量及有关侧线抽出流量的新控制点。由于控制模型对从初馏塔进料量开始提降到常压塔、减压塔进料量提降，以及各塔侧线产品流量提降期间各自不同的反应时间较合理考虑，因此可缩短中间过渡时间，提高操作质量。

（8）常减压装置自动切换生产方案控制。该模型在分馏塔改变加工方案时，根据工艺对各塔控制回路改变控制点的顺序及开始改变控制点的时间要求，自动确定并调整各塔有关控制回路的给定值，使生产操作比较平稳地过渡到新控制点上，缩短中间过渡时间，提高操作质量。

61　环保在线监测仪表（CEMS）有哪些类型？注意事项是什么？

CEMS 按照取样方法可分为稀释法 CEMS、直接抽取法 CEMS。其中直接抽取法 CEMS 又分为冷干法 CEMS 和热湿法 CEMS；按测量方式可分为抽取式监测系统、现场监测系统和遥测系统。

注意事项：①定时查看仪表测量状态并记录仪表测量结果，若烟气环保超标需及时反映给工艺；②查看仪表信号，了解工艺运行状态，并核对化验分析结果；③定期校验分析仪表。

62　增加原油快评的相关介绍和操作？

原油快评即在线对原油性质进行评价，核心内容是原油性质，主要包括 API°、盐含量、水含量、总磷、酸值、辛烷值及十六烷值等，帮助操作人员及时了解原油性质，便于根据原油性质及时调整操作。

第十六章 先进控制及电气相关知识

1 什么是 DCS 集散控制系统？

DCS 是 Distributed Control System 的简称。它是以应用微处理器为基础，结合计算机技术、信号处理技术、测量控制技术、通信网络和人机接口技术，实现过程控制和工厂管理的控制系统。简单地说就是一个综合了计算机（Computer）、通信（Communication）、显示（CRT）和控制（Control）等 4C 技术的多级计算机系统。其基本的思想是分散控制、集中操作、分级管理、配置灵活、组态方便。这是继基地式气动仪表控制系统、电动单元组合式模拟仪表控制系统（DDZ-Ⅱ，DDZ-Ⅲ）、直接数字控制系统 DDZ 后的新一代的控制系统。

2 什么是先进控制（APC）？

通过安装于计算机上的特殊软件与 DCS 上的 PID 调节器配合应用，对装置进行综合调节，同时满足生产中多个控制要求的技术，被称为先进控制，有时也被称为先进控制技术或先控。

3 先进控制（APC）中有哪些变量？

被控变量（简称 CV）：这些变量是装置生产要求保证在一定工艺范围内的指标。通过先进控制操作界面，操作人员可以将工艺意义上的目标范围或设定值输入至先进控制器中，控制器会通过内部模型进行调节，将这些变量维持在设定的给定点上或范围之内。

操作变量（简称 MV）：这些变量是为了把 CV 维持在约束范围之内以及对过程进行优化，控制器要调节的变量，也可以理解这些变量是控制器的操作手段。

干扰变量（简称 DV）：这些变量是不受控制器控制的可测变量（如来自上游过程的变量），但却影响 CV 的值。控制器通过预估 DV 对 CV 值未来的影响，能提前采取措施，防止 CV 在变化中超出约束限。

4 什么是被控变量上下限、操作变量上下限？

被控变量上下限：装置生产要求的各被控变量的工艺范围。希望被控变量卡边的上下限，或允许被控变量波动的区间。

操作变量上下限：为了保证安全生产或设置控制器的工作区间，操作人员需要为这些变量设置合理的工艺范围或设定值，控制器在调节时，将在规定的范围内工作，不会超出这些规定的范围。这个范围的上、下限，定义为操作变量（MV）的操作上、下限。

5　什么是控制模型？

控制模型：先进控制器中包含的主要装置信息，即操作变量（或干扰变量）与被控变量的数学关系，通常用传递函数矩阵、数值矩阵或曲线组来表示。根据来自系统外部的干扰信息和生产中的调节信息，先进控制器可通过控制模型预测出装置未来的变化趋势，并基于预测的变化趋势做出调节。

6　先进控制器的投用有哪些？具体操作是什么？

（1）控制器的投用。

检查工况正常，仪表数据显示正常，各 CV 和 MV 的上、下限设置合理。符合条件后，先检查各 CV 投入状态，如果不为"开"，则修改其为"开"。检查各 CV 的投用状态是否都为"GOOD"，如果不是，依据操作画面使用说明中罗列的情况逐一排除原因，解决不了的异常情况交由工程师处理。各约束状态是否都为"NORMAL"，如果不是，再次检查上、下限设置是否合理。只要约束状态不显示为"ABOVEHI"/"BELOWLO"，确认了上下设置合理后仍可继续投用控制器，如果显示是这两种状态，可等待一段时间，看这两种状态是否会消除，消除不了时交由工程师处理。

检查各 DV 投入状态，如果不为 ON，则修改其为 ON。检查各 DV 的投用状态是否都为"GOOD"，如果不是，依据操作画面使用说明中罗列的情况逐一排除原因，工程师在上位处理。

检查底层控制回路的控制模式是否处于投用 APC 要求的控制模式，如果不是，修改为 APC 要求的控制模式。

检查各 MV 模式中的回路状态和开关状态，如果开关为"关"，则模式"APC"无法选择。然后如果 MV 回路状态模式不为"R"（APC 模式），则修改其为 APC 模式。检查各 MV 的投用状态是否都为"GOOD"，如果不是，依据操作画面使用说明中罗列的情况逐一排除原因，解决不了的异常情况交由工程师处理。各约束状态是否都为"NORMAL"/"MINMOVE"，如果不是，再次检查上、下限设置是否合理。只要约束状态不显示为"INACTIVE"，确认了上下设置合理后仍可继续投用控制器，如果显示为这种状态，交由工程师处理。

启动先进控制器主开关，等待控制器状态显示为"ON"，则此时进入先进控制监控，控制器投用过程结束。

（2）单个 MV 的投用。

检查该 MV 仪表数据/当前值显示正常，上、下限设置合理。

检查该 MV 的控制模型是否处于投用 APC 要求的控制模式，如果不是，修改为 APC 要求的控制模式。

将该 MV 的回路模式切换到 APC 模式，等待 MV 的投用状态显示为"GOOD"，则此时该变量进入先进控制监控，该变量投用过程结束。

（3）单个 CV 的投用。

检查该 CV 仪表数据/当前值显示正常，上、下限设置合理。

启动该 CV 投用开关，等待 MV 的投用状态显示为"GOOD"，则此时该变量进入先进控制监控，该变量投用过程结束。

（4）单个 DV 的投用。

注：DV 的投用和切除操作在上位机进行；

检查该 DV 仪表数据/当前值显示正常。

启动该 DV 投用开关，等待 MV 的投用状态显示为"GOOD"，则此时该变量进入先进控制监控，该变量投用过程结束。

7　先进控制器参数设定指什么？具体包括哪些？

先进控制器参数设定即操作上下限设置，在日常操作维护中涉及的先进控制器参数，主要就是操作变量和受控变量的操作上下限。

（1）操作变量的操作上下限

先进控制器针对每个操作变量（MV）都设有：操作上下限、工程师上下限和有效上下限三重约束限制。

操作上下限：操作人员允许操作变量的变化范围，操作变量是严格限定在操作上下限以内的。如果当前值超出上限或下限则控制器无法投用；修改上下限时如果超出操作范围，控制器会自动掉下来。操作上下限由操作人员负责在操作画面设定。

工程师上下限：确保装置安全的变量调节范围。工程师上下限由工程师负责在上位机设定。

有效上下限：主要用于判断数据是否正确有效。如果当前值超出有效上下限，先进控制器将认为该数据异常，就会立即退出控制。有效上下限由工程师负责在上位机设定。

三重约束之间只能嵌套或重叠，绝不能出现交错，否则控制器就判断该变量异常，不能投用。

（2）受控变量的操作上下限

被控变量也设定了操作上下限、工程师上下限和有效上下限三重约束。与操作变量相类似：三重上下限只能嵌套或重叠，但不能交错，与操作变量不同的是被控变量可以超出操作上下限，而且只有当它超出或靠近上下限时控制器才会进行调整，因此其范围应比平时的控制范围窄，被控变量的上下限规定了控制器的目标范围，工艺要求改变时，便需要相应更改。

8　先进控制器参数有哪些设置原则？

（1）操作变量上下限的设置原则。

操作人员在独立变量显示窗口内设置操作变量的上限和下限。上限或下限改变后，控制器将在下个控制周期开始使用这些参数。

先进控制器只能在操作上下限内改变操作变量的值，不会超越这个范围。操作人员必须根据生产需要，合理设置各操作变量上下限，而不能随意给定。如果上下限范围太大，控制器可能会使操作变量变化到不合理的值，影响装置的安全。如果上下限范围太窄，则削弱了该操作变量的调节能力。关键操作变量的上下限设定的太小，会人为地使装置控制在某个操作点上，控制器将无法实现最优目标和经济效益。

改变操作变量的上下限时，还应考虑调节的幅度。如果变化的调节范围太大，并且装置操作点远离最优点时，操作点的变化如果太快会影响装置的平稳运行。一般情况下控制器需用约半个稳态时间将装置推到新的更优点。因此，操作人员不应大幅度地改变上下限，而应该间隔半个稳态时间，逐步改变上下限的值。

（2）被控变量上下限设置原则。

被控变量的上下限限定了控制器的操作目标。它应当根据生产方案、原料性质、产品质量标准的变化而调整。操作人员在非独立变量显示窗口内设置被控变量的上下限。改变上限或下限后，控制器将在下个控制周期开始使用这些参数。与操作变量不同的是，被控变量会超出上下限的，所以设定的变量上下限要比实际控制范围窄。

设置上下限时，操作人员必须判断哪些变量处于卡边条件。当被控变量或操作变量的稳态目标值等于上限或下限，也就是说处于卡边条件时，DMC 控制器不能使它们超出上下限。因此，这些处于卡边条件的变量限制了装置的操作，将影响控制器的经济效益和性能。

考虑处于卡边条件的变量时，最重要的是判断它们是否确实需要约束。DMC控制器总是把装置推到某些约束卡边条件上，改变某个上限或下限时，控制器会把装置推到新的上下限上，或者把其他变量的上下限作为卡边条件。如果把过多的关键变量的上限或下限缩小，可能会人为地使装置控制在某点上，而不是在实际的操作限制上。操作变量和被控变量的上下限应当是装置限制条件或产品质量规范的真实体现。被控变量上下限的修改也要缓慢，改变幅度大会使装置产生较大的扰动。

9　先进控制器切除有哪些？具体操作是什么？

（1）控制器的切除。

关闭先进控制器主开关（将 APC 投用开关切到 Predictive Mode），控制器将立即停用，控制器各个 MV 的底层回路模式立即回到安全模式（投用 APC 前的手动/自动模式），此时先进控制器只进行预测运算/控制运算，但不实施控制作用。

一分钟/半分钟内控制器状态显示为"FF"，各单个投用中 MV 状态显示为"READY"，则此时如果条件合适可进行再次的投用。

（2）单个 MV 的切除。

点击该单个 MV 的模式中的"MANUAL""AUTOMATIC"，或者点击单个 MV 的开关到"关"，则该变量将立即停用。

单个 MV 的开关为"开"，而只是回路模式从"APC"切回到投用 APC 前模式，一分钟/半分钟内投用状态显示为"PRED ONL"，表明该变量切除后做前馈，控制器不进行该量的控制运算，但会根据该量的变化来进行预测运算；单个 MV 的开关为"关"，底层回路模式立即回到安全模式，一分钟/半分钟内投用状态显示为"BAD"，表明该变量直接切除，控制器既不进行该量的控制运算，也不根据该量的变化来进行预测运算。此两种状态下，如果条件合适都可进行再次的投用。

（3）单个 CV 的切除。

点击该单个 CV 的投用开关中的"关"，则该变量将立即停用。"关"后，一分钟/半分钟内投用状态显示为"BAD"，此时，如果条件合适可进行再次的投用。

（4）单个 DV 的切除。

在上位机上点击该单个 DV 的投用开关中的"OFF"，则该变量将立即停用。"OFF"后，一分钟/半分钟内投用状态显示为"BAD"，此时，如果条件合适可进行再次的投用。

10　什么是流程模拟技术？

流程模拟是根据化工单元过程基本原理和热力学的基本方程，应用现代数学方法，将理论公式编制成计算机软件，使之能够模拟实际的化工生产过程，即在计算机上准确"再现"实际生产过程，得到详细、完整的物料平衡和热量平衡数据，为工艺设计和过程分析提供指导。与此同时，全部物料的相关性质，如相对分子质量、组成、密度、比热容、热导率、石油馏分的蒸馏数据、特性因数、黏度、表面张力、焓值、熵值等参数也可同时获得。

11　三相异步交流电机的工作原理是什么？

当电机的定子绕组通以三相交流电后，便在定子绕组中产生了旋转磁场，在旋转磁场的作用下，转子绕组中就产生了感应电流，转子中因感应电流形成的磁场和定子磁场相互作用产生的作用力推动转子转动。

12　三相异步电动机由哪些零件组成？

三相异步电动机的零件共由转子和定子两大部分组成。其中转子部分有轴、轴承、转子铁芯、转子绕组、风叶。定子部分有机座、机壳、风罩、定子铁芯、定子绕组、前后轴承内盖、前后端盖、前后小盖、接线盒、接地线。

13　电机为什么要装接地线？

当电机内绕组绝缘被破坏时，机壳就会带电，手摸上去就会造成触电事故。安装接地是为了将漏电从接地线引入大地回零，以保证人身安全。

14　电机尾部为什么要有风扇？

电机在运动中线圈与铁芯都会发热，如不消除温度会逐渐上升。在超过铭牌上的"允许温升"后，绕组的绝缘就会遭到破坏，造成短路事故。所以，在电机尾部装有风扇进行强制通风，把热量带走，保持温升在允许温升的范围内。

15　电机声音不正常有哪些原因？

（1）电机跑单相（类似老牛叫，并伴随着转速变慢）。

（2）振动大（有时是周期性的）。

（3）转子和定子摩擦。

（4）刹架松动，滚珠或滚珠跑边有麻点。

（5）风罩内有杂物或风扇不平衡。

16　电机轴承发热的原因有哪些？

（1）轴承装配过紧。

（2）轴承缺油（正常情况下润滑脂应充满轴承盖的2/3）。

（3）轴承油太多。

（4）润滑脂里有杂物。

（5）轴承跑套，轴承外套与端盖摩擦称为跑外套，轴承里套与旋转轴摩擦称为跑内套。

（6）轴承盖和轴承相互摩擦。

17 电机电流增高有哪些原因？

油品的密度或黏度大，流量或压头大，叶轮中有杂物，转动部分与静止部分摩擦，盘根压得太紧。

18 运转中的电机为什么会跳闸？

（1）电机内绕组短路，因为短路电流相当大，使电源保险丝烧断，控制线路无电，使中间接触器把它在电源线上的主触点断开，电机就跳闸了。

（2）电网电压低。

（3）电机过负荷（如电机容量不够）。

（4）转子卡住。

（5）平衡管堵。

19 运转中的电机应检查哪些项目？

运转中的电机应检查机身和轴承的温度是否正常，检查电机运行中发出的声音是否正常，接线盒的温度、负载电流是否在额定范围内。

第十七章　装置开停工

装置具备哪些条件才能进行开工?

（1）装置检修完毕，所属设备、管线、仪表等经检查符合质量要求。

（2）法兰、垫片、螺帽、丝堵、人孔、温度计套管、热电偶套管等按要求全部上好把紧。

（3）做好装置开工方案、工艺卡片的会签审批工作。

（4）对装置全体人员进行了装置改造和检修项目的详细交底，并组织全体人员学习讨论开工方案。

（5）装置安全设施灵活好用，卫生状况符合开工要求。

装置进油前的条件是什么?

（1）装置所属设备、管线贯通、试压结束，发现的问题全部处理完毕。

（2）所加盲板全部拆除，对应法兰全部换垫片并把紧。

（3）准备足量的润滑油及各种化工原材料，并配制待用。

（4）联系收好足量的封油及减压塔顶回流油，并脱好水。

（5）水、电、汽、燃料、仪表用风均已引入装置，并确定电机转向是否正确。

（6）改好所有流程，并分别经操作人员、班长、车间三级检查确认无问题。

（7）联系生产调度了解原油、各产品用罐安排，联系质量检验部门了解原油分析情况。

进油前为什么要进行贯通试压?应注意什么?

（1）贯通试压的目的主要有两点:①是检查流程是否畅通;②是试漏及扫除管线内脏物。

贯通试压应按操作规程进行，对重点设备或检修过的设备、管线，试压时要详细检查，尤其是接头、焊缝、法兰、阀门等易出问题的部位。对于低温相变、高温重油易腐蚀部位要重点检查，确定没有泄漏时试压才算合格。

（2）贯通试压应注意：

① 对于检修中更换的新设备、工艺管线贯通试压前必须进行水冲洗。水冲洗时机泵入口须加过滤网，控制阀要拆法兰，防止脏物进入机泵、控制阀。②贯通试压时控制阀应改走副线。③炉管贯通时应一路路分段贯通。④对于塔、容器有试压指标要求的设备，试压时人不能离开现场，密切注意压力上升情况，防止超压损坏设备。⑤试压时要放尽蒸汽中冷凝水，防止产生水击，水击严重时能损坏设备、管线。

4 如何合理利用蒸汽进行分段试压？

为了充分利用蒸汽和节约蒸汽，试压时一般先试压力低的管线、设备，后试压力高的管线、设备，在试塔、容器之前，可先试与塔、容器相连的管线，待这些管线试压完毕后，可将管线内蒸汽排入塔、容器，接着对塔、容器进行试压。通过这样分段试压可充分利用蒸汽。

5 减压塔试抽真空时真空度上不去如何处理？

减压塔试抽真空时，真空度抽不上去的原因比较多，首先应检查蒸汽压力是否偏低，冷却水压力是否偏低，使用循环水的装置水压差是否偏小，冷却系统流程是否正常，大气腿水封是否建立，塔顶挥发线上注氨、注缓蚀剂、注碱性水阀门是否已关闭，大气腿是否畅通，以上这些如均正常，可再检查第三级冷凝冷却器不凝汽出口是否正压，如正压则放空线不通。经过以上检查如再未发现问题，那么以下情况还会影响真空度，导致真空度上不去。

（1）抽真空系统出现了试压时未能发现的泄漏点。如抽真空系统出现泄漏点，则可重新试压仔细查找泄漏点。

（2）抽空器本身故障。抽空器本身故障常见的有：喷嘴是否有堵的现象，喷嘴口径是否符合设计要求，喷嘴安装是否对准中心，若安装偏心真空度也抽不上去。

6 开工的主要步骤及升温曲线？

（1）引油冷循环阶段。这个阶段的主要工作：装置引油顶水并在各塔底低点放空切水；控制好各塔底液面并联系罐区了解装置进油量；加热炉各分支进料要调均匀，向装置外退油顶水至含水<3%建立装置内冷循环；投用冷油循环流程中各仪表，加热炉点火。

（2）恒温脱水阶段。主要工作有：平衡好各塔底液面；按40℃/h速度升温到110~130℃；将过热蒸汽引进加热炉并放空；切换各塔底备用泵；视情况投用电脱盐系统；注意各塔顶油水分离器排水情况，防止跑油；调整好渣油冷却器冷却水，保证渣油冷后温度≮90℃。渣油含水<0.5%时可继续升温。

（3）恒温热紧阶段。主要工作有：控制好各塔底液面；按50℃/h速度升温到250℃；恒温检查各主要设备、管线；将高温部位的法兰、螺栓进行热紧；各塔顶开始打回流；减压塔建立回流循环。

（4）开侧线阶段。主要工作有：常压按40℃/h速度升温到300℃以上；逐步自上而下开常压侧线、中段回流；常压塔底开汽提、关闭过热蒸汽放空；切换原油；减压炉按50℃/h升温到360℃时减压塔抽真空；逐步开启减压侧线；投用所有仪表。

（5）调整操作阶段。主要工作有：常压、减压侧线正常后，投用注氨、注缓蚀剂等工艺防腐设备；按生产要求提处理量；按工艺卡片及生产方案调整操作，投用其他附属设施等。典型常减压加热炉开工升温曲线如图17-1所示。

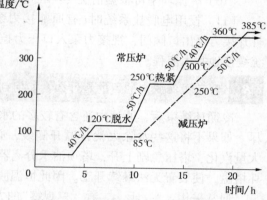

图 17-1　加热炉开工升温曲线图

7　引油冷循环过程中应注意什么问题？

引油冷循环过程中应认真执行操作规程，引油速度应严格控制，除此之外，必须注意以下问题：

（1）进油前联系生产管理部门及有关单位安排好退油流程和退油罐，并吹扫贯通。

（2）进油过程中可根据各装置实际情况在各低点放空进行排水，尽量将设备内存水脱除以免将大量水退至退油罐。但是必须特别注意各低点放空，切水见油时要立即将该放空阀门关闭，防止跑油。

（3）减压炉进油后加热炉可先点1~2只火嘴，炉出口度≤80℃，加热炉点火应按加热炉操作规程进行。

（4）渣油采样口见油后开始采样分析含水量，每隔20~30min采样分析一次，含水量<3%（有的控制含水量<1%）即可改装置内冷循环。

（5）改装置内冷循环后要及时将退油线吹扫好，并用蒸汽暖线为切换原油做准备。

（6）冷循环中应联系仪表将有关仪表投用，并根据冷循环时仪表指示与正常生产仪表指示的误差来判断仪表使用情况。

（7）冷循环中要将各加热炉分支进料调均匀，不得有短路，如有短路必须将其顶通。

（8）联系有关单位了解进油量，是否与装置实际允许进油量相符。

（9）冷循环中如果塔底泵发生故障，要立即降低原油量，控制好各塔底液位，防止塔底液面装高。如要停止循环，停泵顺序是先停原油泵、初馏塔底泵、常压塔底泵，最后停渣油泵。如要重新启动机泵顺序与前相反。

（10）冷循环中可根据情况尽早将电脱盐系统投用，使其充分发挥脱水作用。

（11）投用电脱盐系统时(有原油接力泵的装置)，要先将原油接力泵开启，打开接力泵出口阀门，视接力泵入口压力控制原油泵出口阀门，然后将电脱盐系统缓慢地并入流程。

8　开工恒温脱水的目的是什么？如何判断水分已脱尽？

冷循环结束后，原油中还含有较多的水分，另外设备内存水也不可能全部排尽。如果不将这些水除去就升温开侧线，必然会使水分在塔内(首先是常压塔)大量汽化，塔压急剧上升，塔顶油水分离器水量猛增，塔底泵抽空，严重时会冲坏塔盘，使装置无法继续开工。因此恒温脱水是开工时一个必不可少的步骤。

通常采用："一听、二看、三观察"的方法来判断水分是否脱尽。

"一听"就是听塔内有无声音，有则说明水尚未脱尽，反之水分基本脱尽。

"二看"就是看塔顶油水分离器有无水放出，有说明水尚未脱尽，反之说明水分基本脱尽。看塔底泵上量情况，上量好说明水基本脱尽。

"三观察"就是观察进料温度和塔底温度的温度差，温差小或者还接近一常数者，说明水基本脱尽，反之水分没有脱尽。

另外可以用分析渣油含水量来确定脱水是否脱尽。

9　开工过程中各塔底泵为什么要切换？何时切换？

开工过程中虽然对各塔底备用泵用预热方法进行顶水和赶空气，但是用预热方法顶水赶空气往往不能将水、空气全部带走，因此必须切换备用泵、使其存水随备用泵的运转而自行带走。

当常压炉出口温度在90℃时，各塔底备用泵切换一次。恒温脱水阶段后期，各塔底备用泵要切换一次。250℃恒温热紧时，需再次切换备用泵。

以上各阶段切换备用泵时，必须特别注意双进双出的备用泵，一定要将所有进出口相互置换，确保将存水、空气全部带走，还可以让两台泵同时运转一段时间，切换后的机泵要进行预热。

10　为什么要进行恒温热紧？

装置检修中所有的法兰、螺栓等都是在常温常压下紧好的，由于各种材料的热膨胀系数不一样，温度升高以后，高温部位的密封面有可能发生泄漏。因此，在升温开侧线以前，必须对设备、管线进行详细检查，高温部位需进行热紧。恒温热紧的温度通常在常压炉出口温度250℃，时间1~2h。当常压炉出口温度升至300℃时，需再次恒温1h，以进一步考验设备。经过详细检查无问题，常压炉可继续升温，进入开侧线阶段。

11 开侧线时侧线泵为什么容易抽空？如何处理？

（1）开侧线前没有将泵入口管线内存水放尽，遇到高温油品汽化引起泵抽空。

（2）脱水阶段塔板上的部分冷凝水进入泵体，遇高温油品汽化引起泵抽空。

出现以上两种情况，只要将该侧线泵入口低点放空阀打开，排除存水和气体，该泵一般就能上量。若仍不上量可反复开关该侧线泵出口阀门，使没有排尽的气体经过反复憋压而迅速带走，直至侧线泵正常上量。

（3）塔内该侧线塔板受液槽尚未来油或来油量不足，也会使泵抽空，此时要调整好塔内各中段回流比例，待侧线来油后再开侧线并控制好侧线抽出量。

12 开常压侧线时要注意哪些问题？

开常压侧线的关键是常压炉出口温度，只要炉出口温度按开工方案要求提上去并控制好，常压侧线就比较容易开好。反之如果炉出口温度迟迟提不上去，或者提上去了但波动很大，那么常压侧线就很难开好。

常压侧线泵启动前，应在泵入口低点放空阀处再次排除泵入口线、泵体内存水和空气，保证泵启动后能上量正常。开常压侧线后要及时切换原油，切换原油要缓慢保证原油泵不抽空。有些装置是先切换原油再开常压侧线。切换原油后，视减压塔底液面情况适当提原油量，并且尽可能多拔常压塔最下层侧线量以保证减压系统顺利开工。

13 开减压部分时常遇到的问题及如何处理？

（1）真空度抽不上去。此时首先要根据渣油出装置情况严格控制好原油量，确保减压塔底液面不高且平稳正常。其次要稳定好常压部分的操作，特别注意常压塔最下层侧线拔出量，不能拔的太轻。再就是要控制好减顶温度，一般控制在90~110℃为宜，并且尽可能将各中段回流都打一些，这样对真空度有好处。若真空度仍上不去，则要考虑减压塔顶抽真空系统是否有泄漏或抽空器本身的故障、水封状况、放空是否畅通，还要检查冷却水压力，冷却水量是否正常等。

（2）减压塔顶温猛然上升。这是开启抽空器太快所致，因此开启抽空器一定要缓慢，并且在开减压部分前就必须先将减压塔顶回流建立起来。

（3）减顶产品输出困难。减压塔顶产品泵在事先试好，防止减顶温度超指标后，减顶产品不能及时打出去。

（4）减压侧线泵不易上量。处理方法同常压侧线泵抽空的处理方法。

14 如何启用蒸汽发生器系统？

改蒸汽发生器系统的流程一般和改侧线流程同步进行，投用步骤如下：

（1）在恒温热紧阶段，按正常发汽流程给上软化水、除氧水，并在各发汽换热器排污处排放，发汽汽包液位设自动控制。其目的：①冲洗发汽系统脏物；②考验发汽汽包液位自动控制情况。此时蒸汽发生器不得并网。

（2）随着侧线的开启，产生的蒸汽先在发汽汽包放空阀放空，待各侧线开正常后再将蒸汽发生器系统并网，并网时要缓慢，并要先开并网阀门，后关放空阀门，防止憋压安全阀启跳。

（3）0.3MPa 蒸汽发生器发生的蒸汽可在炉出口过热蒸汽放空处放空，待常压塔底汽提开启后关闭放空，关闭放空时需密切注意 0.3MPa 蒸气压力，及时关小补汽阀门，保持压力平衡，防止过热蒸气压力波动。

（4）1.0MPa 蒸汽发生器发汽正常后，逐步关闭装置外补汽阀门，视蒸气压力情况投用压力控制系统。

（5）无论是 1.0MPa 蒸汽发生器，还是 0.3MPa 蒸汽发生器，并网前均要将连通阀门前后管内的冷凝水放尽防止水击。

15 为什么要进行周期性的停工检修？

装置开工一定时间后，工艺管线和各种设备都存在腐蚀减薄、结垢、疲劳损坏等，不能适应生产需要。如某些高温管线、塔壁因腐蚀而减薄，严重的可能穿孔引起事故，换热器使用一定时间后会结垢，影响传热效果，严重时压力降增大；塔内各种附属设备会因腐蚀、冲刷而损坏等。以上这些在正常开工时是无法进行更换、清洗的。另外装置也要进行技术改造，因此只有将装置停下来才能完成以上更新、清洗、改造等任务，停工检修的周期视情况而定，目前装置一般都达到 3 年停工检修一次。

16 装置停工前要做哪些准备工作？

（1）编制好大修计划，制定好停工方案、准备好检修所需设备、材料和必要的工具、阀门扳手等。

（2）联系有关单位落实停工时间，并了解各种油品退油进罐情况，扫线退油流程及扫线罐安排。

（3）留够至停工前所需各种化工原材料。

（4）联系锅炉、仪表、计量、电气、油品等单位做好停工各项准备工作。

（5）提前8h甩电脱盐罐并退油，停止热出料，并及时扫线。

（6）提前4h停"四注"系统。

（7）停工前需将各种特种油品转入普通油品罐。三个塔塔顶低压瓦斯改放低压火炬线。

（8）清理好地沟，准备沙子和黄土(封地漏用)。

（9）全员练兵，进行考试，合格者方可进入岗位。

17 装置正常停工分几大步骤及注意事项？

（1）原油降量。原油降量应缓慢，保持平稳操作，各工艺指标不得偏离，并要保证产品质量。

（2）降温停侧线。降温停侧线是装置停工过程的关键，必须认真执行操作规程，特别注意减压塔恢复常压时，抽真空末级尾气放空必须关闭，防止倒气引起事故。

（3）退油。退油时应及时调节渣油冷却器冷却水，保证渣油冷后温度在指标范围内，防止进罐渣油冷后温度过高。并注意各塔底液面，没有液面及时停止塔底泵，防止机泵抽空损坏。

（4）扫线蒸塔(罐)洗塔(罐)。蒸塔给汽要缓慢以免吹翻塔盘，防止超压。洗塔时塔上部缓慢给汽，使洗塔水温在65~80℃为宜。

18 停工过程中加热炉何时熄火及注意事项？

停工过程中，当常压炉出口温度降至250℃，减压炉出口温度降至300℃时，加热炉开始熄火。装置可根据情况留一个瓦斯嘴不熄火，保持炉膛温度，方便炉管扫线。熄火的火嘴要及时扫线，加热炉全部熄火后，要及时扫燃料油线。

加热炉熄火后，根据炉膛温度下降情况，关小烟道挡板，一二次风门，并向炉膛吹汽进行焖炉，溶解炉管外壁上的结盐。特别注意凡是用陶纤衬里的加热炉绝不允许焖炉，因为陶纤吸水性能特别强，大量吹汽会损坏陶纤衬里。

19 停工扫线的原则及注意事项？

（1）停工前要做好扫线的组织工作，条条管线落实到人。

（2）做好扫线联系工作，严防串线、伤人或出设备事故。

（3）扫线时要统一指挥，确保重质油管线有足够的蒸气压力，保证扫线效果。

（4）扫线给汽前一定要放尽蒸汽冷凝水，并缓慢地给汽，防止水击。

（5）扫线步骤是先重质油品、易凝油品、后轻质油品，不易凝油品。

（6）扫线时必须憋压，重质油品要反复憋压，这样才能达到较好的扫线效果。

（7）扫线前必须将所有计量表甩掉改走副线，蒸汽不能通过计量表。

（8）扫线时所有的连通线、正副线、备用线、盲肠等管线、控制阀都要扫尽，不允许留有死角。

（9）扫线过程中绝不允许在各低点放空排放油蒸汽，各低点放空只能用以检查扫线情况，检查后要及时关闭。

（10）扫线完毕要及时关闭扫线阀门，并要放尽设备、管线内蒸汽和冷凝水。

（11）停工扫线要做好记录。给汽点、给汽停汽时间和操作员姓名等，均要做好详细记录，落实责任。

20 汽油线扫线前为什么要用水顶？

汽油线扫线前先用水顶是出于安全方面考虑，如果用蒸汽直接扫汽油线，那么汽油遇到高温蒸汽会迅速汽化，大量油气高速通过管线进入储罐，在这个过程中极易产生静电，这是很危险的。如果扫线前先用水顶，那么管线内绝大部分汽油就会被水顶走，然后再扫线就比较安全了。

21 蒸塔的目的及注意事项？

装置停工后，各侧线虽然已向装置外扫过线，但是各中段回流、塔进料线等全部是向塔内扫线的，这些残油均进入塔内，加之塔盘上还存有很多油，塔顶挥发线及塔内还存有很多油气，这些残油、油气若不处理干净，空气进入后将形成爆炸气体，就不能确保安全检修，为了保证检修安全，通常采用蒸塔的方法来处理塔内油品、油气，并通过蒸塔进一步为洗塔创造条件。

蒸塔时注意以下问题：

（1）塔顶流程必须按正常生产时的流程进行，不得遗漏任何冷凝冷却器。

（2）打开塔顶油水分离器人孔排气，并将排水副线阀全部打开。

（3）所有侧线抽出阀及汽提塔抽出阀均要关闭，防止蒸汽串入侧线。但主塔与汽提塔相连的阀门要打开。

（4）与主塔相连的各汽提塔均要按流程一道蒸塔，并将汽提塔底放空打开。

（5）塔底液面计放空阀也应打开。

（6）必须保证一定的蒸汽量和足够的吹汽时间，介质不同蒸塔时间不同，按安全规范规定执行。

（7）蒸塔时给蒸汽一般以塔底给汽、进料给汽为主，中段回流处给汽为辅。

22 停工后水洗的目的是什么？

（1）通过水洗进一步清除塔内和换热器内残油、黏油，便于检修。

（2）由于长周期的运转，在原油换热器的管束或加热炉炉管内壁都结有盐垢及杂质，严重影响传热效果，因此在检修前，用热水清洗这些盐垢及杂质，以提高换热效果。水洗流程是从原油泵起到渣油冷却器止的循环流程，水温 80～90℃，水洗时间不小于 10h。

23 在什么状况下装置需紧急停工？

（1）本装置发生重大事故，经努力处理仍不能消除，并继续扩大或其他有关装置发生火灾、爆炸事故，严重威胁本装置安全运行，应紧急停工。

（2）加热炉炉管烧穿，分馏塔严重漏油着火或其他冷换设备、机泵设备发生爆炸或火灾事故，应紧急停工。

（3）主要机泵如原油泵、塔底泵发生故障，无法修复，备用泵又不能启动，可紧急停工。

（4）长时间停原料、停电、停汽、停水不能恢复，可紧急停工处理。

24 紧急停工的主要处理原则是什么？

（1）通知消防队，汇报生产管理部门。

（2）加热炉立即熄火，并向炉膛吹入适量蒸汽，关小烟道挡板及一、二次风门，尽量保持炉膛温度不要下降很快，改三塔顶低压瓦斯去火炬。

（3）立即停原油泵、各塔底泵及各侧线泵，最后停封油泵和各塔顶回流泵，若是停电要关闭所有机泵出口阀门。

（4）切断与事故设备有联系的阀门。若是发生着火，要查明着火部位，关闭与着火有关的管线、设备所连接的所有阀门，切断火源。

（5）关闭所有汽提蒸汽，过热蒸汽改放空。减压塔恢复常压，恢复常压时末级抽空器放空阀要关闭，严防空气倒入减压塔。

（6）特种油品应转入普通油品罐。

（7）若一时不能恢复开工生产，燃料油、重质油品要联系扫线。

（8）设备内存油赶紧退走。

（9）尽量维护局部循环，其他事宜按正常停工处理，防止超温超压。

（10）处理问题应积极、主动、及时、果断。

25 装置停工后下水道、下水井为什么要处理？如何处理？

装置停工后下水道、下水井，存有大量污油、可燃气体，若不将其处理干净，检修中遇有火种将发生爆炸或火灾，并有可能危及全厂下水系统。因此处理干净下水道、下水井是保证安全检修的关键。一般采用以下方法进行处理：

（1）组织人员将下水道、下水井的污油用热水冲洗赶尽。

（2）用消防蒸汽向各个下水井吹汽以赶走可燃气体。

（3）用石棉布、沙或黄泥将所有下水井盖好并密封。

26　什么是超级清洗？清洗原理是什么？

超级清洗，即油基重油系统清洗是以 FCC 柴油（直馏柴油亦可）作为溶剂载体的清洗技术。一般以 FCC 柴油作为溶剂载体，清洗剂溶解在 FCC 柴油中，在一定的温度（150℃±10℃）、流量下，在设备系统内循环。在清洗过程中，主要观察载体的颜色、黏度等指标，在上述指标基本稳定时结束清洗，一般需要 16h 左右。

清洗原理：该清洗是通过有机的溶剂溶解、络合、转化及其他作用使垢物从设备表面脱离的技术。利用现有流程或新配管线，将需清洗设备连接建立循环流程，将柴油升温后（150℃±10℃）通过循环清洗溶液将装置的设备和管路的油分去除来达到清洗目的。清洗机理效果示意图如图 17-2 所示。

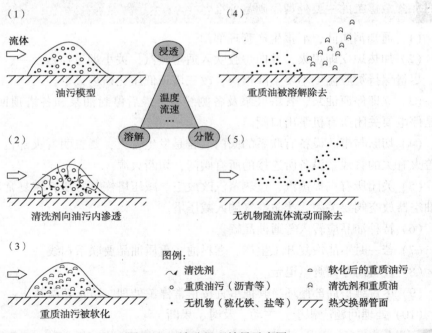

图 17-2　清洗机理效果示意图

27 什么是停工水基清洗？清洗原理是什么？

　　水基化学清洗即以水作为溶剂载体的清洗技术。清洗剂溶解在水溶液中，在一定的温度（100℃±10℃）、流量下在设备系统内循环。在清洗过程中，主要观察载体的颜色、油含量等指标，当上述指标基本稳定时结束，一般循环24h左右结束。

　　清洗原理：水基化学清洗是通过无机或有机溶剂的溶解、络合、转化及其他作用使垢物从设备表面脱离的技术。利用现有流程或新配管线，将需清洗设备连接建立循环流程，升温后通过循环热的（100℃±10℃）清洗溶液对装置的设备和管路去除油分来达到清洗目的。

第十八章　安全生产与事故处理

1　原油带水如何处理？

（1）原油带水的原因：

① 原油罐未切水或水未切尽，含水过大。②注水量过多或电脱盐罐水位过高引起跳闸。

（2）现象：

① 电脱盐罐跳闸，警铃响，脱盐电压指示为零。②初馏塔顶压力上升（无初馏塔的常压塔顶压力上升），塔顶油水分离器界位升高，排水量增大。③换热器原油压力增大，原油量下降，原油换后温度下降。④塔顶回流量增加，塔顶、侧线因雾沫夹带干点变高。⑤严重带水时，使换热器憋压而泄漏，初馏塔顶安全阀跳闸，造成初馏塔冲塔，塔底泵抽空等。

（3）处理：

① 如果是原油带水严重，要联系切换原油罐，原油停止注水，将脱盐罐的水位放至最低，并加大破乳剂的注入量。②如果是脱盐水位高引起的跳闸，则停止注水，将脱盐罐水位降至最低，想法及时送上电。汇报调度。③降低处理量，保证换热器与初馏塔压力不要超高。④适当提高初馏塔顶温度，使水分从塔顶出来，不影响常压系统。⑤注意初项回流罐界位，加大切水，严防界位过高，造成回流带水。⑥关小塔底吹汽。⑦初馏塔顶出重整料时，可将重整料改入汽油罐。当水分下降后，再恢复正常。

原油带水十分严重时，应及时降量、降温熄火改循环停止塔底汽提，做到不超温、不超压，待原油好转后再逐步恢复正常。

2　原油供应中断如何处理？

（1）原油供应中断的现象：

① 原油泵抽空（在原油换罐时最易发生），出口压力、原油泵电机的电流下降。②初馏塔液面下降，塔底温度上升。③原油进料流量表下降或回零。

（2）原因：

① 原油罐液面过低。②原油带水过多。③原油管线上的阀门堵塞、破裂、冻结。④原油换罐时先关后开，或阀门开错，或所换罐的管线冻凝。⑤冬季原油泵切换时，备用泵泵体中存油冻凝。⑥原油泵体本身故障。

（3）处理：

① 原油罐液面过低应及时切换。②如因原油带水过多引起中断，按原油严重带水处理。③原油短期中断，应降炉温，立即降低加热护进料泵流量至最低限度，必要时熄灭炉火，此时应注意不使初底泵抽空，如还是维持不住流量，即向炉管吹汽防止炉管结焦烧坏。并联系原油罐区查明原因及早供应原油逐步恢复正常生产。④如因原油泵体内存油冻凝，换泵引起抽空，应将故障原油泵进行扫线。在正常情况下原油备用泵进行预热，可防止切换备用泵造成泵抽空情况的产生。⑤如原油泵体本身故障，切换备用泵进行修理。⑥如长期不能供应原油，按停工处理。

3　净化风中断如何处理？

（1）净化风中断的原因：①空压机出故障停运；②风管线及阀门故障；③冬季风管线冻凝或过滤器中存水结冰。

（2）处理办法：

① 联系调度及空压站，查明原因；②立即将非净化风引入风罐，风罐加强切水；③如非净化风也中断，则要作下处理：a. 根据调节阀的风开风关，立即切换手动，控制阀用副线阀或上、下游阀控制。b. 参考机泵电流、压力表、温度计、流量一次表，初馏塔和常压塔玻璃液面板、减压塔底浮球等参数，综合分析，维持正常生产。要确保不超温、不超压、不着火、不爆照、不冲塔、不跑油。容器和塔的界位、液位要安排专人看好。c. 请示调度人员，将特种油品改罐。d. 有的装置，因仪表没有指示，而新工人多，操作经验少，手动操作甚乱，易出事故，因此一般停风时间过长，则按降温循环处理，等待供风后再恢复正常生产。

4　蒸汽压力下降或蒸汽中断如何处理？

（1）现象：

① 总蒸汽压力指示下降；②减压真空度下降；③加热炉燃料雾化不佳，燃烧不正常，烟囱冒黑烟，炉出口温度下降；④以蒸汽为动力的往复泵运行减慢或停止。

（2）原因：

① 使用外供在汽时，锅炉故障；使用自发蒸汽时，蒸汽发生器故障；软化水中断等；②蒸汽管线破裂或垫片严重损坏；③总蒸汽控制阀失灵。

（3）处理：

① 当使用管网蒸汽停汽时，要立即关闭塔底与侧线吹汽，要关闭二级抽空冷却器放空阀，严防空气吸入减压塔内发爆炸，并联系调度了解中断原因，如短时间停汽，则维持到来电后，再调节正常。当使用装置自发蒸汽停汽时，要迅速排除蒸汽发生器故障，如不能排除要及时联系调度引管网蒸汽，同时甩蒸汽发生器系统；如自发蒸汽系统热油泵抽空或跳闸，迅速查明原因，启动备用泵恢复热源正常。②如总蒸汽控制阀失灵，则开副线，并联系仪表维修控制阀。③如稍长时间停汽，则在关闭塔底与侧线吹汽、关闭二级抽空冷却器放空阀之后，尽量维持降温降量循环。如联系确实长时间不能供汽，则按紧急停工处理。在炉子熄火时，用余汽扫通燃料油线，将瓦斯、燃料油控制阀关死。重质油（或压炉、渣油）管线尽快扫线。

5 冷却水压力下降或中断如何处理？

（1）现象：

① 冷却水压力指示下降；②减压塔真空度下降；③冷却器油品出口温度上升，塔顶温度升高。

（2）原因：

① 水源泵故障；②供水管线破裂或堵塞。

（3）处理：

① 联系调度和供水车间，查明水压下降或中断的原因，如装置备有新鲜水和循环水两种冷却供水，若停一路，可进行切换，维持生产。②若水源均停，则：a. 机泵没有冷却水，轴承温度高，密封泄漏；b. 全厂性停水，蒸汽将中断；c. 回流温度无法控制，分馏塔失去平衡，各部温度及产品质量无法控制；d. 产品无法冷却，出装置不安全，易引起火灾、爆炸、冷却器汽化水击。因此，长时间停水，应关闭塔底、侧线吹汽，停泵，按紧急停工处理。短时间停水则按降温降量或降温循环处理，等待供水正常后，恢复生产。

6 供电中断如何处理？

（1）现象：①电动泵全部停运；②照明灯熄灭、电动仪表断电。

（2）原因：供电系统故障。

（3）处理：炼厂蒸馏装置的泵绝大多数都是采用电动泵，所以电就成了装置的主要动力，因此是装置维持正常生产关键所在。供电的中断就会导致装置紧急停工。当装置几路供电同时中断时（常发生在雷雨季节），机泵全部停止运转，而在15s内未恢复，这时最主要的是保护加热炉，防止热油停滞在炉管内烧结成焦炭。因而停电一发生，就需要切断燃料油和瓦斯气，炉膛熄火。短时间停电，立即向炉管吹汽，各塔底与侧线停吹汽。如长时间停电，继续向炉管吹汽，将炉管内的存油赶到塔内去，重质油管线立即扫线，并按停工步骤处理。

如果是瞬间停电，来电后，则需首先启塔底泵，以防炉管结焦，然后启动原油泵、回流泵及其他机泵，电脱盐送上电。生产特种产品时，要请示调度，将其转入普通产品。同时要注意冷却水，蒸汽及净化风的压力变化，注意塔和容器的界液面，逐步恢复正常操作条件。

7 炉管破裂如何处理？

（1）现象：

炉膛温度、烟气温度突然上升，烟囱冒黑烟，炉膛看不清，但近年来由于装置提高了基础设备的检修质量，加强了设备鉴定和验收工作，这类事故出现极少，因此必须判断清楚，不要将烟囱冒黑烟、炉膛看不清、炉温上升等现象认为是炉管破裂，以致造成错误处理，一般炉管破裂是因为炉管长时间失修，平时发现有炉管膨胀鼓泡、脱皮、管色变黑，以致破裂。对自动控制失灵，大量燃料油喷入炉膛以及蒸气压力低，喷嘴雾化不好，燃料油大量进入炉膛等所产生现象不要误认为炉管破裂。

（2）原因：

① 炉管局部过热：如燃油、瓦斯带油喷入炉管上燃烧；火嘴不正，火焰直扑炉管。

② 辐射炉管几路中偏流，造成过热。

③ 炉管长时间失修，平时发现有缺陷；炉管材质不好，受高温氧化及油料的冲蚀腐蚀发生沙眼或裂口。

④ 炉管检修中遗留的施工质量上的缺陷。

（3）处理原则：

① 如炉管破裂应立即关闭燃料阀门，切断瓦斯，装置自产低压瓦斯改放空或去火炬；要切断加热炉进料、并及时汇报生产调度、报火警和有关单位。②立即打开炉膛消防蒸汽阀。③停鼓风机，适当关小烟道挡板，减少炉内空气量但不能关的太小，以防炉膛爆炸。④如是减压炉着火，则立即着手恢复减压系统为常压，要及时向减压塔吹入蒸汽，关闭减顶一级二级减压真空喷射器蒸汽阀，关闭二级抽空冷凝器放空阀，注意此阀，切勿打开，以防倒入空气造成减压塔爆炸。减压塔吹入蒸汽至常压不要超压。⑤其他按紧急停工处理。

8 加热炉炉管弯头为什么容易漏油起火？应怎样预防？怎样处理？

（1）原因：蒸馏装置加热炉是提供热源的一种加热设备。它主要是靠火焰加热炉管，再由炉管将热量传给被加热的油品使油品提高温度，炉管之间的连接方法有两种，一种是 U 型管弯头，它是焊接在两根管上，与普通管弯头没什么不同。由于采用焊接连接，因此在焊缝部分就容易产生缺陷，这些缺陷如果没有被发现又长期在介质的作用下，就有可能受腐蚀或冲蚀而漏油。也可能在弯头处局部结焦而过热，使焊缝强度下降造成弯头漏油。另一种型式的弯头是可拆卸的，弯头是由堵头及压紧螺栓密封的。假如压紧螺栓的压紧力不够，就不能使堵头压紧在弯头上，那么热油因为压力较大，堵头又平衡不了热油的压力，这时油就可能从堵头的锥面上漏出来。也有在正常情况下压紧力完全能够顶住堵头的热油压力，但是由于操作波动，炉管内油压升高压紧力平衡不了堵头内油的压力，这时也会发生漏油，堵头检修时安装不严或因堵头处的热膨胀等原因也会产生漏油。

回弯头容易漏油的另一个部位就是与炉管胀接处，管子胀接在回弯头上主要是靠它的塑性变形紧紧的胀在弹性变形的弯头上，使油不会从胀口处泄漏，但是在炉管内油温和油压变动的情况下，胀口处发生了膨胀和收缩造成了胀接处泄漏，或因腐蚀等原因造成胀口的泄漏。由于泄漏的油品温度很高，漏出来的油直接与炉膛内的明火接触，因此非常容易着火。

（2）预防方法：主要是提高安装检修质量，严格进行探伤和试压检查，一旦发现泄漏要及时处理，对不符合要求的材料严格禁止使用。

（3）处理方法：①轻微漏油时立即用蒸汽将火熄灭，并可以用蒸汽掩护，根据情况可继续维持生产或停炉。②严重漏油时立即打开消防蒸汽灭火，并按紧急停炉处理。

9　工艺管线及设备泄漏着火如何处理?

（1）工艺管线及设备泄漏着火的主要原因：

① 管线设备质量差；②管线设备腐蚀泄漏；④施工质量差，焊缝发生漏油；④操作变化大或超负荷设备管线法兰垫片漏油。以上所有各种原因发生漏油，均可发生自燃着火、静电着火、火源引燃着火。

（2）工艺管线及设备泄漏着火处理原则：

① 漏油不严重，发生着火，经灭火后应立即组织堵漏抢修，并根据情况请示调度决定循环还是继续维持生产；②漏油严重，装置本身无力扑灭，应立即通知消防队与调度，并安排做紧急停工或局部停工，进行堵漏抢修；③工艺管线设备着火要判断正确，找准是哪条管线或设备的什么部位漏油着火。严重时，要立即切断油源，设备、管线内存油要尽量想法倒走，并向设备内吹入蒸汽，但不得超压。如发生减压系统泄漏着火，要向减压塔内吹入蒸汽，恢复常压，不准在负

压系统管线上动火堵漏，并关闭二级抽空冷却器放空阀，严防空气吸入减压塔内发生爆炸。

10 油泵发生火灾事故的主要原因有哪些？

（1）轴封装置失效，大量泄油，热油自燃或遇火燃烧。

（2）轴封安装过紧，致使过热冒烟，引燃泵房中聚集的油蒸气。

（3）油泵空转造成泵过热，引燃油蒸气。

（4）接地导线电阻过大（大于100Ω）或导线折断失效，致使油泵机组某个部位集聚静电，当其电位高过另一物体的电位到一定程度时，便会在两物之间发生闪火现象——静电放电。这种火花对聚有大量石油蒸气的油泵房来说，具有较大的危险性。

（5）使用了非防爆型电机和其他电气设备。

（6）泵壳体和平衡管腐蚀破裂。

（7）铁器碰击或违章动火引燃油气。

（8）热油泵启用升温速度太快等。

（9）热油泵压力表坏，热油冲出自燃，发生火警。

（10）在热油泵出入口放空管处采样，无采样冷却器，热油喷出着火。

11 加热炉防火防爆的安全技术措施有哪些？

加热炉是蒸馏装置的主要工艺设备之一，是一个直接热源。火焰在炉管外燃烧，管内为流动的高温原油、初底油或常底油，一旦漏油就会发生火灾或爆炸，因此加热炉的安全操作十分重要。采取的防火和爆炸的主要措施：

（1）炉管、弯头要保证质量，严格质量验收标准。在检修中及时更换掉管壁减薄、弯曲、变形、鼓包严重的炉管，弯头检修后保证不漏。

（2）炉管系统要严格进行试压检查，保证各连接处不发生泄漏。

（3）加热炉的防爆门要动作灵活，灭火蒸汽及紧急放空线要完备好用。

（4）燃烧时要防止直接接触炉管，以免炉管局部过热烧穿。

（5）加热炉点火前一定要用蒸汽吹扫炉膛，排除炉膛内积存的可燃气体，防止点火时发生爆炸。如果初次点火不成，不允许接着再点，应再次排除可燃气体后，方可二次再点火。具体规定点火前，向加热炉炉腔吹蒸汽15min。

（6）当遇有停电、停风、停汽、停燃料时，应进行紧急停炉防止着火。

（7）加热炉操作时一定要保持平稳。炉膛内要保持负压。烟道挡板要有一个安全限位装置确保安全。

（8）在运行中发现炉管漏油，应立即停炉进行处理；如果弯头箱发现漏油着火，要用蒸汽掩炉，然后再做停炉处理。加热炉的停护应按操作规程的规定处理。

（9）油气联合火嘴和瓦斯火嘴的阀门要强制检修更换，管线中余物要吹扫干净，确保阀门严密不内漏，开关灵活好用。

（10）炉用瓦斯要有切水罐及加热器，以使切水脱凝，解决瓦斯带油问题，防止瓦斯带油串入炉内造成事故。

12　采取什么安全措施可以防止换热器泄漏？

（1）换热器是蒸馏装置用来进行热交换的主要设备。其数量多、型式和规格又不尽相同，为了防止使用中泄漏、跑油或着火，首先必须保证安装、检修的质量。例如要根据操作温度和压力选择合适的垫片，严格按规定试压试漏。

（2）对管壳式的换热器的管束采取防腐措施，如在管壁上涂刷防腐涂料等。

（3）换热介质的温差不宜过大，防止管束与壳体膨胀不均匀而引起管子的弯曲和胀口松脱造成胀口泄漏。

（4）搞好平稳操作，在操作波动和开停工过程中，严格执行操作规程，防止超压。

13　为什么在易燃易爆作业场所不能穿用化学纤维制作的工作服？

炼油厂的易燃爆工作场所（如蒸馏装置），不能穿化纤衣服的一个重要原因是：化纤衣服和人体或空气摩擦，会使人体带静电，一般可以达数千伏甚至上万伏，这么高的电压放电时产生的火花，足以点燃炼油厂的可燃性气体，从而造成火灾或爆炸。

另外，化学纤维是高分子有机化合物，在高温下（如锦纶为 180℃ 左右、腈纶为 190~240℃、涤纶为 235~450℃、维纶为 220~230℃）便开始软化，温度再升高 20~40℃，就会熔化而成黏流状态。而当装置发生火情或爆炸时，由于温度一般都在几百度以上，所以化学纤维会立即熔融和燃烧，熔融物黏附在人体皮肤上，必然会造成严重烧伤。而棉、麻、丝、羊毛等天然纤维的熔点比分解点高，一切遇高温即先分解或炭化了，所以这类衣物着火就不会黏附在人体上，容易脱落或扑灭，不会加重烧伤。从大量烧伤事故看出，凡是穿用化学纤维的烧伤人员，其伤势往往较重，且不易治愈。因此，炼油厂工作服均采用棉布类天然纤维，而不能穿化学纤维服装。

14　什么叫作原油产品的闪点？

在规定的条件下，将油品加热，随油温的升高，油蒸气在空气中（液面上）的浓度也随之增加，当升到某一温度时，油蒸气含量达到可燃浓度，若把火焰靠近这种混合物，它就会闪火，把产生这种现象的最低温度称为原油产品的闪点。

闪点测定器分为闭口和开口两种形式。用闭口闪点测定仪测得的闪点，称为闭口闪点；用开口闪点测定仪测得的闪点，称为开口闪点。

在闪点的温度下，只能使油蒸气与空气所组成的混合物燃烧，而不能使液体油品燃烧，这是因为在闪点温度下油蒸发速度较快的缘故。这时蒸气混合物很快烧完，来不及蒸发出燃烧所必须的定量的新的油蒸气，于是燃烧也就停止。

实质上，测闪点时的闪火不是别的，而是微小爆炸。可燃气与空气混合后，形成爆炸混合物，当火靠近它时就发生爆炸。但不是所有的混合物都能够爆炸，在混合物中可燃气体过少或过多都不会爆炸。闪点相当于加热油品使空气中油蒸气浓度达到爆炸下限时的温度，也就是说，油品通常在爆炸下限时闪火。表 18-1 为一些油品和物质的闪点。

表 18-1　一些油品和物质的闪点

液体名称	闪点/℃	液体名称	闪点/℃
原　油	−20~100	航空润滑油	180~210
汽　油	−58~10	润滑油	180~215
轻煤油	8	苯	−12
煤　油	28	甲　苯	5
灯　油	38	二甲苯	23
渣　油	200 以上	丙　酮	−20
沥　青	200~230		

15　原油产品闪点对安全生产和应用有何意义？

（1）从油品闪点可判断其馏分组成的轻重。一般的规律是：油品蒸气压愈高，馏分组成愈轻，则油品的闪点愈低。反之，馏分组成愈重的油品则具有较高的内点。在常减压蒸增装置生产过程中，若发现某一侧线出来的油品闪点低于指标，这是该馏分中含有轻馏分之故。在此情况下，必须加大该侧线汽提量，以便汽提出其中所含的轻质馏分。

（2）从闪点可鉴定油品发生火灾的危险性。因为闪点是有火灾危险出现的最低温度。闪点愈低，燃料愈易燃，火灾危险性也愈大。所以易燃液体也根据闪点分类，闪点在 45℃以上的液体叫作可燃液体，按闪点的高低可确定其运送、储存和使用的各种的防火安全措施。

（3）对于某些润滑油来说，同时测定开口、闭口闪点，可作为油品含有低沸点混入物的指标，用于生产检查。通常开口闪点要比闭口闪点高 20~30℃，这是因为开口闪点在测定时有部分油蒸气挥发了，但如两者结果悬殊太大时，则说明该油混有轻质馏分，或是蒸馏时有裂解现象。

16 燃烧需要具备哪些条件?

燃烧(也叫着火)是一种发光发热的剧烈化学反应。可燃物与氧化合所发生的燃烧是燃烧最普遍的一种。有些可燃物没有氧参加化合也能燃烧,如氢气在氯气中燃烧。一般来说,燃烧需要同时具备以下三个条件:

(1)要有可燃物。凡是能和氧或氧化剂起剧烈化学反应的任何固体、液体和气体都可称作可燃物质。如石油、煤炭、瓦斯、纸张等。

(2)要有助燃物质。一般指氧和氧化剂。而氧普遍存在于空气中(氧在空气中的体积比为21%),因此,当可燃物质燃烧时,只要源源不断地供给空气,燃烧就能继续,直到燃尽,否则燃烧就会停止。

(3)要有着火源。凡是能够把可燃物部分或全部加热到发生燃烧所需要的温度和热量的热源,都叫作火源。着火源很多,分为直接火源和间接火源。直接火源有明火,通常指的是生产生活用的炉火、灯火、焊接火以及火柴和打火机的火焰、烟头火、烟囱火星、撞击摩擦产生的火星、烧红的电热丝,还有电气火花和静电火花以及雷电等。间接火源主要是指加热或物质本身自行发热、自燃。

不难看出,没有可燃物,燃烧根本不会发生,有了可燃物,而无氧或氧化剂,燃烧也不能进行,即使有了可燃物和氧,若没有着火热源也还是燃不起来。由此,燃烧必须同时具备上述三个条件,而缺一不可。

17 什么叫燃点、自燃和自燃点?

可燃物开始持续燃烧所需要的最低温度,叫作燃点,也称着火点,只要达到燃点,可燃物就会持续不断地燃烧起来。

燃点和闪点有这样的规律:易燃液体的燃点比闪点高约5℃。闪点越低,差值越小。如汽油、二硫化碳等闪点低于0℃,这一差值仅为1℃。因此用燃点来评定火灾危险性的实际意义不大,通常都按闪点评定。而燃点只对评定燃点和闪点比较高的可燃液体,才具有实际意义。控制储存物质的温度在燃点以下,是防止火灾发生的有效措施。

自燃是指可燃物不需明火作用而发生自行燃烧现象。自燃点是可燃物质达到自行燃烧时的最低温度。

原油产品中的轻质油闪点比重质油闪点低,而轻质油的自燃点比重质油的自燃点高。固体物质的自燃点一般低于液体和气体物质的自燃点。

闪点低的物质火灾危险性比较大,闪点虽高而自燃点低的物质,火灾危险性也比较大。例如:同样加热到300℃的轻油和重油,当轻油漏出后,不遇明火不会燃烧,而重油漏出就会着火。表18-2列出了一些油品的自燃点。

表 18-2　一些油品的自燃点

油品名称	自燃点/℃	油品名称	自燃点/℃
原　油	380～530	沥　青	230～240
油品名称	自燃点/℃	油品名称	自燃点/℃
汽　油	415～530	航空润滑油	306～380
轻煤油	415	润滑油	300～350
煤　油	380	苯	580～659
灯　油	360	甲　苯	522
轻柴油	350～360	丙　酮	570
渣　油	230～270		

18　什么是爆炸？爆炸有几种形式？

可燃物质(包括气体、雾滴和粉尘)和空气或氧气的混合物由火源点燃，火焰立即从火源处以不断扩大的同心球形式自动扩展到混合物存在的全部空间，这种以热传导方式自动在空间传播的燃烧现象称为爆燃。在工业中通常也把爆燃称为爆炸。

概括地说，爆炸是物质发生非常迅速的物理或化学变化的一种形式。这种变化的一个重要特点是爆炸点周围压力发生急剧的突变，同时产生巨大的声响。爆炸可分为以下三种形式：

(1)物理性爆炸：物质因状态、压力发生突变而形成的爆炸现象叫物理性爆炸。物理性爆炸前后物质的性质及化学成分未改变。例如，蒸汽锅炉爆炸、压缩气瓶和液化气瓶爆炸等都是由于器内物质(水蒸气或液化气)的压力急剧上升，超过了容器设备能承受的限度而发生的，均属物理性爆炸。

(2)化学性爆炸：物质由于发生极迅速的放热化学反应，生成高温高压反应产物而引起的爆炸叫化学性爆炸。化学性爆炸前后物质的成分和性质均发生了变化。炼油厂发生的化学性爆炸多因可燃气与助燃气体的混合物遇火源而引起的。

(3)核爆炸：由于某些物质的原子核发生"裂变"或"聚变"的连锁反应，在瞬间释放出巨大能量而产生的爆炸叫核爆炸。像原子弹、氢弹的爆炸就属于核爆炸。

19　蒸馏装置应如何搞好防火防爆工作？

要做好防火防爆工作，必须严格执行"防火防爆十大禁令"：

(1)严禁在厂内吸烟及携带火柴、打火机、易燃易爆、有毒、易腐蚀物品入厂。

（2）严禁未按规定办理用火手续，在厂区内进行施工用火或生活用火。

（3）严禁穿易产生静电服装进入油气区工作。

（4）严禁穿戴铁钉的鞋进入油气区及易燃易爆装置。

（5）严禁用汽油、易挥发溶剂擦洗各种设备、衣物、工具及地面。

（6）严禁未经批准的各种机动车辆进入生产装置、罐区及易燃易爆区。

（7）严禁就地排放轻质油品、液化气及瓦斯、化学危险品。

（8）严禁在各种油气区内用黑色金属工具敲打。

（9）严禁堵塞消防通道及随意挪用或损坏消防器材和设备。

（10）严禁损坏生产区内的防爆设施及设备，并定期进行检验。

20　夏季高温季节应如何搞好防暑降温？

夏季高温季节，为了防止中暑，保障职工身体健康，不断改善劳动条件，应该采取综合措施，即技术、保健和组织措施，搞好防暑降温工作。

（1）工艺设备应结合技术改造尽可能地采用机械化、自动化操作，做好设备保温、隔热等措施，尽量减少热辐射和高温对人体的影响。

（2）高温岗位应有良好的自然通风条件，并按需要设置机械通风设备，必要时配备空调。

（3）露天作业和室外工作要搞好个人防护，戴好遮阳帽，防止日晒干裂。

（4）高温季节，行政部门要搞好清凉饮料的供应和发放工作，保证职工的需要，并保证清凉饮料符合国家卫生标准。

（5）空调、电风扇必须在夏季之前检查维修好，夏季过后应妥善保管。

（6）在生产岗位上，禁止穿凉鞋、拖鞋、裙子、短裤和背心，更不准赤膊、赤脚。

21　冬季应如何搞好防冻防凝工作？

蒸馏装置设备都是露天布置，有的厂机泵也放在室外，北方的冬季气温较低、天气寒冷，在冬季生产中，设备及管线内的存水如处于静止状态，就会冻结。

轻度冻结，使管线堵塞不通，会影响开工及正常生产的顺利进行。天气很冷时，设备及管线内存水结冰后，体积膨胀，可能发生设备、管线或阀门冻裂、垫片冻坏等事故。如不能及时发现，当冰融化解冻后，很可能造成严重的泄漏引起跑油、中毒、有火、爆炸等一系列事故，这是很危险的。因此，蒸馏装置开工停工、正常生产中冬季都必须认真做好防冻防凝工作。具体做法有：

（1）长期停用的设备、管线与生产系统连接处要加好盲板，把积水排放并吹扫干净。露天的闲置设备和敞口设备，要防止积水、积雪冻坏设备。

（2）运转和临时停运的设备、水管、汽管、控制阀要有防冻保温措施，或采取维持小量的长流水、少过汽的办法，达到既节约又防冻的要求，停水、停汽后要吹扫干净。

（3）要加强巡回检查脱水，如各设备低点及管线低点有水的部位要经常检查脱水；泵的冷却水不能中断；备用泵按规定时间盘车；蒸汽伴热系统、取暖系统经常保持畅通；各处的蒸气与水线甩头应保持长冒气、长流水；压力表、液面计要经常检查，做好防冻防凝保温工作。

（4）冬季生产中开不动或关不动的阀门不能硬开硬关，机泵盘不动车，不得启用。

（5）对冻凝的铸铁阀门要用温水解冻或少量蒸汽慢慢加热，防止骤然受热损坏。

（6）施工和生活用水，要设法排放到地沟或不影响通行的地方，冰溜子要随时打掉，有冰雪的楼梯要打扫干净方能使用。

（7）加强管理，建立防冻防凝台账(包括冻凝事故登记、防冻凝设备完好状况、易冻凝设备及管线等)。

22 硫化氢有什么毒性？怎样预防硫化氢中毒？

硫化氢(H_2S)为无色有臭鸡蛋气味的气体，能溶于水，比空气稍重(密度1.19kg/m^3)。在石油炼制生产过程中伴有令人讨厌的硫化氢存在，我们加工含硫原油的蒸馏装置的下水井和三顶瓦斯分液罐的切水中有这种气体逸出。

（1）毒性作用

硫化氢主要是经呼吸道进入人体，具有局部刺激作用和全身毒性作用。前者是由于硫化氢遇黏膜表面的水分，很快溶解，并与钠离子结合成硫化钠，对黏膜有强烈的刺激作用，可引起眼和呼吸道炎症，甚至可致肺水肿。后者是由于硫化氢和细胞色素氧化酶的三价铁结合，使酶失去活性，影响细胞氧化过程，造成组织缺氧，而中枢神经系统对缺氧最为敏感，首先受到影响，浓度高时，可麻痹呼吸中枢，迅速发生昏迷、呼吸麻痹和窒息，呈"闪电式"中毒而死亡。

硫化氢对人的危害见表18-3。空气中最高允许浓度为不超10kg/m^3。

表18-3 硫化氢对人体的危害

等级	浓度/(mg/m^3)	接触时间	人体反应
轻度	0.035	接触	嗅觉可闻
	30~40	接触	臭味强烈
	70~150	1~2h	眼及呼吸道出现症状，吸入1~15min即发生嗅觉疲劳，不再嗅到气味

等级	浓度/(mg/m³)	接触时间	人体反应
中度	300	1h	出现呼吸道刺激症状，能引起神经抑制，长时间接触可引起肺水肿
重度	760	15~60min	可引起生命危险，发生肺水肿，支气管炎及肺炎、头痛、头晕、激动、呕吐、恶心、咳嗽、喉痛、排尿困难等全身症状
	1000	数秒钟	很快引起急性中毒，出现明显的全身症状，呼吸加快，很快因呼吸麻痹而死亡
	1400	顷刻	嗅觉立即疲劳，失去知觉，昏迷，死亡

（2）预防措施：

① 采样作业时严格执行采样的有关规定，应站在上风向，要在监护下进行，必要时佩戴适用的防毒面具。

② 进入设备内部检修作业时，都需要经过吹扫、置换、盲板隔离、采样分析合格、办理作业票等相关措施和手续后，方可进入。作业时佩戴合适的防毒面具，要有人监护。

③ 对有硫化氢泄漏的地方要加强通风措施，防止硫化氢的聚集。

④ 对有硫化氢的容器、管线、阀门等设备，要定期进行检查，检测泄漏情况。发现泄漏及时处理。

⑤ 发现硫化氢泄漏，要先报告，采取一定的防护措施，才能进入现场和处理。

23 接触汽油对人的危害及应采取的预防中毒措施是什么？

汽油为麻醉性毒物，急性吸入后，大部分可由呼吸道排出，小部分在肝脏被氧化，与葡萄糖醛酸结合可经肾脏排出。主要作用使中枢神经系统机能紊乱，低浓度可引起条件反射改变。高浓度能造成呼吸中枢麻痹。汽油对脂肪代谢有特殊影响作用，能引起神经细胞内类脂质平衡失调，血中脂肪含量波动、胆固醇和磷脂量改变。

汽油的毒性随着其中饱和烃、硫化物和芳烃含量的增高而增强。汽油蒸气对人的毒害见表18-4。

表18-4 汽油对人体的毒害

浓度/(mg/m³)	接触时间	人体反应
0.6~1.6	7h	部分有头痛，咽喉不适，咳嗽及结膜刺激等症状
3.3~3.9	1h	除上述现象外，偶有步态不稳
浓度/(mg/m³)	接触时间	人体反应

浓度/(mg/m³)	接触时间	人体反应
9.5~11.5	1h	明显的黏膜刺激，兴奋
10~20	0.5~1h	出现急性中毒症状，显著眩晕
25~30	0.5~1h	昏迷，有生命危险
38~49	2s	咳嗽
	20s	眼、喉有刺激症状
	4~5min	显著眩晕，恶心，呕吐，头痛
	2.5~16min	有生命危险

预防措施：加强设备管线的维护检修，防止泄漏，汽油采样后应及时关阀，严禁随意排放。当需进入汽油蒸气浓度较高的环境处理异常情况时，应注意通风置换。汽油蒸气<2%的环境可使用过滤式3型防毒面具。另外汽油对皮肤刺激性也很强烈，能脱除皮肤上的油脂，造成皮肤破裂、角化。因此应避免皮肤直接接触汽油和用汽油洗手，凡患有神经系统疾病、内分泌病、血液病等操作人员，一般不宜从事直接接触汽油的行业。

24 怎样防止氨气对人体的危害？

氨(NH_3)是无色有强烈刺激性的气体，分子量17.03，气体对空气相对密度0.591，熔点-77.7℃，沸点-33.6℃，它极易溶于水而形成氨水(水和氨)。

氨气在空气中最高允许浓度为30mg/m³，氨气的中毒性危害表现为：在轻度中毒时，对眼及上呼吸道黏膜有刺激作用，患者眼及口有辛辣感、流泪、流涕、咳嗽、声嘶、吞咽困难、胸闷、气急。在重度中毒时，是吸入高浓度氨气所致，可引起肺充血、肺水肿、肺出血。皮肤黏膜接触氨水或高浓度氨气可引起化学性烧伤，甚至角膜混浊引起失明。少数患者可因反射性喉头痉挛或呼吸停止，而"闪电式"中毒死亡。

预防措施：

（1）对储存氨水的储罐和使用氨水的管线设备要定期检修，严防跑、冒、滴、漏。

（2）对含氨废水及废气，要净化处理，不得任意排放，防止污染劳动场所及周围环境。

（3）加强安全教育，建立健全安全操作制度。

氨对人体的危害见表18-5。

表 18-5 氨对人体的危害

浓度/(mg/m³)	接触时间	人体反应
0.7	接触	感到气味
62.7	45min	鼻和眼有刺激感
140	30min	眼和上呼吸道不适，头痛
175~350	20min	呼吸和脉搏加速
700	接触	咳嗽
1750~4500	30min	危及生命
3500~7000	接触	即可死亡

25 什么是电流伤害事故？

电流伤害事故即触电事故，说得准确一些应是人体触及电流所发生的事故。在高压触电事故中，往往不是人体触及带电体，而是接近带电体至一定程度时，其间击穿放电造成的。电流通过人体内部的触电叫电击；电流的热效应和机械效应对人体的局部伤害叫电伤。电伤也属于触电事故，但与电击比较起来，严重程度要低一些。

为了避免电流伤害事故的发生，操作人员必须加强电气设备安全技术知识的普及，自觉地按章办事。在危险高压区应设置醒目的安全警告标志，严格执行有关规定。

表 18-6 列出了电流强度大小对人体的影响。

表 18-6 电流强度对人体的影响

电流强度/mA	对人体的影响	
	交流电(50Hz)	直流电
0.6~1.5	开始有感觉，手指麻痹	无感觉

电流强度/mA	对人体的影响	
	交流电(50Hz)	直流电
2~3	手指强烈麻痹，颤抖	无感觉
5~7	手部痉挛	热感
8~10	手指剧痛，勉强可以摆脱电源	热感增多
20~25	手迅速麻痹，不能自立，呼吸困难	手部轻微痉挛
50~80	呼吸麻痹，心室开始颤抖	手部痉挛，呼吸困难

26 装置停工检修在退料完毕进行汽蒸水洗后，为什么要堵盲板？

蒸馏装置与其他二次加工装置之间、与储罐区之间都有许多管道相连通。因此，蒸馏装置停工检修，在装置退料完毕，进行汽蒸水洗置换之后，需要切断与其他系统相连通的管道，为做到万无一失，仅通过关闭阀门是不行的。因为阀门经过长时间的介质冲刷、腐蚀、结垢或杂质积存，其密封面很难保证严密，为防止油、瓦斯、蒸汽、有毒介质等沿管道窜入施工区域，引起爆炸、火灾、中毒、烫伤事故，危及人身安全，损坏设备，影响安全检修，都采用加装盲板的方法，落实能量隔离要求。

27 加装和拆除盲板要注意什么？

加装和拆除盲板的工作是十分重要的，工作量较大，漏加、漏拆都会威胁检修安全作业，影响正常生产。必须加装和拆除盲板加强管理，在加装和拆除盲板中要注意以下几点：

（1）加装和拆除盲板的工作要设专人负责。

（2）盲板要有统一编号，加装和拆除盲板必须做好记录，绘出盲板图表。

（3）加装和拆除盲板的工作人员要相对稳定，一般情况下，谁加的盲板由谁负责拆除，防止遗漏。加装和拆除盲板时，工作人员必须要在盲板图表上签字，注明加装和拆除盲板情况。

（4）对加装和拆除盲板作业的职工要进行安全教育，交代安全技术措施。高处作业要搭设脚手架，系好安全带。有毒气区要佩戴防毒面具，如在室内作业，要有良好的通风设施。拆除法兰螺栓时，要预先卸去残压，要逐步松开，防止管道内剩有余压或残余物料，造成意外事故。

（5）盲板位置应在来料阀门的后部法兰处，盲板两侧一般应加垫片，并用螺栓紧固，保护法兰密封面及严密性。

（6）盲板应具有一定的强度，加强盲板的材料及厚度要符合技术要求，不准随意代用。

（7）加装和拆除盲板时要做好对外有关装置、部门的联系工作。

28 压力容器常见的破坏形式和特征有哪些？怎样判断这些破坏事故的原因？

压力容器常见的破坏形式共五种：

（1）塑性破坏。

容器因压力过高，超过材料强度极限，发生了较大的塑性变形而破裂，叫塑性破坏。其特征：①产生较大的塑性变形，对圆筒形的容器，破裂后一般呈两头小、中间大的纺梭形，容积变形率（或叫增大率）可达10%~20%；②断口呈撕裂状，多与轴向平行，一般呈暗灰色的纤维状，断口不齐平，可与应力方向呈45°，将断口拼合时，沿断口间有间隙；③破裂时一般不产生碎片或只有少量碎片；④爆破口的大小随容器的膨胀能量而定，膨胀能量大（如气体特别是液化气），裂口也大。

发生塑性破坏事故的主要原因：①过量充装，超压运行；②磨损、腐蚀使壁厚减薄；③温度过高或受热。

（2）脆性破坏。

容器承受较低的压力，且无较大的变形，但由于有裂纹等原因而突然发生破裂，这种破坏与生铁、陶瓷等脆性材料的破坏相似，叫脆性破坏或低应力破坏。其特征：①没有或只有很小的塑性变形，如将碎片拼合，其周长和容积与爆破前无明显差别；②破坏时常裂成碎片；③断口齐平，断面有晶粒状的光亮，常出现人字形纹路，其尖端指向始裂点，而始裂点往往是有缺陷处或形状突变处；④大多发生在较低温度部位；⑤破坏在一瞬间发生，断裂的速度极快。

发生脆性破坏事故的主要原因：①材料在低温下其韧性会下降，因而发生所谓"冷脆"，即低温脆裂；②焊接或裂纹会使应力高度集中，使材料塑性下降而引起脆裂；③其他如加载速率过大，外力冲击和震动，钢材中含磷、硫量过高等。

（3）疲劳破坏。

疲劳破坏是金属材料在反复的交变载荷（如频繁的开停车运行中压力温度大幅度变化等）作用下，在较低的应力状态下，没有经过明显的塑性变形而突然发生的破坏。通过试验发现，当材料受到的交变应力大于一定数值，并且交变次数达到定值后，就会在有缺陷或应力集中的地方出现裂缝。这种由于交变应力而出现裂缝的现象，叫作材料的疲劳。当裂缝逐渐扩大，到一定时候就突然破坏，即疲劳破坏。其特征：①破坏时的应力一般低于材料的抗拉强度极限；②最易发生在接管处；③断口有两个明显区域，一个呈贝纹状花纹，光亮得如细瓷断口，叫作疲劳裂纹扩展区；另一个是最后断裂区，一般和脆性断口相同；④一般使容器开裂，泄漏失效，而不会飞出碎片。

发生疲劳破坏的主要原因：①频繁地反复加压和卸压；②操作压力波动幅度较大，常超出设计压力的20%以上；③容器的使用温度发生周期性变化，或由于结构、安装等原因，在正常的温度变化中，容器或其部件不能自由地膨胀或收缩。

（4）蠕变破坏。

容器材料在高于一定的温度下（如碳钢工作温度超过300~300℃，低合金钢温度超过350~400℃），受到应力作用，即使应力较小，也会因时间增长而缓慢地产生塑性变形，使截面变小而发生破坏，此种破坏叫蠕变破坏（一般来说，如果材料的使用温度小于它的熔化温度的25%~35%，则可以不考虑它的蠕变）。其特征：①破坏时具有明显的塑性变形；②破坏后，对材料进行金相分析，可发现金相组织有明显变化（如晶粒长大，钢中碳化物分解为石墨，出现蠕变的晶间裂纹等)。

发生蠕变破坏的主要原因是设计时选材不当或运行中局部过热。

(5) 腐蚀破坏。

腐蚀破坏指金属表面在周围介质的作用下，由于化学(或电化学)作用的结果产生的破坏。腐蚀破坏产生的方式大致可分为四种类型：均匀腐蚀、局部腐蚀、晶间腐蚀和断裂腐蚀。影响腐蚀速度的因素很多，如溶液的酸碱性、氧气、二氧化碳、水分含量、温度、介质流速、金属加工状况、材料表面光洁度、热负荷等。由于腐蚀类型不同，造成破坏的特征各异，一般：①均匀腐蚀破坏使壁厚减薄，导致强度不够而发生塑性破坏；②局部腐蚀会使容器穿孔或造成腐蚀处应力集中，在交变载荷下，成为疲劳破坏的始裂处，也有因腐蚀造成强度不足而发生塑性破坏；③晶间腐蚀与断裂腐蚀属低压力破坏，晶间腐蚀会使材料强度降低，金属材料失去原有金属响声，可经验查发现；④腐蚀破坏和介质物化性质、应力状态、工作条件等有关，需根据具体情况具体分析。在各种腐蚀中，以晶间腐蚀和断裂腐蚀最危险，因为它不易引起金属表面的变化，同时又主要是应力腐蚀所造成的，不易察觉。

29　什么是安全阀？常用的安全阀有几种？

为了保证安全生产，要求某些阀门在介质压力超过规定数值时，能自动打开排泄介质，防止设备或管路破坏，压力正常后又能自动闭合，具有这种作用的阀门叫安全阀，最常见的是弹簧式安全阀，还有脉冲式安全阀和杠杆式(即重锤式)安全阀。

弹簧式安全阀的作用原理：弹簧力与介质作用与阀芯的正常压力相平衡，使密封面密合，当介质压力过高时，弹簧受到压缩，使阀瓣离开阀座，介质从中泄出；当压力回到正常时，弹簧又将阀瓣推向阀座，密封面重新密合。

杠杆式安全阀是一种古老的阀门，它依靠杠杆和重锤来平衡阀芯的压力。通过重锤在杠杆上的移动，调整压力大小。这种阀较弹簧式安全阀笨重而迟钝，但因无弹簧，不怕介质热影响，目前多用于某些压力较低的小型锅炉上。

脉冲式安全阀是一个大的安全阀(主阀)与一个小安全阀(辅阀)配合动作，通过辅阀的脉冲作用带动主阀的启闭。大的安全阀较迟钝，小的较灵敏，将通向主阀的介质与辅阀连通，压力过高时，辅阀启开，介质从旁路进入主阀下面的一个活塞，推动活塞将主阀打开，压力回降时，辅阀关闭，主阀活塞下的介质压力降低，主阀芯也跟着下降密合，这种安全阀结构复杂，只有在通径很大的情况下才采用。

安全阀按阀芯开启高度与阀座通径之比，划分为微启型和全启型两种。

全启型安全阀盘开启高度大于喷嘴直径的 1/4，泄放量大，适用于气体和液体介质。微启型安全阀盘开启高度为喷嘴直径的 1/40~1/4，泄放量小，适用于液体介质。

按结构安全阀可划分为四种：①封闭式和不封闭式。封闭式用于易燃、易爆或有毒介质；②带扳手和不带扳手。扳手用于检查阀盘灵活程度；③带散热片和不带散热片。带散热片的用于介质温度大于 300℃；④有风箱和没有风箱。有风箱的属于平衡型安全阀，用于介质腐蚀性较严重或背压波动较大的情况。

30 为什么炼油设备的安全阀下方允许装阀门？怎样正确地使用它？

炼油和石油化工设备所处理的介质易腐蚀、结焦或堵塞安全阀，使其失效或不灵。为了防止此种现象的发生，保证生产的正常进行，炼油和石油化工系统的一些设备，安全阀下边允许装设阀门。当出现上述安全阀失效或不灵时，就可关闭安全阀下方的手动阀，以利于维修或更换安全阀。但是，一定要采取措施，保证生产操作的平稳，要在短期内恢复安全阀的正常使用。在安全阀正常使用时期，下边的阀必须全开，并加以固定，防止有人拧动。

31 装置检修时塔和容器在什么条件下才能开启人孔？

塔和容器需检修开启人孔时，需预先用泵排尽物料，进行蒸汽吹扫后（有的还需水洗），待设备内压力完全放空，温度下降到安全温度，并且应排净残存物料凝液，详细反复认真检查后，方可开启塔和容器人孔。

32 装置检修时按什么顺序开启人孔？为什么？

蒸馏装置检修时，开启人孔的顺序是自上而下，即应先打开设备（塔或容器）最上的人孔，而后自上而下依次打开其余人孔，以便有利于自然通风，防止设备内残存可燃气体，使可燃气体很快逸出，避免爆炸事故发生，并为人员入塔（器）逐步创造条件。有的厂是自上而下打开上中下三个人孔，也是便于自然通风，为人员入塔创造条件。

在打开设备（塔或容器）底部人孔前，还必须再次检查低点放空阀是否确实打开，设备底部残留物料彻底排净后，方可打开底部人孔，这样可以避免设备底部残存有温度较高的残存液而造成开人孔时的灼伤事故。

塔（器）必须经自然通风，化验分析合格后，办理入塔（器）工作票，方可入塔（器）工作。采样化验分析是为了防止入塔窒息中毒和有残剩油气动火时发生爆炸着火，确保动火工作安全。总之，设备人孔的开启工作具有一定的危险性，要求检修和操作人员，一定要头脑清醒，注意力集中，谨慎从事这项工作。

33 停工检修中填料型减压塔内着火原因是什么？如何预防？

装置停工时，填料型的减压塔各集油箱和塔底油抽完后，虽然进行了规定的蒸塔和水洗，但在减压塔壁、塔内填料上的少量残油、焦质和硫化亚铁不能完全清扫干净。在打开人孔进行检修的过程中，由于硫化亚铁自燃造成填料着火，或塔内动火时引燃着火造成事故，有的甚至造成局部填料烧结被迫更换。

为解决这一问题，可装配减压塔消防专用水线，用脱盐注水泵作消防水泵，在每层平台和人孔均可接胶皮管，定期向塔内填料喷水，可使填料降温，一旦发生火情，监护人员立即用水扑灭；也可保证塔内检修人员的安全，即所谓"湿式检修"。而塔内蒸汽消防，可解决塔内临时灭火，但不能使塔内降温，而且在检修时塔中有人干活是绝对禁止向塔内吹汽的，否则容易造成人身事故。所以，一般采用消防冷水灭火、降温为宜。

34 生产装置常用灭火器类型及使用方法如何？

生产装置常用手提式灭火器和其他可移动的简易灭火器，使用方法见表18-7。装置内需用手提式灭火器的种类和数量，应根据不同情况考虑决定。一般情况下，手提式灭火器和数量不应少于表18-8的要求。

表 18-7 灭火器性能

灭火器类型	泡沫灭火器	二氧化碳灭火器	四氯化碳灭火器	干粉灭火器	"1211"灭火器
规格	10L 65~130L	2kg 以下 2~3kg 5~7kg	2kg 以下 2~3kg 5~8kg	8kg 50kg	1kg 2kg 3kg
用途	扑救固体物质或其他易燃液体火灾；不能扑救忌水和带电设备火灾	扑救电气、精密仪器、油类和酸类火灾，不能扑救钾、钠、镁、铝等火灾	扑救电气设备火灾，不能扑救钾、钠、镁、铝、乙炔、二硫化碳物质的火灾	扑救石油、石油液化气、石油产品、有机溶剂、天然气设备的火灾	扑救油类、电气设备、化工、化纤原料等起初火灾
药剂	筒内装有碳酸氢钠、发泡剂和硫酸铝溶液	瓶内装有压缩成液体的二氧化碳	瓶内装有一定压力的四氯化碳液体	钢筒内装有钾盐（钠盐）干粉，并备有装压缩气体的小钢瓶	钢筒内充装二氟一氯一溴甲烷，并充填压缩氮气
使用方法	倒过来稍加摇动或打开开关，药剂即喷出	一手拿喇叭筒对着火源，另一手打开开关即可喷出	打开开关，液体就会喷出	提起圈环，干粉即可喷出	摘下铅封或拔下横销，用力压下压把即可

313

灭火器类型	泡沫灭火器	二氧化碳灭火器	四氯化碳灭火器	干粉灭火器	"1211"灭火器
效能	10L 喷射时间 60s，射程 8m；65L 喷射时间 170s，射程 13.5m	接近火源地，保持 30m 远	3kg 喷射时间 30s，射程 7m	8kg 喷射时间 14～18s，射程 4.5m；50kg 喷射时间 50～55s，射程 6～8m	1kg 喷射时间 6～8s，射程 2～3m
保养和检查	放在使用方便的地方；注意使用期限；防止喷嘴堵塞；冬季防冻、夏季防晒；一年一检查，泡沫低于 4 倍时应更换	每月测量一次，当小于原量的 5% 时应充气	检查压力，小于规定压力时，应充气	置于干燥通风处防潮防晒，一年检查一次气压，若重量减少 1/10 时，应充气	至于干燥处，勿碰撞，每年检查一次质量

表 18-8　手提式灭火器设置数量

场所	设置数量/（个/m²）	备注
甲乙类露天生产装置	1/50～1/100	装置占地面积大于 1000m² 时选用小值，小于 1000m² 备注
丙类露天生产装置	1/150～1/200	
场所	设置数量/（个/m²）	
甲乙类生产建筑物	1/50	时选用大值，不足 1 个灭火器时，按 1 个计；灭火器按计算少于 2 个时，仍按 2 个计
丙类生产建筑物	1/80	
甲乙类仓库	1/80	
丙类仓库	1/100	
易燃、可燃液体装卸站台	按站台长度每隔 10～15m 设置 1 个	设置干粉灭火器
液化石油气、可燃气罐区	按储罐数，每罐设 2 个	设置干粉灭火器

由表 18-8 确定的手提式灭火器系指 10L 泡沫、8kg 干粉、5kg 二氧化碳等手提式灭火器，采用其他类型的灭火器时，可按灭火剂的当量进行换算。

露天生产装置区以及火灾危险性较大地点，除设置手提式灭火器外，还应设置一定数量的泡沫、干粉等手推式灭火器。

35　常见的防毒器材有哪些？

（1）防毒口罩。用于有毒气不大的正常情况，内装 3#药剂（防有机气体中毒），应定时检查并换药，以防药剂失效。

（2）过滤式防毒面具。用于有毒气体浓度小于 1%，O_2 含量 19.5% 以上的场所。由橡胶面罩和导气管、滤毒罐组成。

（3）供氧式防毒面具。用于浓度较高的有毒气体环境中，由氧气瓶、清净罐、减压器、自动排气阀、面罩、软管组成，必须掌握使用方法，并有 2 人以上进行操作。

（4）长管式防毒面具。用于设备内检修、局部存在毒气的场合。由面罩及长管组成，要将空气吸入口长管放到新鲜空气处，必须有 2 人以上进行操作。

36 装置动火的安全措施有哪些？

（1）装置动火的安全措施都是为了破坏产生燃烧和爆炸的条件。它主要是在动火处排除可燃物，使其浓度降到动火安全的范围，常用的方法有：

① 置换法：用蒸汽、氮气或者其他惰性气体将管道设备内的易燃易爆气体置换出来，分析合格后才允许动火，蒸馏装置常用蒸汽扫线合格后进行动火。

② 清洗法：用水清洗动火设备及管道，必要时还要清除沉淀物，分析合格后才准动火，为了提高冲洗效果，常采用热水冲洗。

③ 隔离法：对易燃易爆介质进行隔离，尽量减少置换范围。如设备动火时，把与生活装置相连管线拆开并加装盲板，清除地面易燃物，用石棉布盖好下水井，都属于此法。

（2）动火分析必须及时正确，不得擅自扩大安全动火范围与延长动火时间。

（3）现场不允许用火范围外的其他用火，动火工具不准乱拖乱拉。

（4）正压动火，必须经符合制度要求的相关人员进行确认，必要时升级审批。

（5）用火处必须准备泡沫、蒸汽灭火器材进行掩护，要严格执行"三不动火"的原则，即没有有效的火票的不动火、没有落实防火措施不动火、没有监火人或监火人不到场不动火。

37 防台防汛安全规定有哪些？

我国沿海地区和沿江地区每年 6~9 月为防台防汛的重点月。

（1）在此期间，各单位应将此项工作列入安全生产议事日程，并建立防台防汛领导小组，统一指挥台风、潮汛、洪水期间的抗灾抢险。

（2）台汛到来之前，要进行一次以防台防汛为重点的季节性安全大检查，主要检查内容为：房屋建筑结构有无破损、墙裂及地基下沉现象；施工临时设施是否安全可靠；电气设备、线路有无受潮损坏的可能，接地线有无缺损现象，防雷防静电是否完好，有无应设而未设防雷防静电系统的建筑或设备；高空非固定物件等的强度稳定如何；排水沟道是否畅通；土坡、挡墙有无倒塌危险；配电所的应急防范情况等。查出的不安全因素要求立即整改。

（3）台汛期间，应作好抗灾抢险的准备工作，包括组织领导、人员配备、器材工具、灾害情况预想等，应准备足够的抗灾物货。

（4）台汛期间应提高警惕，注意收听气象预报，加强巡回检查和夜间值班。发生紧急情况时，领导应全部赶到现场，制定抗灾方案，层层落实，避免国家财产和职工生产安全遭受损失。

（5）消防道、主要干道必须畅通无阻，若因台风、洪水造成部分路段阻塞或坍塌时，应迅速采取措施恢复通畅。

（6）单位所储存的试剂、药品、仪器仪表等，要采取有效措施，严防受潮变质。

（7）低洼易受灾处，应提早制定防范计划，落实防范措施。台汛期不过，决不麻痹松劲。

（8）台汛期过后，要主动清理抢险现场，洗刷清理并切实保管好工具器材，以备下一年使用。

（9）每年秋季应向相关部门提出下年度本单位及本区城的防台汛安全技术措施计划，以便及早列入检修计划或专项计划预以实施。

（10）加强报告制度，有情况应立即报告领导和上级部门。

第十九章 环保与清洁生产

1 废水的排放量及所含的主要污染物的危害性？

一般加工 10Mt/a 原油的常减压装置排出废水约 80~160t/h。废水中主要含油、硫化物、挥发酚、氨、碱、盐等，一般废水为偏碱性。这些污染物均为污染环境及危害人体。

油的危害：在水面上形成油膜，妨碍氧气进入水体，使水生物死亡；水有异味，农作物死亡。

硫化物：使水生生物中毒死亡、植物烂根。

挥发酚：水中含酚 0.1~0.2mg/L 时，鱼肉即有臭味，粮食不能食用；6.5~9.3mg/L 时，能破坏鱼的鳃和咽，使其腹腔出血、脾肿大，甚至死亡。含酚浓度高于 100mg/L 的废水直接灌田，会引起农作物枯死和减产。

氨：使水富营养化，水生植物大量繁殖，造成水中缺氧，水中生物死亡。

碱：碱性高不适于生物生存。

盐：土壤盐碱化。

汞、铜、镉、铝等金属及其化合物：在水中不能被破坏，由于食物链的传递、浓缩、积聚于水生生物体内，被人食用后，危害人体健康，甚至造成死亡。

以上污染物均会污染天然水体。

2 衡量水被污染程度的参数有哪些？出装置废水主要控制哪些指标？

衡量水体被污染程度的主要参数有：

（1）色泽和浊度：污染物的存在能降低光线穿透水的深度，产生色泽和浊度的化合物。

（2）pH 值：pH 值是用来判断水溶液的化学和生物学性质的有效参数，它表示水溶液中氢离子的浓度。动植物在水中能生存的 pH 值范围为 6~9，超过这个范围很多水生生物会受到损害。

（3）生化需氧量（BOD）：它表示废水中有机物由于微生物的生化作用进行氧化分解所需的氧量（mg/L）。

（4）化学耗氧量（COD）：它表示废水中有机物在化学氧化过程中所需的氧量。

（5）总有机碳（TOC）：它表示污水中废弃物所含有的全部有机碳的量（mg/L）。

（6）总需氧量（TOD）：它包括总的碳、氢、氮的需氧量，其中也包括少量硫的氧化。

废水中污染物的单位一般是以一升废水中所含有污染物质的毫克数（mg/L）来表示。

3 为什么要对常减压排出废水进行分级控制？

因为污水处理场和生产装置一样，对水质水量都有一定的要求，否则虽经处理也很难达到国家允许的排放标准。尤其是生化曝气池是用微生物净化废水中的污染物质，如果微生物中毒死亡，则曝气池恢复正常所需时间一般为十几天多则1至2个月。所以污染物的冲击，对污水场造成的危害是相当大的。因此本装置所排放废水要符合本企业制定的分级控制指标。

4 碱渣的组成和危害是怎样的？

不同厂的常减压蒸馏装置对本装置产品的精制方法不尽相同，对于选择碱洗精制方案的装置，就有碱渣产生。碱渣一般含游离碱、油、环烷酸、硫化物和酚等。大部分碱渣为具有恶臭的灰黑色稀黏液，如不回收处理直接排入水体会造成严重的污染。碱渣不能直接排入污水处理场。如限量排放污水处理场处理，需要经过工厂环保部门的允许。

5 碱渣可以回收哪些产品？有什么用途？

碱渣中的污染物如果加以回收综合利用，就能成为很有用的产品，作为有用的工业原料（见表19-1），同时增加了收入。其他可回收的产品还有硫氢化钠、硫化钠、环烷酸钠等。

表19-1　回收产品

名　称	可回收产品	产品用途
碱渣	环烷酸	油漆快干剂、植物生长剂
	粗酚	塑料、农药
	中性油	燃料
	纯碱	工业原料

6 碱渣如何处理？如何减少碱渣的生成量？

碱渣的最佳处理方法是综合利用，还可用硫酸中和或废酸中和，也可用烟道气中的 CO_2 中和。

减少装置内碱渣生成量的方法一般为：①用加氢精制替代油品的酸碱精制；②用加大初、常顶注氨量或氨洗代替碱洗。

7　常减压装置的废气来自何处？主要污染物是哪些？

与其他加工装置一样，常减压装置的废气主要为加热炉烟气，主要污染物是二氧化硫、氮氧化物、一氧化碳、硫化氢和烟尘。安全阀放空、采样、检修放空系统的烃类不凝汽，管线、阀门、机泵等泄漏出的轻质烃类，加上因含烃气体未经脱硫所含有的轻质含硫化合物。

8　大气污染物的危害性是什么？

二氧化硫：是有恶臭和强刺激性气体，主要是对呼吸系统的损害。SO_2浓度为 1~10mg/L 时对人有刺激；浓度为 10~100mg/L 时，人们开始流泪、胸痛；浓度大于 100mg/L 时会导致死亡。

氮氧化物：对植物的危害较大，高浓度下植物不能生存，在低浓度长期作用下，使农作物减产。NO_x浓度高时，会形成酸雨。能使人血液输氧能力下降，使中枢神经及肺部受损。空气中浓度达 2.5mg/L 时，危害植物生长，达 100~200mg/L 时，人类会发生肺水肿，甚至急性中毒死亡。

一氧化碳：能和血液中血红蛋白结合，降低血液输氧功能，造成全身组织缺氧中毒。空气中 CO 浓度达 1000mg/L 时，出现头痛、恶心，达到 10000mg/L 时立即死亡。

硫化氢：是具有恶臭的有害气体，大气中含量在 1mg/L 以上时，可使人立即中毒、死亡。

烟尘：烟尘大部分含碳粒子，其吸附性很强，能吸附各种有害物体和液体，黑烟中还含有被认为是致痛性物质，焦油状碳氢化合物侵害人体呼吸系统，产生综合性危害(如矽肺)。

烃类：浓度高时造成缺氧症状，在一定条件下与氮氧化合物一起构成光化学烟雾，形成可比氮氧化物毒性更强的物质，对人体危害更大。

9　减轻加热炉烟气中 SO_2危害的办法有哪些？

一般有以下几种方法：
(1) 高烟囱排放(主要使烟气扩散稀释)。
(2) 采用低硫燃料油(若使用燃油火嘴)。
(3) 燃烧经过脱硫的燃料气或燃料油。
(4) 应用烟道气脱硫技术(如吸收法等)。
(5) 提高加热炉操作水平，改善燃烧条件，使燃料燃烧完全。

10　减少烟气中氮氧化物的方法有哪些?

（1）改进燃烧方法，适当控制过剩空气量，采取分阶段燃烧的方法。

（2）更换低氮火嘴。

（3）烟道气脱氮氧化物(用吸收法等)。

11　如何减少空气中一氧化碳含量?

（1）控制适宜的过剩空气量，空气量不足时，烟气中一氧化碳量会因燃烧不完全而增加；但如空气量过多，烟气中一氧化碳量也会因火焰熄灭而增加。

（2）控制适宜的燃烧时间，若时间短，燃烧不完全，一氧化碳增加。

（3）控制适宜的温度，若燃烧温度超过 1500℃，二氧化碳即将分解成一氧化碳。

总之，燃烧时应注意充分供氧和防止骤冷，才能使一氧化碳得到充分的燃烧并防止因火焰熄灭而产生一氧化碳。

12　如何减少加热炉排放的烟尘?

主要是改进燃烧雾化条件，使燃料燃烧完全，烧气比烧重油烟尘少。

13　减少烃类污染的防治方法有哪些?

（1）初顶、常顶、减顶不凝汽回收利用，不能送回加热炉内燃烧，应当经升压后送至轻烃回收系统进行综合处理。

（2）减少各种形式的跑、冒、滴、漏。

14　什么叫噪声? 产生噪声的原因是什么?

凡是使人烦躁的、讨厌的、不需要的声音都叫噪声。一般工业噪声产生的原因有三种：

（1）流体振动所产生的噪声，如加热炉喷嘴气体的喷射、管线阀门节流等。

（2）机械噪声，由机械振动所产生的噪声。

（3）电磁噪声，由电机、变压器等因磁场作用引起振动产生的噪声。

15　噪声的度量是什么?

声压是衡量声音大小的尺度，人能感受到的最低压为 $0.0002\mu bar$（$1bar = 10^5$ Pa），使人耳产生痛感的声压为 $200\mu bar$，二者相差 100 万倍。这样用数字表示很不方便。所以人们就用成倍比关系的数量（级）来表示声音的大小。这与风和地震按级表达一样。声压级的单位是分贝（dB），它的数学表达式为：

$$L_p = 20\lg(P/P_0)$$

式中　L_p——声压级，dB；

　　　 P——声压，N/m^2；

　　P_0——基准声压级为 2×10^{-5}N/m^2。

从公式看出，每变 20dB，就相当于声压值变化 10 倍。所以 120dB 的声压是 60dB 声压的 1000 倍。

一般在分贝后有个"A"字，是测量时用计权网络 A 来测量的数。因为其声音中的低频部分有较大的衰减。测得的 dB(A) 与人耳对声音的感受相仿，是当前普遍采用的指标。

安静房间、小声谈话时的声压强度约为 20～40dB，街道路口一般机器的声压强度约为 60～80dB，泵房、车间为 80～100dB，喷气飞机达 140dB。

16　噪声有哪些危害？如何防治？

（1）听力损伤，听力损伤随接触噪声的强度而增加。

（2）引起多种疾病，作用于人的中枢神经系统。由此可以影响到人体的各个器官的功能，如消化道、内分泌等，也会使人的交感神经紧张，导致心血管的疾病。

（3）影响人的正常生活，降低劳动生产率。在嘈杂的环境中工作，心烦意乱，容易疲乏，注意力不集中，还容易出错。

噪声防治的一般方法是：吸声、隔声、减振。即降低声源处噪声，在声的传播途径处降低噪声。

17　噪声的限制标准是什么？

《工业企业噪声控制设计规范》（GB/T 50087—2013）规定：生产车间及操作场所（工人每天连续接触噪声 8h）的噪声限制值为 85dB(A)。也就是说在 85dB(A) 的噪声环境只适宜工作 8h。一般是噪声每增加 3dB(A)，工作时间就应该减少一半。也就是说在 88dB(A) 的噪声环境中只适宜于工作 4h。

18　加热炉、电机、空冷器噪声的防治措施有哪些？

（1）加热炉噪声的防治一般有下列几种方法，可根据不同情况选用。

①采用低噪声喷嘴。②喷嘴及风门等进风口处采用消声罩。③结合预热空气系统，采用强制进风消声罩。④炉底设隔声围墙。

（2）电机噪声的防治一般有：

①安装消声罩。一般应选用低噪声电机，若噪声不符合要求时，可加设隔声罩（安装全部隔声罩或局部隔声罩。)②改善冷却风扇结构、角度。③大电机可拆除风扇，用主风机设置旁路引风冷却电机。

（3）空冷器噪声的防治一般可选用以下几种方法：

① 设隔声墙，以减少对受声方向的辐射。②加吸声屏，可设立式和横式吸声屏。③加隔声罩。④用新型低噪声风机。

19 常减压蒸馏装置防治污染的动向是什么？

（1）采用污染少的炼油工艺。

在炼油装置上尽量采用不污染或少污染的工艺过程和设备是防治污染、保护环境的积极措施，蒸馏装置减压塔的大气冷凝排水对环境污染严重，国内外有的炼厂已采用管壳表面冷凝器或空冷器代替直冷式大气冷凝器，用真空泵代替蒸汽喷射泵，从而消除了大气冷凝器的排水。用重沸器代替直接蒸汽进行汽提，并研究用天然气或炼油厂干气来代替汽提蒸汽，都是减少污染的有效途径。

近来，国外炼油工业中，加氢精制所占比重迅速增加，其中重油加氢发展迅速。采用加氢精制可降低污水的排放量和污染程度，并消除了难于处理的酸、碱渣。用催化脱硫醇等油品脱硫工艺也可在不同程度上减少污染。

（2）降低新鲜水用量，压缩排污。

① 大量采用空冷代替水冷。②循环水取代单程冷却。③重复利用净化污水。

有的炼厂将水质较好的冷后水供机泵、压缩机、抽空器冷却二次利用。喷气燃料水洗排水供柴油水洗用。即节约了新鲜水又压缩了排污水量。

回收蒸汽凝结水对节能、节水、压缩排污都有很大意义。这部分水经处理后可用作锅炉给水。

（3）综合利用，回收有用产品，减少污染物。

① 从直馏煤油、柴油碱洗碱渣中回收环烷酸，从直馏汽油碱洗碱渣和来自催化裂化、热裂化、焦化汽油的碱洗碱渣中回收酚。

② 增加和完善轻烃回收工艺，对初顶、常顶、减顶的不凝汽进行回收，减少加工损失，降低污染物排放。

③ 采用浮顶、塑料浮罩，塑料微球等措施消除或减少油品的蒸发空间，降低储存损失。